Oliver Romberg
Nikolaus Hinrichs

# Keine Panik vor Mechanik!

***No more Losers among the users...***

Oliver Romberg
Nikolaus Hinrichs

# Keine Panik vor Mechanik!

**Erfolg und Spaß im klassischen „Loser-Fach" des Ingenieurstudiums**

Mit 300 Abbildungen und Cartoons und 85 Übungsaufgaben mit ausführlichen Lösungen

vieweg

Die Deutsche Bibliothek – CIP-Einheitsaufnahme

**Ein Titeldatensatz für diese Publikation ist bei der Deutschen Bibliothek erhältlich.**



Der Verlag Vieweg ist ein Unternehmen der Bertelsmann Fachinformation GmbH.



http://www.vieweg.de

Konzeption und Layout des Umschlags: Ulrike Weigel, www.CorporateDesignGroup.de
Druck und buchbinderische Verarbeitung: Lengericher Handelsdruckerei, Lengerich
Gedruckt auf säurefreiem Papier
Printed in Germany

ISBN 3-528-03132-8

## **Vorwort** (liest sowieso keiner)

... und noch ein Buch mit Grundlagen der Mechanik. *Warum?*

Vor allem, weil wir, die beiden Autoren, viel Spaß beim Schreiben hatten - mit etwas Glück überträgt sich dieser Spaß ja auch auf den Leser. Wir haben uns regelmäßig in Hannovers Kneipenszene zwecks Diskussion der Mechanik und vor allem anderer Dinge, einfach zum Zwecke eines Brainstormings, getroffen.[a,b] Grundsatz war hierbei: jeden Abend eine andere Kneipe. Aus diesen teilweise sehr harten, bis an die Substanz (und in die frühen Morgenstunden) gehenden Arbeitstreffen haben wir Anregungen für eine nichtwissenschaftliche Darstellung der Mechanik schöpfen können. Dank sei an dieser Stelle jedem Käufer dieses Buches ausgesprochen: Wir hoffen, mittels der so verdienten Tantiemen irgendwann die Unzahl der verbliebenen offenen Deckel bezahlen zu können. Und hier (ganz ohne Geschwafel) ein weiterer Grund für dieses Buch: *So ein Buch war schon lange mal dran!* Im Vorwort „der Anderen" wird „ein einfacher Zugang zur Mechanik" angekündigt. Unter Verlust der wissenschaftlichen Strenge[c] wolle man „dem Leser einen einfachen Zugang zu den Grundgedanken der Mechanik liefern". Was viele der Autoren in ihren *kühnsten* Phantasien erträumen - in diesem Buch wird es getan!

In den gemeinsamen Jahren am Institut für Mechanik der Universität Hannover haben wir in vielen vorlesungsbegleitenden Gruppenübungen zur Genüge die Verständigungsprobleme zwischen den Mechanikern und den Studenten kennengelernt. Bei diesen Sprachproblemen bleibt dann auf der Strecke, daß die Mechanik nur die mathematische Beschreibung und Verallgemeinerung alltäglicher Beobachtungen ist. Auf den folgenden Seiten sollen - ausgehend von den „Selbstverständlichkeiten des täglichen Lebens"- die Grundsätze der Mechanik so dargestellt werden, daß sie für jeden verständlich sind. Und vor allem: ***die Lektüre dieses Buches soll Spaß machen!*** Auf möglichst lustvolle Weise wollen wir eine schnelle Führung durch das „Gebäude der Mechanik" veranstalten, die die volle Schönheit und Einfachheit des gedanklichen

[a] Zeugen bestätigen, Herr Dr. Romberg hätte Herrn Dr. Hinrichs gegenüber bei pausenlosen und wiederholten Erläuterungen so mancher Anekdoten erstaunliche Geduld bewiesen

[b] Herr Dr. Hinrichs ist diesbezüglich allerdings der Auffassung, daß Herrn Dr. Rombergs längere Denkpausen auf übermäßiges bierbedingtes „Brainstorming" zurückzuführen ist

[c] ...was Herr Dr. Hinrichs bei dem hier vorliegenden Werk oft nur mit Schmerz verzerrtem Gesicht realisierte

Bauwerks zum Ausdruck bringt. Der Wert der anderen Lehrbücher soll hiermit jedoch in keinster Weise gemindert werden. Im Gegenteil: Die Lektüre dieser weiterführenden, wissenschaftlicheren Bücher ist jedem zu empfehlen, der sich von den soliden Fundamenten des Bauwerks und der liebevollen Ausgestaltung der Details überzeugen möchte.

Eines soll hier noch klargestellt werden. Wir haben in diesem Buch keinen einzigen Zusammenhang neu entwickelt. Wir haben den Inhalt dieses Buches von der ersten bis zur letzten Mechanik abgekupfert. Vorlage hierbei waren die in der Literaturliste angegebenen Quellen. Neu ist allerdings... na, das werdet Ihr schon sehen! Entschieden warnen möchten wir jedoch alle Puristen unter den Jüngern der Wissenschaft: Die Lektüre dieses Buches stellt für nicht gefestigte Persönlichkeiten eine extreme Gefährdung dar. Diese kann sich in akuten Desillusionierungszuständen oder spontanen Buchverbrennungen äußern. Auch extrem allergische Reaktionen bei der simultanen Lektüre anderer Bücher sind hinreichend bekannt.

Wenn einige Leser bei der Lektüre des Buches das Gefühl haben, daß auch wir, die beiden Autoren, im Verlaufe des Buches etwas allergisch aufeinander reagieren und uns gegenseitig so oft wie möglich einen reinwürgen dann ... also wirklich, ... dann ist das ganz bestimmt nicht so![d,e]
Und nun noch eine kleine Bitte: Dieses Buch befindet sich noch im Versuchsstadium. Für Zuschriften mit Anregungen der Art:

- an der Stelle eures Buches bin ich leider ausgestiegen, weil ...
- das könnte man viel besser so .... machen
- kennt ihr denn nicht den Witz...
- an der Stelle hat sich aber ein Fehler eingeschlichen...

sind wir und die Deutsche Post AG jederzeit dankbar!

Hannover (irgendwann am frühen Morgen), die Autoren

---

[d] Herr Dr. Hinrichs möchte an dieser Stelle ausdrücklich betonen, daß er Herrn Dr. Romberg trotz alledem für ein sehr geselliges, lustiges Kerlchen hält

[e] Herr Dr. Romberg bedauert, daß er dieses schmeichelhafte Kompliment so nicht zurückgeben kann, er möchte betonen, daß er Herrn Dr. Hinrichs für einen ~~Langweil~~ hervorragenden Wissenschaftler hält

## Inhaltsverzeichnis

# 1. Im Vollbesitz unserer geistigen Kräfte und Momente: Statik

Man stelle sich vor, irgendwo in einem Zugabteil des Interregio herumzusitzen ... irgendwo zwischen Aurich und Visselhövede (letzteres liegt zwischen Hannover und Bremen und läßt sich am besten nach einigen Tequila aussprechen, aber Herr Dr. Hinrichs kann's auch so!).

Bei unveränderter Position auf der spärlichen Sitzgelegenheit macht sich nach einigen Stunden unweigerlich ein leichter Schmerz im Gesäßbereich bemerkbar. Dieser ist auf eine Druckkraft zurückzuführen. Trotz der Schmerzen siegt der Wille, sich innerhalb des gewählten Koordinatensystems (z. B. Kurswagen 234) nicht zu bewegen! Schon haben wir ein statisches System! Statik ist nämlich die Lehre vom Einfluß von Kräften auf ruhende Körper. Da sich nicht erst seit Einstein ein gleichförmig bewegter Körper auch als ruhend bezeichnen kann, lassen sich die Gesetze der Statik auch auf Körper oder Systeme übertragen, die sich mit konstanter Geschwindigkeit bewegen, wie in diesem Falle auf den Zug (vorausgesetzt er fährt sehr viel langsamer als sich das Licht bewegt).

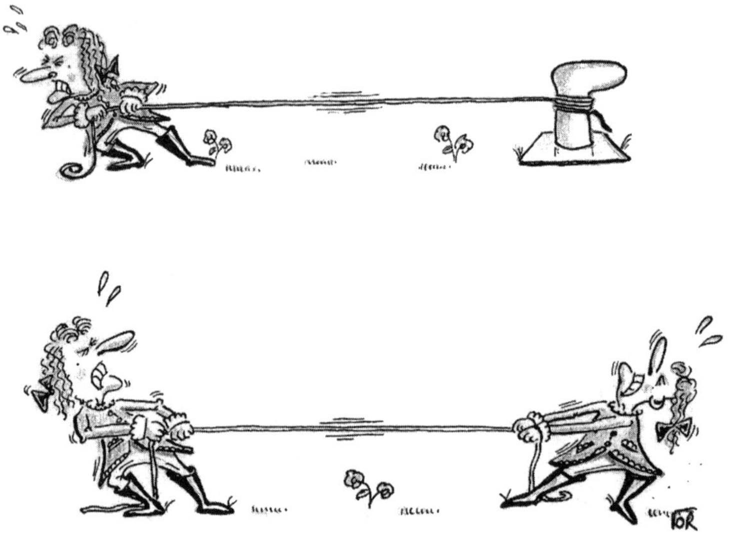

**Bild 1**: oben) Ein Newton zieht, unten) Zwei Newton ziehen

In allen Bereichen der Mechanik können einen die einfachsten Zusammenhänge manchmal zum Grübeln bringen, weil sie sich mit der menschlichen Vorstellungskraft in irgendeiner Art und Weise nicht zu vertragen scheinen. Das liegt auch daran, daß man immer versucht, Lösungsansätze auf der Basis eigener Erfahrungen in Verbindung mit vermeintlicher Logik zu bringen. Von dieser Seite her kann einem die Mechanik dann ganz übel mitspielen (Herr Dr. Hinrichs kennt dieses Phänomen nach eigenen Angaben nicht).

Sehen wir uns einmal Bild 1 (oben) an. Dort ist ein festgebundenes (fest gelagertes) masseloses Seil dargestellt, an dessen einer Seite genau ein Newton zieht (eine Kraft von einem Newton (1N) entspricht derjenigen Kraft, die man aufbringen muß, um ungefähr 0.1 kg in der Höhe zu halten). Das Seil wird hier als masselos angenommen, damit wir erstmal keine vertikalen Kräfte betrachten müssen. In Bild 1 (unten) ist das gleiche Seil abgebildet, an dessen anderer Seite jetzt aber noch ein Newton (vielleicht sein gleich starker Bruder) mit aller Kraft tätig ist. Es ziehen also zwei; die Frage ist: in welchem Fall muß das Seil mehr aushalten? Oder mechanischer: in welchem der beiden Fälle nimmt das Seil eine größere Zugkraft auf?

Umfragen bei Nichtmechanikern gehen fifty/fifty aus. Die einen sagen, daß das Seil mit den beiden Newtons mehr aushalten muß, da in diesem Fall ja doppelt so viel gezogen wird. Die anderen sind davon überzeugt, daß es in beiden Fällen die gleiche Kraft aufnimmt, und genau das ist auch richtig! Wer das nicht versteht, der sollte sich folgende Frage stellen: Woher soll das Seil aus unserem Beispiel wissen, daß es im Falle 1 (unten) auf der einen Seite von Sir Isaac Newtons Bruder festgehalten wird und nicht um den rostigen Hafenpoller gewickelt ist? Man kann das Ganze auch so ausdrücken: Im Fall 1 (unten) simuliert Newtons Bruder den Hafenpoller und muß sich bemühen, von dem anderen nicht über den Rasen gezogen zu werden. Er muß dafür die gleiche Kraft aufbringen wie sein Bruder oder der Hafenpoller im anderen Fall. Wenn das aber so einfach zu durchschauen wäre, dann hätte man im Mittelalter zum Vierteilen keine vier Pferde benutzt, sondern nur drei Gäule und einen Baum.

Herr Dr. Romberg, der gern auch als Hilfsfilosof für viel zu lange Abende sorgt, fragt an dieser Stelle:

*Was ist denn überhaupt eine Kraft?*

Man stellt sehr schnell fest, daß diese Frage unmöglich zu beantworten ist. Dafür eignet sie sich aber hervorragend zum Herumphilosophieren. Kann man in der Wissenschaft etwas nicht erklären, so wird es entweder definiert oder für ein paar Jahrzehnte oder Jahrhunderte für Unsinn abgetan. Der bekannte italienische Maler, Zeichner, Bildhauer, Architekt, Naturwissenschaftler, Techniker und Ingenieur (strengt Euch an!) Leonardo da Vinci (1452–1519) hat folgende Definition der Kraft für uns parat [16]:

„Ich sage, Kraft ist ein geistiges Vermögen, eine unsichtbare Macht, die durch zufällige, äußere Gewalt verursacht wird, hineingelegt und eingeflößt durch die Körper, die durch ihren Gebrauch abgeplattet und eingeschrumpft erscheinen, ihnen tätiges Leben von wunderbarer Macht schenkend; sie zwingt alle Dinge der Schöpfung zu Wandlungen von Formen und Standort, eilt ungestüm zu ihrem gewünschten Tode und verändert sich je nach Ursache; Verzögerung macht sie groß, Schnelligkeit schwach, sie entsteht durch Gewalt und vergeht durch Freiheit."

Man könnte wirklich in der obigen Aufzählung die ungeschützte Berufsbezeichnung „Dichter“ hinzufügen. Für den Nurmechaniker ist eine Kraft per Definition *eine Erscheinung, die entweder eine Verformung oder eine Bewegung hervorruft oder vermeidet.*

Wir stellen uns z. B. vor, jemand preßt seine Nase ganz entschieden gegen die Seitenwand eines schweren, freistehenden Schranks. Irgendwann wird die Testperson eine Verformung zu spüren bekommen, oder sogar eine Bewegung, nämlich dann, wenn der Schrank mit der schon blutverschmierten Seitenwand plötzlich umkippt. All das ist auf eine Kraft zurückzuführen, welche (wie der Mechaniker sagt) von der Nase auf den Schrank und gleichzeitig vom Schrank auf die Nase ausgeübt wird. Dabei ist es eben für die Bestimmung der Kraft egal, von welcher Seite wir dieses Problem behandeln: die Kräfte an Wand und Nase sind grundsätzlich gleich groß, wirken aber in genau entgegengesetzte Richtungen. Und schon haben wir das erste und wichtigste „Axiom“ der Statik verstanden:

Actio = reactio (Kraft = Gegenkraft).

Dieses Axiom ist in der Mechanik auch als „Newton 3“ bekannt: „Die Wirkung ist stets der Gegenwirkung gleich, oder die Wirkungen zweier Körper aufeinander sind stets gleich und von entgegengesetzter Wirkung“
(Einzige Ausnahme ist, wenn Herr Dr. Hinrichs irgendwelchen aufgebrezelten Damen zuzwinkert...).

Wird das Seilbeispiel (Bild 1) profimäßig als einfache Statik-Aufgabe behandelt, dann zeichnet man es sich erst einmal vereinfacht auf. Die zerrende Figur symbolisieren wir einfach durch einen Pfeil. Eine Kraft ist nämlich ein Vektor, d. h. man muß nicht nur ihren Betrag (hier: F = 1 N) angeben, sondern ebenfalls die Richtung in der sie wirkt. Die Wirkung einer Kraft ist abhängig von deren Betrag und Richtung.

**Bild 2**: Ersatzsystem „Newton zieht am Seil“

Statt des feststehenden Pollers wird nun ein mechanisches Ersatzmodell verwendet: das Festlager. Bild 2 zeigt schließlich ein fertiges mechanisches Ersatzmodell für das System: „Ein Newton zieht am festgebundenen Seil“.

## 1.1 Das Allerwichtigste...

Das Wichtigste im Leben von MechanikerInnen fängt mit „*F*“ an und hört mit „*n*“ auf. Es ist etwas, an das man immer denken muß! Leider wird es viel zu selten und in den wenigsten Fällen mit der notwendigen Sorgfalt und Liebe gemacht und führt dadurch zu allerlei Problemen. Das muß nicht so sein, wenn man von Anfang an lernt, damit richtig umzugehen: die Rede ist vom *F*reischneide*n*.

Freischneiden bedeutet, von einem System (hier Seil) alle Figuren, Poller, Lager, Hebezeuge, Gewichte etc. zu entfernen und diese durch Pfeile (Kräfte und Momente) zu ersetzen. Dabei muß man darauf achten, daß das System bei Beendigung des Freischneidens keine Berührung mit der Umgebung mehr hat.

Wir schneiden also – wie mit der Schere – alle Verbindungen des Seiles mit der Umgebung (Poller und Person) ab. Überall dort, wo Material durchgeschnitten wurde (hier das Seil), müssen wir (mindestens) eine Kraft antragen. Wir dürfen schneiden wo wir wollen! So kann man an einer beliebigen Stelle (auch innerhalb) eines Körpers die Kräfte ermitteln, vorausgesetzt, man hat sie richtig angezeichnet. Hierbei ist die Wahl der Richtung der Kräfte nicht von entscheidender Bedeutung. Viel wichtiger ist es, sich zu überlegen, ob an der Stelle, wo wir geschnitten haben, eine Horizontalkraft und/oder eine Vertikalkraft und/oder ein Moment (kommt später) wirkt. Wird diesbezüglich irgendetwas vergessen, geht die Bestimmung der Kräfte und Momente den Bach runter. Mit einem genauen Hinsehen fällt und steigt also der Erfolg beim Lösen eines mechanischen Problems oder einer Aufgabe.

Wenn wir die Newton-Figur also wegnehmen, so müssen wir diese „ganz schnell“ durch einen Pfeil (Kraft) ersetzen, damit das Seil nicht schlaff wird. Dies ist für Bild 2 schon geschehen. Das gleiche gilt aber auch für den Poller bzw. den anderen Newton. Es ist beim Freischneiden völlig egal, ob die Kräfte von außen aufgebracht werden (Person) oder am System „entstehen“ (Poller, besser: Lager). Bei von außen aufgebrachten Kräften sollte man darauf achten, daß man die Pfeilrichtung von vornherein richtig beachtet. Beim Seil ist die Richtung einfach, denn ein Seil kann nur Zugkräfte aufnehmen. Das weiß jeder, der schon einmal versucht hat, seinen Hund beim Gassi-Gehen mit der Leine zu schieben. Bei den im System entstehenden Kräften, die man meistens herausbekommen möchte, ist die Pfeilrichtung erst einmal egal. Die Mathematik zeigt uns dann schon, ob wir sie richtig angezeichnet haben!

Es entsteht also beim Freischneiden für beide Fälle aus Bild 1 dasselbe Freikörperbild (siehe Bild 3), weil beide Systeme mechanisch identisch sind:

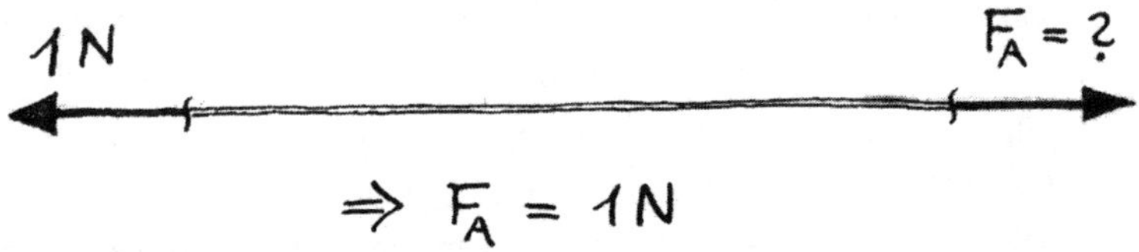


**Bild 3**: Freikörperbild „Newton zieht am Seil“

Kompliziertere Systeme in der Statik unterscheiden sich in 90% der Fälle nur dadurch, daß sie aus mehr Kräften (herbeigeführt durch Figuren, Gewichte oder sonstige Kraftgeber), Momenten (kommt gleich) oder Lagern bestehen, und daß man sie für zwei oder drei Raumrichtungen behandeln muß. Für jede Richtung gilt dann, daß sich alle Pfeile insgesamt aufheben müssen, weil sich nichts bewegen soll (Statik). Kräfte und Momente werden dabei völlig unabhängig voneinander aufsummiert. That's all!

Das Paradoxe bei der Methode des Freischneidens ist, daß sie von AnfängermechanikerInnen einfach nicht angenommen und angewendet wird. Der Grund dafür ist eines der letzten großen Rätsel der Grundlagenmechanik.

## 1.2 Moment mal !

Neben Kräften können auf einen Körper noch Momente wirken, die statt einer geraden (Herr Dr. Hinrichs nennt das lieber „translatorischen“) Bewegung eine Drehung (Rotation) hervorrufen wollen. Ein Moment stellt man sich am Besten als eine Kraft vor, die an einem Hebel zieht oder drückt. Ein und dieselbe Kraft kann je nach Länge des Hebels (Hebelarm) völlig unterschiedliche Momente hervorrufen. Die Einheit eines Moments ist 1 Nm, was daher kommt, daß man den Betrag der Kraft mit dem Hebelarm multipliziert. Dabei ist zu beachten, daß Kraft und Hebel bei der Berechnung zu Fuß ohne Anwendung der Vektorrechnung (kommt später) senkrecht zueinander stehen müssen.

Die Bestimmung der Momente in der Statik ist fast immer nichts anderes als die Anwendung des auch allen HausfrauInnen bekannten „Hebelgesetzes“, nur manchmal mit mehr als nur einem Hebel und zwei Kräften. Wichtig: Kräfte und Momente werden in einem System unabhängig voneinander zusammengezählt. In der vektoriellen Betrachtungsweise hat man sich darauf geeinigt, daß die Richtung des Momentes senkrecht auf der Ebene steht, die von Kraft und Hebelarm aufgespannt wird. Zeigen die Finger der rechten Hand in die Richtung, in welche die Kraft versucht, den Hebel herumzureißen, so zeigt das Moment in die Richtung des schumimäßig hochgestellten Daumens [1] („Rechte-Hand-Regel").

Herr Dr. Hinrichs weist darauf hin, daß die Darstellung des Moments in Bild 4 nicht ganz korrekt ist, da beim Ersetzen eines Momentes M durch eine Kraft F und einen Hebelarm L plötzlich eine resultierende Kraft vorhanden ist. Dies darf in der Statik nicht passieren, sonst setzt sich irgendwas in Bewegung.

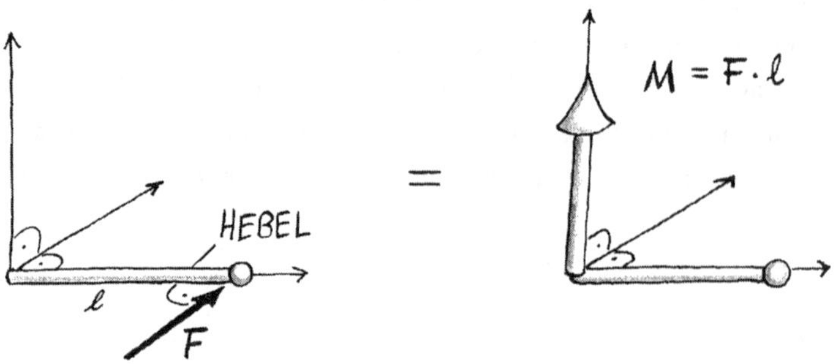


**Bild 4**: Das Moment

MechanikerInnen würden sagen, daß die Gleichung für das Gleichgewicht der Kräfte ($\Sigma F = 0$, kommt noch) nicht befriedigt ist (Herr Dr. Hinrichs befriedigt aber am allerliebsten Gleichungen, was man akzeptieren muß. Er hat sich etwas zu lange mit Science Friction beschäftigt). Ein Moment wird daher, wenn überhaupt mal in einer Aufgabe, durch ein Kräftepaar ersetzt, siehe Bild 5.

[1] Achtung: Der Effenberg-Finger hilft hier nicht weiter!

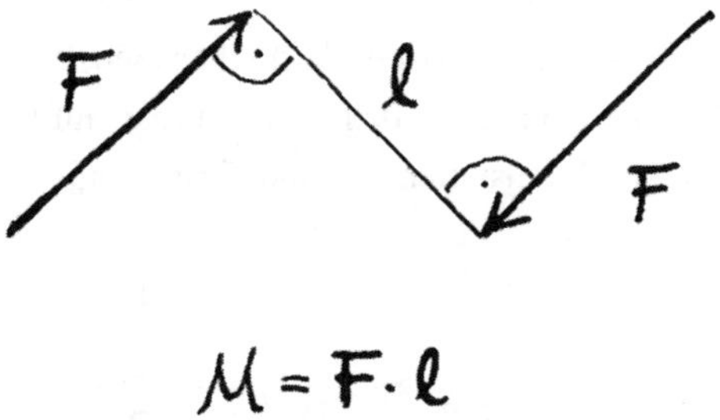


**Bild 5**: Kräftepaar = Moment

Auf diese Weise heben sich beide Kräfte gegenseitig auf, denn ein Moment allein führt zu keiner translatorischen Bewegung. Die Momentenwirkung aber bleibt dieselbe. Dieser Zusammenhang wird weiter unten beim Rechnen der ersten einfachen Beispiele klarer.

## 1.3 Erstmal auf einen „Nenner" kommen

Bevor wir richtig in die Statik einsteigen, sind einige Grundbegriffe zu klären und ein paar Vereinfachungen zu treffen, damit man sich über die Problematik überhaupt „vernünftig" unterhalten kann.

### 1.3.1 Der starre Körper

Wie eigentlich überall bei naturwissenschaftlichen Betrachtungsweisen der uns (wahrscheinlich)[2] wirklich umgebenden Welt, ist man auf Modellvorstellungen angewiesen um die Problemstellungen und Fragen auf das Wesentliche zu reduzieren.

3

Jedes noch so einfach erscheinende System ist in seiner vollständigen Gesamtheit mit naturwissenschaftlichen Methoden nicht zu erfassen, da man dafür nicht nur die Koordinaten sämtlicher Elementarteilchen zu jedem beliebigen Zeitpunkt wissen müßte, sondern auch noch alle Temperaturen,

[2] Ausdruck in der Klammer auf ausdrücklichen Wunsch von Herrn Dr. Romberg hinzugefügt

[3] Der Lektor gibt an dieser Stelle den bedeutenden Hinweis, daß bei dem gezeichneten tiefen Sonnenstand die Sonne oval verformt ist....

Emissionen, Eigenbewegungen, Wandlungen usw. Wollte man dieses Wissen ergründen, sollte man lieber gleich irgendeiner harmlosen Religionsgemeinschaft beitreten! Möchte man jedoch nichts weiter als die an einem System angreifenden mechanischen Kräfte und Momente beschreiben, so kann man *fast alles* vernachlässigen. Es genügt hier ein Modell, um sich der Realität anzunähern.

Ein solches Modell ist der *starre Körper.* Dieser ist unendlich steif und fest und kann sich auch bei einer noch so großen Krafteinwirkung nicht verformen. In der Technik ist diese Vereinfachung bei irgendwelchen stabilen Bauteilen meistens zulässig und äußerst sinnvoll. In Wirklichkeit verformen sich die Teile bei Krafteinwirkung und das bedeutet, daß sich auch die Orte verschieben, wo diese Kräfte angreifen, so daß sich wiederum die Kräfteverhältnisse am Körper ändern können. Dieser unglückliche Umstand entfällt beim starren Körper völlig. Es wird also angenommen, daß die Geometrie des Systems trotz aller möglichen Kräfte gleich bleibt.

### 1.3.2 Kräftegeometrie

Der Ort an dem eine Kraft angreift, heißt (Kraft-)*Angriffspunkt*. Durch diesen Punkt zusammen mit der Kraftrichtung wird eine Gerade definiert, die man als *Wirkungslinie* bezeichnet. In der Statik ist es erlaubt, eine Kraft unter Beibehaltung der Richtung und des Betrages auf dieser Wirkungslinie hin und her zu schieben, ohne das System zu verändern.

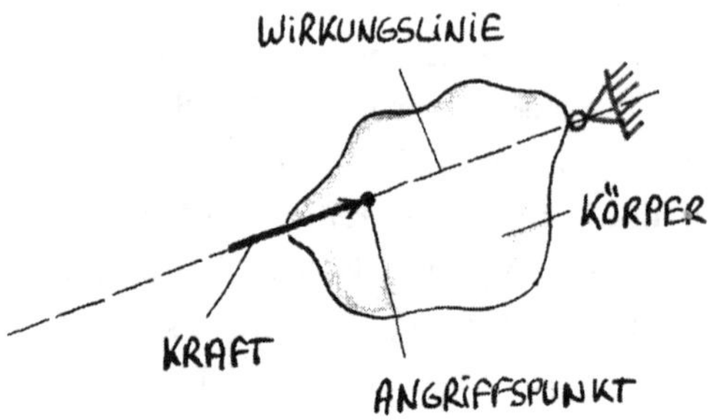


Wer Lust hat, kann dazu einen simplen Versuch machen: Man stelle irgendeinen starren Körper, z. B. eine Vase oder einfach ein Wasserglas, auf ein Regal an die Wand (Lager) und drücke mit dem Finger zentral gegen den Körper, so daß dieser nicht zur Seite wegrutscht, sich also aufgrund seiner wirkenden Kräfte durch Finger und Wand (!) in Ruhe befindet. MechanikerInnen würden sagen, der Körper befindet sich im *Gleichgewicht*.

Der Gegenstand befindet sich auch dann noch im Gleichgewicht und die Wirkung und auch die Kräfte selbst bleiben identisch, wenn wir die äußere Fingerkraft auf ihrer Wirkungslinie verschieben. Dazu können wir einfach eine beliebig lange Stange, z. B. ~~die zufällig abgebrochene Autoantenne eines Prüfers oder~~ einen Bleistift der Länge nach zwischen Finger und Gegenstand klemmen. Unter Beibehaltung von Betrag und Richtung der Kräfte bleibt die Wirkung (Gleichgewicht) auf den ursprünglichen Körper dieselbe.

Gleichgewicht bedeutet in der Statik, daß ein Körper sich aufgrund der Kräfte und Momente, die möglicherweise überall an ihm zerren oder drücken, nicht bewegt. Die Kräfte und Momente heben sich für alle Richtungen gerade eben auf. Bei einem starren Körper, an dem nur zwei Kräfte angreifen, müssen beide Kräfte auf einer Wirkungslinie liegen, gleich groß sein, und entgegengesetzt gerichtet sein. Das ist bei unserem Glas-an-der-Wand-Beispiel genau erfüllt.

Die drei Kräfte eines zentralen Kräftesystems kann man immer zu einem sogenannten *Krafteck* (das ist *nicht* die Kneipe unter der Mucki-Bude!) zusammenfassen.

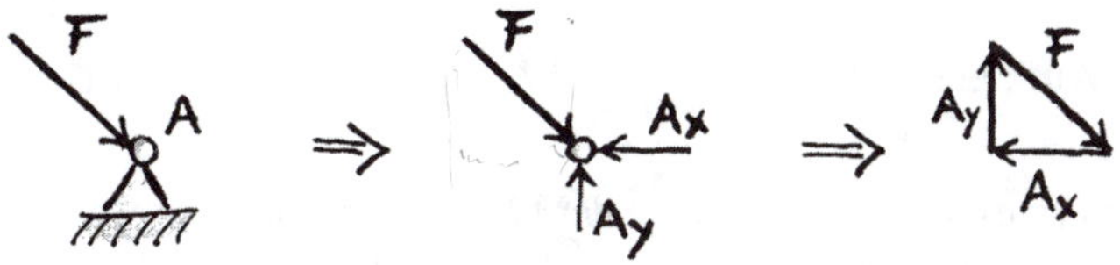


**Bild 6**: Krafteck

Greifen drei Kräfte an einem starren Körper an, so müssen sie sich abgesehen vom „gegenseitig aufheben für jede Richtung" in einem Punkt schneiden. Ausnahme: Sie sind parallel (aber dann berühren sie sich im Unendlichen[4]). Wenn mehrere Kräfte an einem Körper ziehen oder drücken, so kann man diese graphisch (z. B. Kräfteparallelogramm) oder rechnerisch (vektoriell) zu einer *Resultierenden* zusammenfassen (siehe Bild 7). In der Statik muß die Resultierende gebildet aus allen Kräften der „Nullvektor" sein.

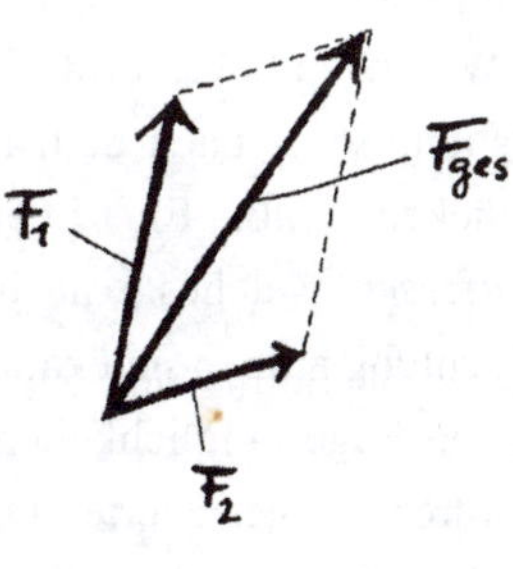


**Bild 7**: Resultierende Kraft

[4]Herr Dr. Hinrichs findet das sehr romantisch...

Eine resultierende Kraft hat dieselbe äußere Wirkung auf einen starren Körper wie alle Kräfte zusammen aus der sie gebildet wird. Daher kann so ein Haufen aus Kräften durch die Resultierende ersetzt werden.

Als *Cremona-Plan* bezeichnet man (meistens bei Stabwerken, die hier später behandelt werden) die geschlossene Kette der Kraftvektoren, welche aus den beliebig vielen äußeren Kräften eines sich im Gleichgewicht befindlichen Systems gebildet wird. Für drei Kräfte eines zentralen Kräftesystems entspricht dies dem Krafteck.

### 1.3.3 Die Auflager

Neben dem starren Körper gibt es in der Mechanik noch mehr Modellchen, die dem kundigen Rechenknecht das Leben stark erleichtern. Bei den gedachten Bauteilen, die einen belasteten Gegenstand im Gleichgewicht halten, also selbst Reaktionskräfte aufbringen, handelt es sich um verschiedenartige Lager. Am einfachsten kann man sich das *Festlager* vorstellen (das ist *keine* Campingparty!). Wenn man seine Maus mit einem Nagel am Schreibtisch fixiert (Rechnermaus, nur ein Gedankenmodell!), dann kann sie sich nicht mehr translatorisch bewegen, sondern nur noch drehen. Der Nagel kann also bei seitlicher Belastung die zwei Kraftkomponenten in x- und y-Richtung aufnehmen. Er ist ein zweiwertiges Festlager.

Das einwertige *Loslager* kann nur die Kräfte in einer Richtung ausgleichen. Es kann einen Körper ähnlich einer glatten Wand nur abstützen. Der betreffende Körper kann aber seitlich wegrutschen. Auf einem Loslager kann ein Gegenstand ohne Widerstand herumrutschen wie ein Stück Seife am Boden einer Herren-Großraumdusche, nach dem man sich unter besonderen Sicherheitsvorkehrungen bücken muß. Ein Loslager läßt sich auch als verschiebliches Festlager auffassen, welches je nachdem, wie es angebracht ist, die Kräfte einer Belastungsrichtung aufnehmen kann.

Die dritte der wichtigsten Lagermöglichkeiten in der Ebene ist die feste Einspannung, ein gegen Verdrehung gesichertes Festlager. Diese Vorrichtung kann man sich wie eine Stange vorstellen, dessen eines Ende mit einer Schraubzwinge an der Tischkante richtig festgespannt ist.

Die Stange läßt sich weder translatorisch verschieben, noch um das Lager drehen. Es kann somit nicht nur die Kräfte in x- und y- Richtung aufnehmen, sondern auch noch die möglicherweise auftretenden Momente ausgleichen.

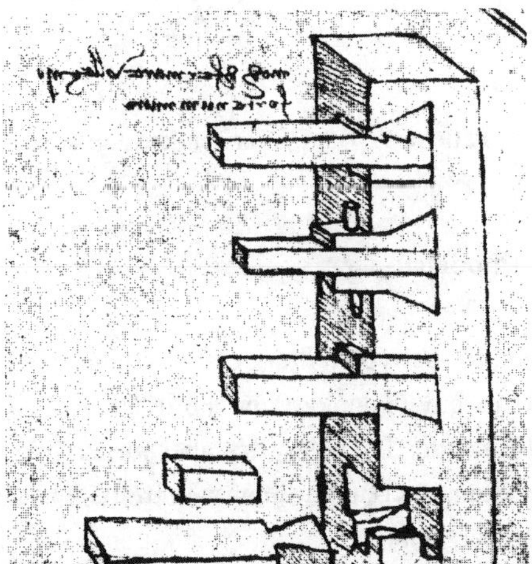

Überlegungen von Leonardo da Vinci zur
Realisierbarkeit einer (lösbaren) festen Einspannung [16]

Es ist also dreiwertig. So ein Lager kann auch als sogenannte Schiebehülse ausgeführt sein, ein gegen Verdrehung gesichertes Loslager oder sogar als Momentenstütze, welche nur die auftretenden Momente aufnimmt (schwer vorstellbar, kommt so gut wie nie vor).
Die folgende Tabelle faßt die Wertigkeiten und Symbole der oben vorgestellten wichtigsten Lager zusammen:

| Symbol: | Freikörperbild: | Wertigkeit: |
|---|---|---|
|  | 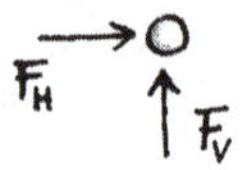  | 2 |
|  |   | 1 |
|  | 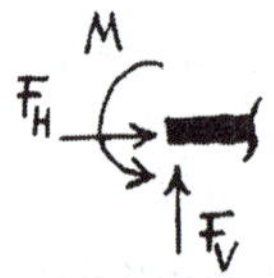  | 3 |

**Tabelle 1**: Häufig verwendete Auflager

### 1.3.4 Sonstige Hilfsmodelle:

*Stab*: Ein Stab ist die Modellvorstellung einer dünnen, starren Stange, an deren beiden Enden sich je ein Gelenkknoten befindet. So ein Gelenkknoten ist praktisch wie ein Fest- oder Loslager, das aber nirgendwo befestigt sein muß. Es kann sich ebensogut das Ende eines weiteren Stabes an diesem oft frei schwebenden Gelenk befinden.

Mehrere Stäbe, immer an den Gelenkknoten miteinander verbunden, ergeben dann ein Stabwerk (kommt später). Wenn Kräfte nur an den Gelenkknoten, genannt Knoten, angreifen, kann der Stab nur eine Kraft in Richtung seiner Längsachse aufnehmen, wodurch die Kraftrichtung an den Lagern oft schon feststeht (seeeehr wichtig!). Ein Stab ist im Gegensatz zu einem Balken (siehe unten) ein Gebilde, was nur Zug und Druckkräfte aufnehmen kann. Man kann ihn sich auch als gefrorenes Seil vorstellen. Ein Stab ist etwas völlig einspuriges, ein Etwas, das nur Zug oder Druck verteilen kann. (Das Wort ist wahrscheinlich von „Stabsunteroffizier" abgeleitet worden.)

*Pendelstütze:* Einen irgendwo eingebauten Stab, der nur an seinen Enden Kräften ausgesetzt ist, nennt man Pendelstütze.

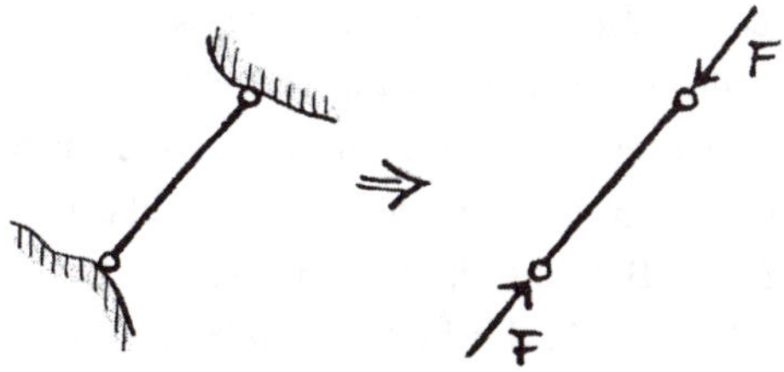


**Bild 8**: Stab

Eine Pendelstütze kann grundsätzlich nur Kräfte in Richtung der Längsachse aufnehmen, daher ist auch die Kraftrichtung an den Enden (Gelenken) bekannt. Ist so eine Pendelstütze dann irgendwo eingebaut, braucht man für die Bestimmung der Kraftrichtung am freigeschnittenen Stab (und an der Schnittstelle des Gegenstücks (actio = reactio)) nur eine Gerade durch die Endpunkte des (vielleicht auch krummen) Stabs zu legen.

*Balken:* An einem Balken können Kräfte und Momente an einer beliebigen Stelle angreifen und er kann beliebig gelagert oder irgendwo eingebaut sein. Auch dieses Modell ist in der Statik starr, und es kann sich somit trotz der Kräfte und Momente nicht verformen. Aber die dabei auftretenden inneren Spannungen (innere Kräfte und Momente) lassen sich durch geeignetes Freischneiden berechnen. Ein häufig verwendetes Modell eines Balkens ist der Kragträger, welcher einseitig fest eingespannt mit seinem freien Ende obszön in die Welt hinaus ragt. Bestes Beispiel für einen (elastischen) Kragträger ist das Sprungbrett in einer Badeanstalt mit Großraumdusche.

*Rolle:* Eine Rolle ist in der Statik im reibungsfreien Fall nur dazu da, irgendwelche Seilkräfte um die Ecke zu bringen. Man kann mit einer Rolle z. B. eine Gewichtskraft in die Horizontale oder in eine andere Richtung umlenken (siehe nachfolgendes Bild).

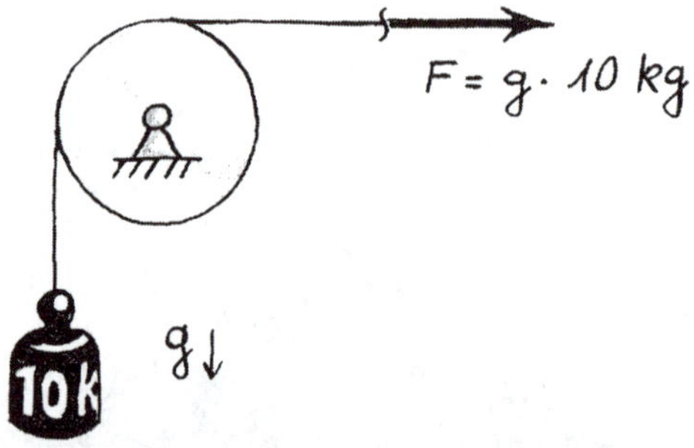


**Im folgenden beschäftigen wir uns ausschließlich mit starren Körpern, die sich aufgrund der angreifenden Kräfte und Momente im Gleichgewicht befinden. Die Systeme werden der Übersicht halber zunächst in der Ebene, also zweidimensional, betrachtet (3D funktioniert analog).**

**Ein Kraftvektor hat also nur zwei Komponenten (Richtungsanteile), in x- und y-Richtung (Papierebene), die beide unabhängig voneinander betrachtet werden können. Im ebenen Fall gibt es neben den beiden genannten translatorischen Richtungen x und y noch die Drehmöglichkeit in Richtung des Winkels φ. Ein Moment, welches um φ drehen will, „zeigt" in die z-Richtung (aus der Papierebene heraus, dritte Koordinate im kartesischen 3D-System).**

Na, abgehängt ? ... Herrn Dr. Hinrichs läuft schon wieder der Geifer aus dem Rachen ... aber jetzt geht es wieder ein wenig ruhiger weiter.

## 1.4 Lasset uns Auflagerreaktionen bestimmen!

In fast allen Fällen kommt es erst einmal darauf an, die äußeren Lagerkräfte und Lagermomente, kurz „Auflagerreaktionen" eines Systems, bei meist bekannten von außen aufgebrachten Kräften und Momenten, zu berechnen. In unserem ersten Beispiel (s. Bild 9) betrachten wir einen Schlossergesellen, der am freien Ende eines masselosen Kragträgers der Länge L mit einer rostigen Schraube kämpft. Glücklicherweise erfährt er fachliche Unterstützung durch seinen Vorgesetzten, einen Diplom-Ingenieur (Maschinenbau).

**Bild 9**

Wir treffen hier die kühne Annahme, der Stahlträger sei masselos. Man darf in der technischen „Wissenschaft“ nämlich beliebige Annahmen treffen, wenn man sie begründen kann. Unsere Begründung: Wir wissen (noch) nicht, wo eine mögliche Trägergewichtskraft angreift.

Um im nächsten Schritt die Auflagerreaktionen zu ermitteln, müssen wir das System zunächst freischneiden und alle Kräfte und Momente richtig antragen, oder anders ausgedrückt, wir zeichnen zuerst mal das richtige Freikörperbild. Zur Bestimmung der Auflagerreaktionen zeichnen wir zu allererst ein Freikörperbild. Zunächst ist es wichtig, ein richtiges Freikörperbild zu zeichnen.

Bevor wir irgendeine weitere Überlegung anstellen, zeichnen wir ein Freikörperbild. Wir zeichnen zuerst ein vernünftiges Freikörperbild, bevor wir versuchen, die Lagerreaktionen zu berechnen. Am Anfang der Lösung einer Statik-Aufgabe zeichnet man ein Freikörperbild. Zu allererst schneiden wir das System frei! Wir zeichnen ein Freikörperbild. Noch bevor wir die Aufgabe überhaupt richtig verstanden haben! Als erstes zeichnen wir ein Freikörperbild. Wir zeichnen also am Anfang eines jeden Statik-Problems ein richtiges Freikörperbild. Wir schneiden zuerst mal frei. Freischneiden – das Aller-, Allerwichtigste...

Um das schon erwähnte Freikörperbild zu erstellen, ersetzen wir unseren Schlosser durch eine einfache Gewichtskraft F, die bekanntlich immer nach unten wirkt und versucht ist, alles nach unten zu ziehen:

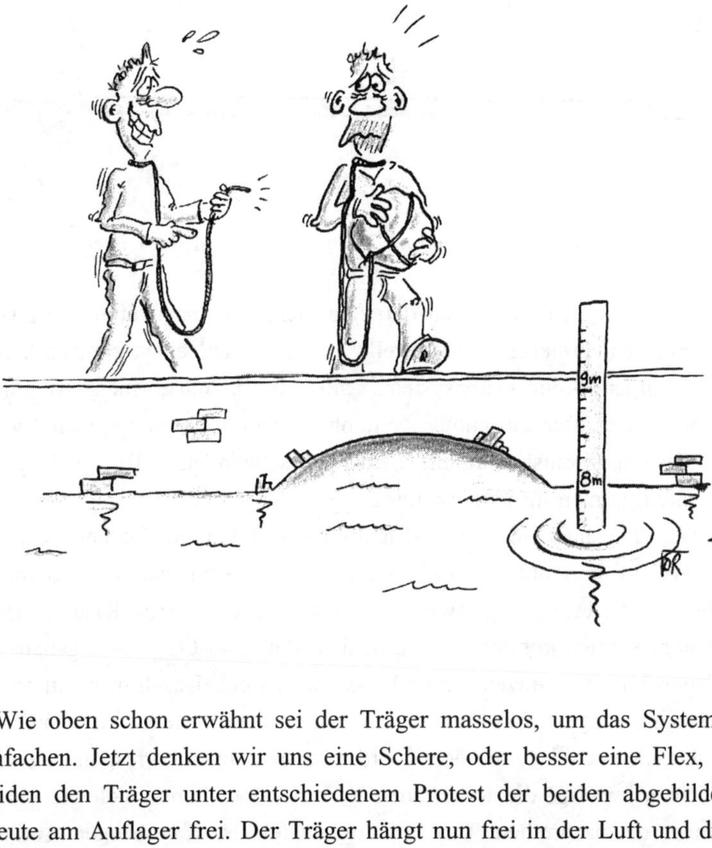


Wie oben schon erwähnt sei der Träger masselos, um das System zu vereinfachen. Jetzt denken wir uns eine Schere, oder besser eine Flex, und schneiden den Träger unter entschiedenem Protest der beiden abgebildeten Fachleute am Auflager frei. Der Träger hängt nun frei in der Luft und droht aufgrund der Gewichtskraft des Schlossers (der Balken selbst wiegt ja nichts), abzustürzen. Der Protest verstummt jedoch sofort, wenn wir das Lager durch seine äquivalenten Lagerkräfte ersetzen. Aus Tabelle 1 entnehmen wir die äquivalenten Reaktionen, drei an der Zahl, und zeichnen sie an die

Schnittstelle. Jetzt ist das System wieder wie vorher, zumindest statisch gesehen.

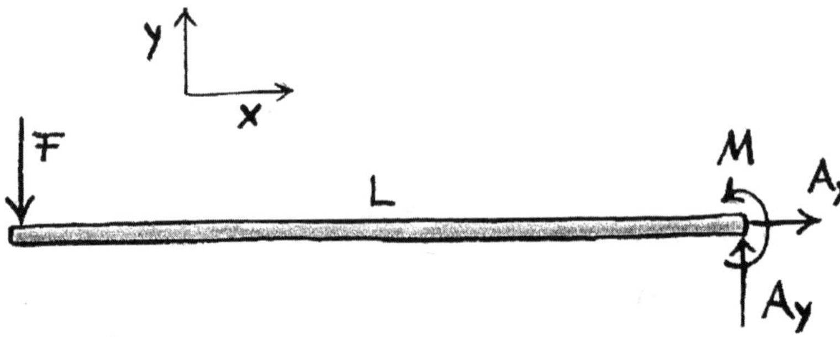


**Bild 10**: Freikörperbild für den außen belasteten Träger

Man muß aber peinlich genau darauf achten, daß man keine Kraft vergißt, wenn man ein Freikörperbild erstellt. Bei der Wahl eines kartesischen, also rechtwinkligen Koordinatensystems fällt die x-Achse meistens mit den horizontalen Kräften zusammen. Wie oben schon mehrfach erwähnt, verlangt die Gleichgewichtsbedingung ein Verschwinden der Kräfte- und Momentensummen für jede Richtung.

Wir betrachten zuerst die x-Richtung und stellen uns folgende Frage: Wie groß darf die horizontale Lagerkraft $F_H = A_x$ sein, damit die Summe der Kräfte in x-Richtung verschwindet? Antwort: „Null !" (du Kiste...). Bei den vertikalen Kräften kommt man zu dem Schluß, daß $F_V = A_y$ genauso groß sein muß wie die Gewichtskraft F des Schlossers. Das Einspannmoment M kann vom Betrag her nur F mal L sein. Bei diesem System sind wenige Kräfte beteiligt, die noch dazu mit den Koordinatenrichtungen korrespondieren und es ist nicht schwierig, die Reaktionen zu bestimmen, ohne sich die einzelnen Summen hinzuschreiben. Um Flüchtigkeitsfehlern vorzubeugen, sollte man sich schon zu Beginn angewöhnen, bei jedem noch so einfachen System die Kräftegleichungen für die Summen ( $\Sigma$ ) einer jeden Richtung nach folgendem Schema zu formulieren (aber erst nachdem man ein Freikörperbild gezeichnet hat, erst kommt das Freikörperbild! (siehe Bild 10)).

*Unter Berücksichtigung des Koordinatensystems werden* alle *Kräfte, die in Koordinatenrichtung zeigen, positiv (+) gezählt und alle Kräfte, die entgegengesetzt zeigen, mit einem Minuszeichen (–) versehen.*

Also, für die x-Richtung gilt:

$$\Sigma F_x = A_x = 0 = F_H \quad => \quad F_H = 0\,.$$

Für die y-Richtung gilt:

$$\Sigma F_y = 0 = -F + A_y \quad => \quad A_y = F = F_V.$$

Bei der Momentenbestimmung müssen wir uns neben der „Drehrichtung" noch auf einen Bezugspunkt einigen, um den „gedreht" werden soll. Dabei kann der Punkt irgendwo im Universum liegen (d. h. im ebenen Fall irgendwo in der Unendlichkeit der Pläne...). Es ist jedoch immer sinnvoll, den Bezugspunkt ins untersuchte System zu legen. Dabei kann man einen guten Trick anwenden:

*Der Bezugspunkt wird so gewählt, daß möglichst viele unbekannte Kräfte keinen Hebelarm haben (meistens ein Auflager)!*

Grund: Die Momente der Kräfte ohne Hebelarm sind Null und müssen demnach bei der Aufsummierung der Momente nicht mitgezählt werden. Diese unbekannten Kräfte tauchen also in der Gleichung der Momentensumme nicht auf. Alle Momente, die in die z-Richtung, also aus der Zeichenebene heraus zeigen („Rechte-Hand-Regel"), werden positiv gezählt. Wir bilden also die Summe der Momente um den Auflagerpunkt A, weil hier der Hebelarm für die meisten unbekannten Kräfte verschwindet:

$$\Sigma M_z^{(A)} = 0 = F\,L + M \quad => \quad M = -F\,L.$$

Das Minuszeichen vor dem Term F L sagt uns, daß wir das Einspannmoment M, das wir ja vorher nicht kannten, im Freikörperbild „falsch herum" angezeichnet haben. Macht nichts! Kein Fehler! Die Mathematik zeigt uns schon, wie es richtig sein muß. Wir wissen jetzt aufgrund der Lösung, daß das Einspannmoment M andersherum drehen muß, um den Balken mit dem

Schlosser darauf in der Waage zu halten. Die Richtung der Auflagerreaktionen im Freikörperbild ist völlig Tofu![5]

Bei einem anderen Bezugspunkt kommen wir ebenfalls zum selben Ergebnis. Nehmen wir z.B. die Mitte des Balkens:

$$\Sigma M_z^{(\text{Balkenmitte})} = 0 = F\ 0.5\,L + A_y\ 0.5\,L + M\,.$$

Beim Einspannmoment M ist der Hebelarm schon enthalten, d. h. wir brauchen dieses äußere Moment nicht unbedingt direkt an die Einspannstelle zu zeichnen, obwohl es dort der Übersicht am meisten dient. Wir können das Moment M genausogut in der Nähe des Pferdekopfnebels annehmen, vorausgesetzt dieser befindet sich (in unserem Fall) in der Ebene des Balkens. Ein äußeres Moment kann man beliebig in der Ebene verschieben, eine Merkwürdigkeit, an die man sich als Anfänger wahrlich gewöhnen muß, wie an so vieles in der Mechanik. Man sieht diese Verschiebemöglichkeit am besten daran, daß das Moment in der „Drehgleichung" einfach nur als Buchstabe M ohne Ortsbezeichnung auftaucht. Die Kräfte sind aber durch den jeweiligen vom Drehpunkt (Bezugspunkt) abhängigen Hebelarm ortsabhängig. Es ist wirklich so: Wenn man , an einem Brett, welches mit einer Schraubzwinge am Tisch festgespannt ist oder sogar festgenagelt ist, eine Bohrmaschine ansetzt, so ist das Moment, welches die Zwinge aushalten muß bzw. die Kräfte, welche die Nägel aufnehmen, völlig unabhängig vom Ort des Bohrers (äußeres Moment)!

Zurück zu unserem Balken und dem neuen Bezugspunkt:
Da $F_V = A_y = F$ ist (siehe oben) folgt:

$$F\ L + M = 0 \quad \Rightarrow \quad M = -F\,L.$$

Als fortgeschrittener Mechaniker hat man oft mal eine Gleichung zu wenig und die Rechnung geht nicht auf. Hier darf man sich aber nicht täuschen lassen. Ein neuer Bezugspunkt liefert hier keine neue Gleichung! Andererseits kann man ein solches System auch mit zwei Momentengleichungen und einer Kraftgleichung berechnen. Dann dürfen aber die beiden Bezugspunkte nicht auf einer Geraden liegen, die in Richtung des ersetzten Kräftegleichgewichts liegt. Es geht sogar mit drei Momentengleichungen: In diesem Fall dürfen die

---

[5] „Hä?" (Anmerkung des nicht-vegetarischen Lektors)

Bezugspunkte überhaupt nicht auf einer Geraden liegen. Das kann man ja alles mal ausprobieren, wenn man zu so etwas Lust hat, bzw. wie im Falle des Herrn Dr. Hinrichs dabei sogar Lust verspürt (!).

Das hier behandelte Beispiel ist ziemlich übersichtlich, da die wenigen Kräfte alle in die Richtung der Koordinaten zeigen. Normalerweise kann man davon aber aufgrund natürlicher Gegebenheiten bzw. sadistischer Urheber von Mechanikaufgaben nicht ausgehen. Wir wollen uns jetzt ein Beispiel ansehen, bei dem Kräfte in „schiefe" Richtungen wirken, und sie daher in die Koordinatenrichtungen zerlegt werden müssen. Bild 11 zeigt eine Bratpfanne (Masse m, Bratradius R), die am Punkt A an ihrem masselosen Griff (Länge L=2R) hängt, und im Punkt B durch ein Seil S gehalten wird. Außerdem greift an der Pfanne eine große bekannte, also gegebene Kraft F in der gezeichneten Weise an.

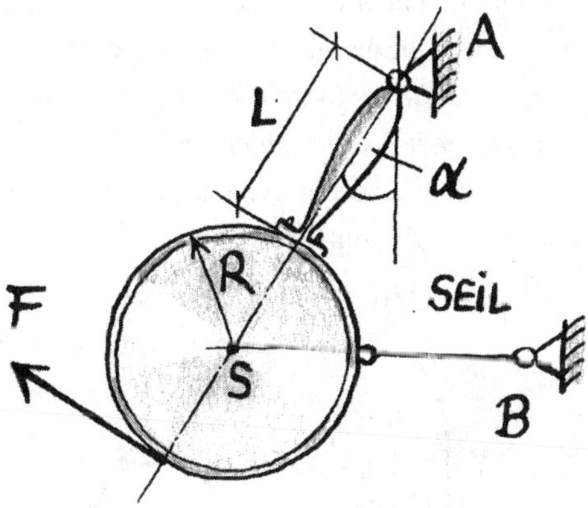


**Bild 11**: Hängende Bratpfanne

Das Beispiel ist so ausgewählt, daß man sich möglichst frühzeitig an den tieferen Sinn von so manchen Übungsaufgaben gewöhnen kann. Wir wollen ausrechnen, welche Kraft die Aufhängung A aushalten muß. Wir berechnen also wieder Auflagerreaktionen. Um diese zu ermitteln, müssen wir das System zunächst freischneiden und alle Kräfte und Momente richtig antragen, oder anders ausgedrückt, wir zeichnen zuerst mal das richtige Freikörperbild. Zur

Bestimmung der Auflagerreaktionen zeichnen wir zu allererst ein Freikörperbild. Zunächst ist es wichtig, ein richtiges Freikörperbild zu zeichnen. Bevor wir irgendeine weitere Überlegung anstellen, zeichnen wir ein Freikörperbild. Wir zeichnen zuerst ein „vernünftiges" Freikörperbild, bevor wir versuchen, die Lagerreaktionen zu berechnen. Am Anfang der Lösung einer Statik-Aufgabe zeichnet man ein Freikörperbild.

Zu allererst schneiden wir das System frei! Wir zeichnen ein Freikörperbild. Noch bevor wir die Aufgabe überhaupt das zweite Mal gelesen haben! Als erstes zeichnen wir ein Freikörperbild. Wir zeichnen also am Anfang eines jeden Statik-Problems ein richtiges Freikörperbild. Wir schneiden zuerst mal frei. Freischneiden – das Aller-, Allerwichtigste.

Beim Freischneiden zur Bestimmung der äußeren Reaktionskräfte ist es völlig egal, wie es *innerhalb* des Systems aussieht (gaaaanz wichtig). Es können Seile, Federn, Gelenke und alle möglichen Weichteile eingebaut sein. Man kann ein schwarzes Tuch über das System stülpen, und dann ganz in Ruhe freischneiden. Beim Bestimmen der äußeren Kräfte geht das deshalb, *weil das sich im Gleichgewicht befindliche System eben gerade diese Form aufgrund eben gerade dieser wirkenden Kräfte angenommen hat.* (<= Diesen Satz am Besten noch mal lesen). Wer das nicht versteht, der rettet sich einfach in eine elegante wissenschaftliche Formulierung und postuliert: „Hier gilt das Erstarrungsprinzip...räusper, räusper...".

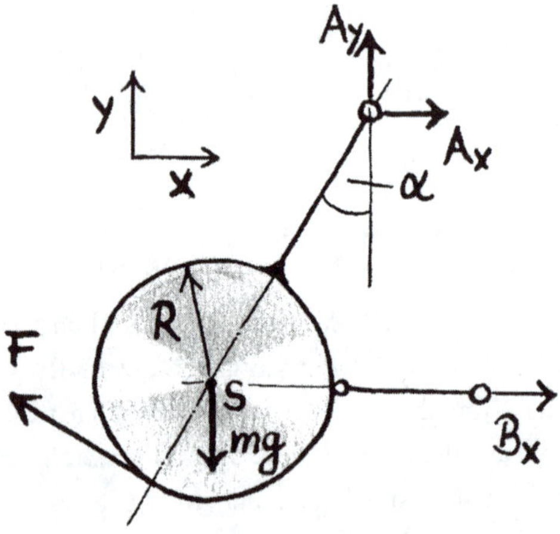


**Bild 12**: Freikörperbild der hängenden Bratpfanne

Bild 12 zeigt das Freikörperbild des Systems. Wir müssen dabei wirklich die ganze Umgebung der Pfanne entfernen. Also einmal ganz herum (360°) alles wegschneiden und statt dessen die entsprechenden Kräfte antragen. Dabei darf man die Gewichtskraft nicht vergessen, welche in diesem Fall genau in der Mitte der Frikadellen-Folter angreifen soll (Der Griff sei masselos). Wir kommen wieder auf drei unbekannte Größen: $A_x$ , $A_y$ und $B_x$ und brauchen daher wieder 3 Gleichungen. Aber was ist mit $B_y$ ? (Holzauge!) Wir wissen ja schon, daß ein Seil nur Zugkräfte in Richtung seiner selbst aufnehmen kann. Die Richtung der Kraft am Auflager B steht also schon fest. Bei solchen Sachen muß man schon mal den Columbo raushängen lassen, aber wir sind ja schließlich Akademiker oder wollen welche werden (oder müssen? „...denk an deine Zukunft, Kind!!!“*...„Ja... Mama!“* ).

Also – die Reaktionskraft B kann nur genau in Seilrichtung wirken (also: $B_x$). Dies ist ein sehr häufig auftretender Fall, den man unbedingt in seinem „Hab-ich-kapiert-Täschchen“ haben sollte. Die Reaktionskraft am zweiwertigen Auflager A zerlegen wir in ihre jeweiligen Koordinatenrichtungen x und y. Wir bilden also wieder unsere drei Summengleichungen für die ebene Statik (man sollte die folgenden Gleichungen nicht nur lesen, sondern selbst mit Papier und Bleistift aufstellen, bzw. nachvollziehen):
Für die x-Richtung (Gleichung I):

$$\Sigma F_x = 0 = B_x + A_x - F \cos\alpha. \qquad \text{(I)}$$

„$- F \cos\alpha$“ ist derjenige Anteil der eingeprägten Kraft F, welcher in x-Richtung wirkt, die sogenannte „x-Komponente der Kraft F“ (man beachte das Vorzeichen!!!).

Oft stellt sich die Frage: Sinus oder Cosinus? Hier hilft es zu gucken, was bei $\alpha = 0°$ passiert: Für $\alpha = 0°$ zieht F voll in x-Richtung und muß daher voll in die „x-Gleichung (I)“ eingehen. Da aber der Cosinus von $\alpha = 0°$ Eins ist, muß hier der Cosinus verwendet werden. Der Winkel $\alpha$ der Kraft F folgt aus der geometrischen Überlegung, daß die Wirkungslinie von F senkrecht auf der Pfannenmittellinie steht, welche eben gerade in einem Winkel $\alpha$ zur Wand und damit zur y-Achse geneigt ist. Solche Sachen muß man einfach üben, bis man sie irgendwann beherrscht. Nach etwa 50 Aufgaben sieht man solche Zusammenhänge sofort (Herr Dr. Hinrichs brauchte nach eigenen Angaben dafür nur etwa 40 Aufgaben).

So, weiter...für die y-Richtung gilt (Gleichung II):

$$\Sigma F_y = 0 = A_y + F \sin\alpha - mg\,, \tag{II}$$

wobei „F sinα" die y-Komponente der Kraft F ist und „mg" die Gewichtskraft beschreibt, welche stets aus dem Produkt der Masse und der Erdbeschleunigung g (ca. 10 $m/s^2$) gebildet wird. (Herr Dr. Hinrichs kann nur bei mindestens zwei Nachkommastellen, d. h. $g = 9.81 m/s^2$) Bei der Einheit der Beschleunigung tritt die Zeit t im Quadrat auf!..? Das ist kein Grund zur Beunruhigung und schon gar nichts Übernatürliches. Auch in der Mechanik kann sich der total beschränkte, aber meistens überhebliche „Wissenschaftler" die Zeit nur als ein eindimensionales Gebilde vorstellen (obwohl sie nach Auffassung von Herrn Dr. Romberg, genauso wie der Raum, ebenfalls mehrere einfach zu begreifende Dimensionen hat). Der Ausdruck „$s^2$" im Nenner der

Einheit kommt einfach daher, daß man es hier mit einer Geschwindigkeitsänderung pro Sekunde, also mit einer Beschleunigung zu tun hat. Man kann sagen: Die Einheit der Beschleunigung a, die bei bewegten Systemen (siehe Kapitel III) eine große Rolle spielt, ist Meter pro Sekunde...pro Sekunde, also $m/s^2$... ist doch ganz einfach, oder?

Nun aber zu unser Gleichung (III) (Summe der Momente). Welchen Bezugspunkt nehmen wir denn mal am Besten? F ist bekannt... mg ist bekannt... mmh... am Punkt A fallen wieder die meisten unbekannten Kräfte weg, außerdem können wir dann die ganze Kraft F „drehen" lassen, weil diese schon zufällig senkrecht zu ihrem Hebelarm steht (sonst müßten wir auch hier mit Komponenten rechnen). Also wählen wir A als Bezugspunkt. Gleichung (III) lautet somit:

$$\Sigma M_z^{(A)} = 0 = mg(L+R)\sin\alpha + B_x(L+R)\cos\alpha - F(L+2R). \text{ (III)}$$

„$(L+R)\sin\alpha$" ist der senkrechte Hebelarm der Kraft mg um den Punkt A, „$(L+R)\cos\alpha$" ist der senkrechte Hebelarm der Kraft $B_x$ . Mit der obigen Angabe L=2R können wir aus der Momentengleichung (III) die unbekannte Kraft $B_x$ berechnen und aus der Gleichung II bekommen wir sofort $A_y$ heraus:

$$B_x = F\, 4/(3\cos\alpha) - mg\tan\alpha,$$
$$A_y = mg - F\sin\alpha\,.$$

Setzen wir schließlich $B_x$ in die Gleichung (I) ein, so erhalten wir nach einfacher Umformung:

$$A_x = (\cos\alpha - 4/(3\cos\alpha))F + mg\tan\alpha.$$

Um solche Aufgaben ein wenig kniffliger zu machen, werden häufig fiese Fragen gestellt, wie z. B.: „Wie groß muß die Kraft F mindestens sein, damit das Seil S nicht schlaff wird ?" Hier gibt es einen sehr einfachen aber höchst wirkungsvollen Trick, um die langsam und eiskalt vom Steißbein emporklimmende, sich zum Nacken vorkämpfende und trotz grausiger Kälte den Schweiß herauspressende Panik zu zerschlagen (kurz: „das 'P' aus dem Gesicht nehmen!"). Bei solchen Aufgaben- oder Problemstellungen geht man folgendermaßen vor: Nachdem man kurz durchgeatmet hat, verzieht man die Mundwinkel zu einem verächtlichen Grinsen in Richtung seiner verzweifelten Nachbarn und stellt sich selbst die folgenden zwei Fragen:

**1) Kann ich hier irgendwas gleichsetzen ?**
**2) Kann ich hier irgendwas Null setzen?**

In über 95% aller Fälle kann man eine dieser beiden Fragen mit „Jeouu, alles klar!“ beantworten. In den etwa verbleibenden 5% geht man zur nächsten Aufgabe über und holt sich ggf. einen Loser-Schein.

Wenden wir diesen Trick einmal bei dem oben gestellten Problem mit dem schlaffen Seil und des sich daraus ergebenden Betrages der Kraft an. Kann man bei schlaffem Seil irgendwas gleichsetzen? ... Kann man bei schlaffem Seil irgendwas Null setzen? Jeouu, alles klar! Nämlich die Seilkraft! Wenn das Seil schlaff ist, so überträgt es keine Kraft auf das Lager B. Das bedeutet, wir können in allen Gleichungen die Kraft $B_X$ zu Null setzen, vorausgesetzt, sie tritt überhaupt auf. Folglich ergibt sich direkt aus dem Momentengleichgewicht (Gleichung III) die Kraft F bei gerade eben schlaffem Seil zu

$$F = \tfrac{3}{4}\, mg \sin\alpha \,.$$

Die Antwort auf die Frage oben lautet also, daß die Kraft F mindestens ¾ mg sinα betragen muß, damit das Seil nicht schlaff wird.

## 1.5 Bestimmt statisch bestimmt...stimmt's?

Bei unseren bisherigen Beispielen hatten wir immer genau so viele Gleichungen zur Verfügung, wie es Unbekannte in der Aufgabenstellung gab. Leider ist das nicht immer so, es gibt nämlich auch Systeme, bei denen man mit den Gleichgewichtsbedingungen allein nicht mehr auskommt. Das kann beispielsweise passieren, wenn man mehr unbekannte Kräfte hat als Gleichungen zur Verfügung stehen. Bei Prüfungsaufgaben kann man meistens davon ausgehen, daß „die Rechnung aufgeht“. Es soll Leute geben, die für den Rest der Fälle ganz cool auf Lücke setzen.[6] Aber gerade bei praktischen

[6] An dieser Stelle der obligatorische Protest von Herrn Dr. Hinrichs

Anwendungen hat man häufig ein paar Lager zuviel, man spricht dann von einem statisch überbestimmten System. Solchen Dingen wollen wir uns als nächstes zuwenden.

Was heißt „statisch bestimmt"? Den folgenden Satz sollte man sich merken: Ein System, dessen Auflagerreaktionen sich allein aus den Bedingungen für das statische Gleichgewicht bestimmen lassen, heist statisch bestimmt. Umgekehrt kann man daraus folgern, daß Systeme, bei denen die Bedingungen des statischen Gleichgewichts zur Bestimmung der unbekannten Auflagerreaktionen *nicht* ausreichen, statisch unbestimmt ist.
Sehen wir uns dazu das folgende System an (Bild 13):

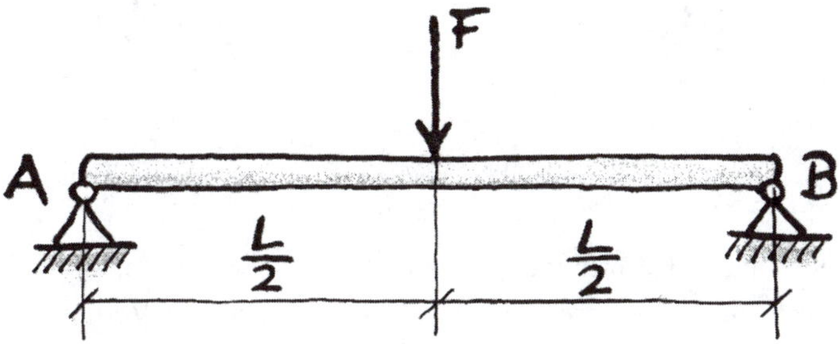


**Bild 13**: Beidseitig fest gelagerter Balken

In Bild 13 ist schematisch ein starrer masseloser Träger dargestellt, der auf zwei Festlagern aufliegt. Wie sieht es hier mit den Auflagerreaktionen aus? Stop!!! Was macht man in der Statik, bevor man irgendeinen Gedanken faßt? Wir müssen das System zunächst freischneiden und alle Kräfte und Momente richtig antragen, oder anders ausgedrückt, wir zeichnen zuerst mal das richtige Freikörperbild. Zur Bestimmung der Auflagerreaktionen zeichnen wir zu allererst ein Freikörperbild. Zunächst ist es wichtig, ein richtiges Freikörperbild zu zeichnen. Bevor wir irgendeine weitere Überlegung anstellen, zeichnen wir ein Freikörperbild.

Wir zeichnen zu erst ein vernünftiges Freikörperbild, bevor wir versuchen, die Lagerreaktionen zu berechnen. Am Anfang der Lösung einer

Statik-Aufgabe zeichnet man ein Freikörperbild. Zu allererst schneiden wir das System frei! Wir zeichnen ein Freikörperbild. Noch bevor wir die ersten Formeln hinkritzeln! Als erstes zeichnen wir ein Freikörperbild. Wir zeichnen am Anfang eines jeden Statik-Problems ein richtiges Freikörperbild. Wir schneiden zuerst mal frei. Freischneiden – das Aller-, Allerwichtigste (gähn). In Bild 14 ist das entsprechende Freikörperbild dargestellt.

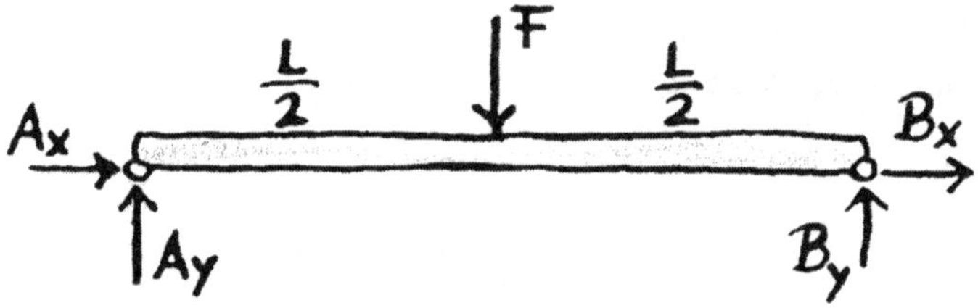


**Bild 14**: Freikörperbild des beidseitig fest gelagerten Balken

Man sieht sofort, daß hier vier unbekannte Kräfte vorliegen, wo wir in der Ebene doch nur unsere drei berühmten Gleichungen zur Verfügung haben. Durch das Kräftegleichgewicht in y-Richtung und der Summe der Momente um einen beliebigen Punkt (am Besten eines der Auflager) erhalten wir zunächst

$$A_y = B_y = \tfrac{1}{2}\, mg\ .$$

Das sollte jetzt jeder selbst ausrechnen können. Wenn nicht: Buch zuschlagen und morgen von vorne anfangen zu lesen! Was aber ist mit den horizontalen Kräften $A_x$ und $B_x$? Alle Mathematik-Nobelpreisträger[7] der Welt zusammen können diese beiden Kräfte ohne weitere Informationen nicht ausrechnen. Beim Kräftegleichgewicht in x-Richtung kommt lediglich heraus, daß sich beide Kräfte aufheben müssen:

$$A_x = -\,B_x\ .$$

[7] Wichtige Anmerkung des Lektors: „Es gibt keinen Mathematik-Nobelpreis!“

Diese beiden Kräfte können beliebig groß sein, ohne irgend etwas am mechanischen Charakter dieses starren Balkens zu verändern. Wer danach fragt, woher denn diese unbekannten Kräfte kommen sollen, dem sei gesagt, daß dieser Balken ja gewaltsam zwischen die Lager gequetscht worden sein könnte, ohne sich jedoch dabei zu verformen. Da können ganz schön große Kräfte in horizontaler (x) Richtung auftreten. Das System ist statisch unbestimmt, und zwar im wahrsten Sinne des Wortes wahrscheinlich noch unbestimmter als die nächsten Lottozahlen. MechanikerInnen nennen dieses System statisch überbestimmt. Man kann auch sagen: das System klemmt. Dies ist genau der Grund, warum solche Träger, Stäbe, Wellen, Brücken, usw. in der Praxis immer, grundsätzlich und überall – MaschinenbauerInnen wissen das – mit einem Fest- und einem Loslager versorgt werden. Auf diese Weise erhält man eine spannungsfreie Lagerung und die horizontale Lagerkraft ist Null, wenn keine äußeren Kräfte angreifen. Falls doch welche angreifen, nimmt das eine Festlager sie eben auf.

Der pfiffige Loser kann sich bestimmt auch vorstellen, wie hier ein statisch unterbestimmtes System aussehen könnte: Der Balken aus Bild 13 mit zwei Loslagern würde sich bei der kleinsten äußeren horizontalen Kraftkomponente auf die Reise begeben, da eine Lagerreaktion fehlt. Statische Überbestimmtheit dagegen bedeutet, daß eben zu viele Lagerreaktionen vorhanden sind bzw. zu wenig Gleichungen. Das heißt, wir brauchen mehr Gleichungen, um ein statisch überbestimmtes System berechnen zu können.

Zusätzliche Gleichungen kann man aus sogenannten *Zwischenbedingungen* erhalten. Die Idee ist folgende: Grundsätzlich ist es erlaubt, auch Teile eines Körpers oder Systems freizuschneiden. Wir können also z. B. eine Ecke eines beliebigen Körpers abschneiden, und an der Schnittstelle „schnell", ohne daß die Ecke es „merkt", die entsprechenden (unbekannten) Kräfte und Momente antragen, die den Körper sonst genau an dieser Stelle zusammenhalten. Das bringt aber nur etwas, wenn wir dadurch mehr Gleichungen ranholen, als neue ungebetene Unbekannte (Kräfte und Momente in der Schnittfläche). Aber wie geht das? Wenn wir einen Körper irgendwo durchschneiden, so müssen wir im ebenen Fall grundsätzlich drei Reaktionen antragen: Zwei Kraftkomponenten (horizontal und vertikal) und ein Moment, was den Körper genau an dieser Stelle im nicht abgeschnittenen Fall in Form hält. Wir bekommen dadurch aber auch nur drei neue Gleichungen (wie und warum sehen wir gleich).

Aber jetzt kommt der Trick:

Wenn wir genau in einem Gelenk schneiden, so brauchen wir nur die beiden Kraftkomponenten anzeichnen, da sich in einem idealen reibungsfreien Gelenk nie ein Reaktionsmoment festbeißen kann.

Wir wenden uns dazu folgendem Beispiel zu:

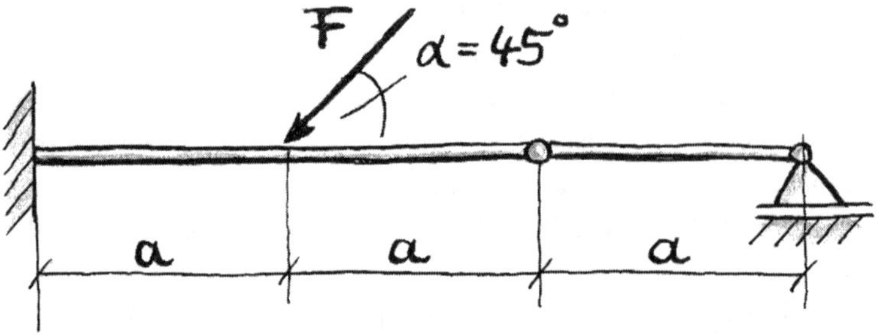


**Bild 15**: Träger mit Zwischengelenk

Bei dem gezeichneten eingespannten masselosen Träger mit *Zwischengelenk* (siehe Bild 15) ist das andere Ende nicht frei, sondern durch ein Loslager abgestützt.

Richtige MechanikerInnen erkennt man daran, daß sie beim Anblick eines solchen idealisierten Gebildes triebhaft zu Papier und Bleistift bzw. zu Notebook und aktueller Corel-Version greifen (zitter, geifer) und ein „vernünftiges" Freikörperbild zeichnen. Wir müssen das System nämlich zunächst freischneiden und alle Kräfte und Momente richtig antragen, oder anders ausgedrückt, wir zeichnen zu erst mal das richtige Freikörperbild. Zur Bestimmung der Auflagerreaktionen zeichnen wir zu allererst ein Freikörperbild. Zunächst ist es wichtig, ein richtiges Freikörperbild zu zeichnen. Bevor wir irgendeine weitere Überlegung anstellen, zeichnen wir ein Freikörperbild. Wir zeichnen zuerst ein vollständiges Freikörperbild, bevor wir versuchen, die Lagerreaktionen zu berechnen. Am Anfang der Lösung einer Statik-Aufgabe zeichnet man ein Freikörperbild. Zu allererst schneiden wir das

System frei! Wir zeichnen ein Freikörperbild. Noch bevor wir uns die Aufgabe überhaupt richtig angeschaut haben!

Als erstes zeichnen wir ein Freikörperbild. Wir zeichnen am Anfang eines jeden Statik-Problems ein klasse Freikörperbild. Wir schneiden zuerst mal frei. Freischneiden – der Abschied vom Losertum! ...Das entsprechende Freikörperbild des gewichtslosen Balkens sieht also folgendermaßen aus:

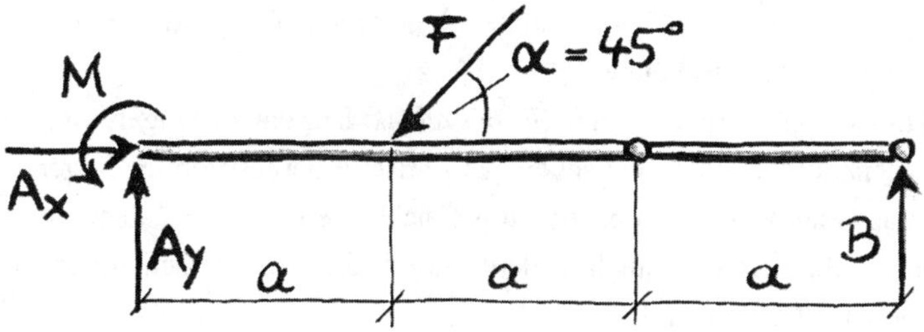


**Bild 16**: Freikörperbild des Träges mit Zwischengelenk

Hier haben wir jetzt einmal den Fall, daß zu viele Kräfte sinnlos walten...wir wissen noch nicht, wie sich Loslager B und Einspannmoment M gegenseitig die Arbeit abnehmen. Das System scheint statisch überbestimmt zu sein. Wir haben vier unbekannte Reaktionen und nur drei Gleichungen.

Jetzt kommt der Trick mit der Zwischenbedingung und der kühne Freischnitt mitten durchs Gelenk. Das Ergebnis sind zwei einzelne Freikörperbilder, wobei die Zwischenreaktionen bzgl. beider Freikörperbilder immer das Axiom actio = reactio erfüllen müssen. Das bedeutet: Die Zwischenkräfte für beide Freikörperbilder sind vom Betrage her gleich aber mit entgegengesetztem Vorzeichen versehen.

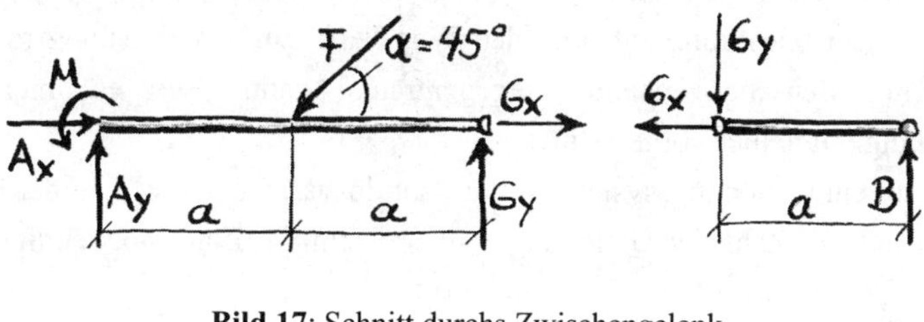


**Bild 17**: Schnitt durchs Zwischengelenk

Das Schöne an der Sache ist, daß wir jetzt für beide Teilsysteme jeweils drei Gleichungen zur Verfügung haben.

Aus der Momentensumme gebildet um das Zwischenlager G des rechten Teilsystems folgt sogleich:

$$B = 0 .$$

Jetzt können wir in aller Ruhe zu unserem Gesamtsystem zurückkehren, denn es sind nur noch drei unbekannte Reaktionen übrig, die wir mit drei Gleichungen entlarven können!

Dies rettende Gelenk heißt *Gerbergelenk*. Der ganze Träger wird *Gerberträger* genannt. Der anfangs scheinbar statisch überbestimmte Träger ist also durch das Gelenk „statisch bestimmt gemacht worden". Wir haben das System also angepaßt. (Es gibt auch andere Möglichkeiten, statisch überbestimmte Systeme zu behandeln, s. Kap. 2)

Dieses System (Gerberträger) soll aber lediglich zeigen, wie einem die Zwischenbedingungen weiterhelfen können. Man darf in der Praxis natürlich nicht einfach irgendwo ein Gelenk hinzeichnen, nur um ein statisch unbestimmtes System besser in den Griff zu bekommen. Aber man kann in einem (etwas komplizierteren) System meistens durch scharfes Hingucken (whow!) irgendwo eine geeignete Stelle für einen geschickten chirurgischen Zwischenbedingungs-Freischnitt finden, und sich auf diese Weise neue unabhängige Gleichungen zum Befriedigen besorgen. Wir wollen uns an dieser Stelle aber auf das *Aufspüren* statisch unbestimmter Systeme beschränken.

Da man für den (meistens nur) pragmatisch und technisch „begabten" Ingenieur stets eine Definition oder ein Rezept zur Überprüfung einer Hypothese parat haben muß (Herr Dr. Hinrichs weiß das), gibt es auch hier so eine Art Abzählreim zur Prüfung auf statische Bestimmtheit. Obwohl man dieses Rezept eigentlich nicht benötigt, da man den wenigen Fällen, wo einem die statische Unbestimmtheit über den Weg läuft, zur Abwechslung mal mit gesundem Menschenverstand entgegentreten kann, sei es hier der Vollständigkeit halber vorgestellt.

Also, ein Gleichungssystem ist nur dann lösbar, wenn die Zahl der Unbekannten mit der Zahl der Gleichungen übereinstimmt. Eine (notwendige) Bedingung für statische Bestimmtheit in der Ebene ist die Erfüllung folgender Gleichung:

$$D = 0 = \Sigma a + \Sigma z - 3n ,$$

dabei ist:

D := Defekt

a := Reaktionszahl (Wertigkeit) pro Auflager

z := Reaktionszahl pro Zwischenbedingung

n := Anzahl der durch Gelenke (Zwischenlager) getrennten Teile.

Leider hat diese Bedingung einen kleinen Haken: Sie ist eben nur eine *notwendige*[8], aber keine *hinreichende*[9] Bedingung:

Bei einem statisch bestimmten System muß diese Bedingung erfüllt sein; aber man darf allein aus dieser Bedingung nicht folgern, daß das System tatsächlich statisch bestimmt ist. Nochmal: Die Gleichung oben ist eine notwendige Bedingung, d. h. für ein statisch bestimmtes System ist dieser Defekt D immer Null. Er kann aber bei ungünstigen Bedingungen auch für ein statisch unbestimmtes System Null sein, also vorsichtig! Aber ein System mit $D \neq 0$ ist unbedingt statisch unbestimmt.

[8]Übrigens: Herr Dr. Hinrichs ist nicht notwendig

[9]Man beachte: Bei Herrn Dr. Romberg reicht es oft nicht hin!

Bei räumlichen Systemen wird die „3“ durch eine „6“ ersetzt. (Im Raum führt die mögliche Drehung von Stäben um ihre Achse zu einer statischen Unbestimmtheit, die man jedoch nicht so ernst nehmen muß, da man solche Systeme trotzdem berechnen kann.) Hier noch zwei Tips zum Aufstellen der obigen Gleichung:

- Die Anzahl z der Zwischenbedingungen eines Gelenks, an dem n Teile hängen ist 2(n – 1) (z. B. Gerberträger: n = 2, z = 2)!
- Systeme, bei denen alle Lager nur jeweils höchstens eine Kraft aufweisen können, sind immer statisch unbestimmt

Es bietet sich nun an, die in diesem Abschnitt behandelten Beispiele einmal anhand des Abzählreimes zu überprüfen ... viel Spaß dabei!

Es wird jedoch trotz entschiedenem Protest von Herrn Dr. Hinrichs dringend empfohlen, ein System mit Verdacht auf statische Unbestimmtheit mit der unwissenschaftlichen „Wackelmethode“ zu überprüfen. Das ist ganz einfach: Wir stellen uns vor, das zu untersuchende System sei aus starren Bauteilen real existierend. Jetzt legen wir imaginär Hand an und schütteln... falls irgendwie etwas wackeln könnte, liegt statische Unbestimmtheit vor. Herr Dr. Hinrichs wirft ein, daß man es sich nicht so zu Herzen nehmen dürfe, wenn mal etwas nicht so richtig fest wird, das kommt oft vor und sei ganz normal! (?) Ist das System trotz Rüttelei fest, kann es immer noch statisch überbestimmt sein. In diesem Fall, wo das Bauteil fest in seinem Zustand verharrt, sehen wir noch einmal genau hin und überlegen uns, ob irgendwo etwas klemmen könnte (statisch überbestimmt). Die dargestellten Beispiele sorgen hoffentlich für Klarheit: Bei dem Beispiel in Bild 18, ganz oben links, ist der Defekt D = 0 (a = 3, n = 1, z = 0) und trotzdem ist das System statisch unbestimmt. Das kommt aber nur daher, daß hier „wackeln“ und „klemmen“ gleichzeitig auftreten. Wenn das der Fall ist, so kann der Defekt D verschwinden und trotzdem ein statisch unbestimmtes System vorliegen. Man möge diesen Zusammenhang[10] an den anderen Beispielen in Bild 18 verifizieren.

---

[10] Herr Dr. Romberg merkt an, daß dieser Zusammenhang in dieser Art formuliert hier erstmals Erwähnung findet und möchte den „Defektlosen Koinzidierenden Wackelklemmer (DKW)“ als seine Entdeckung verbuchen

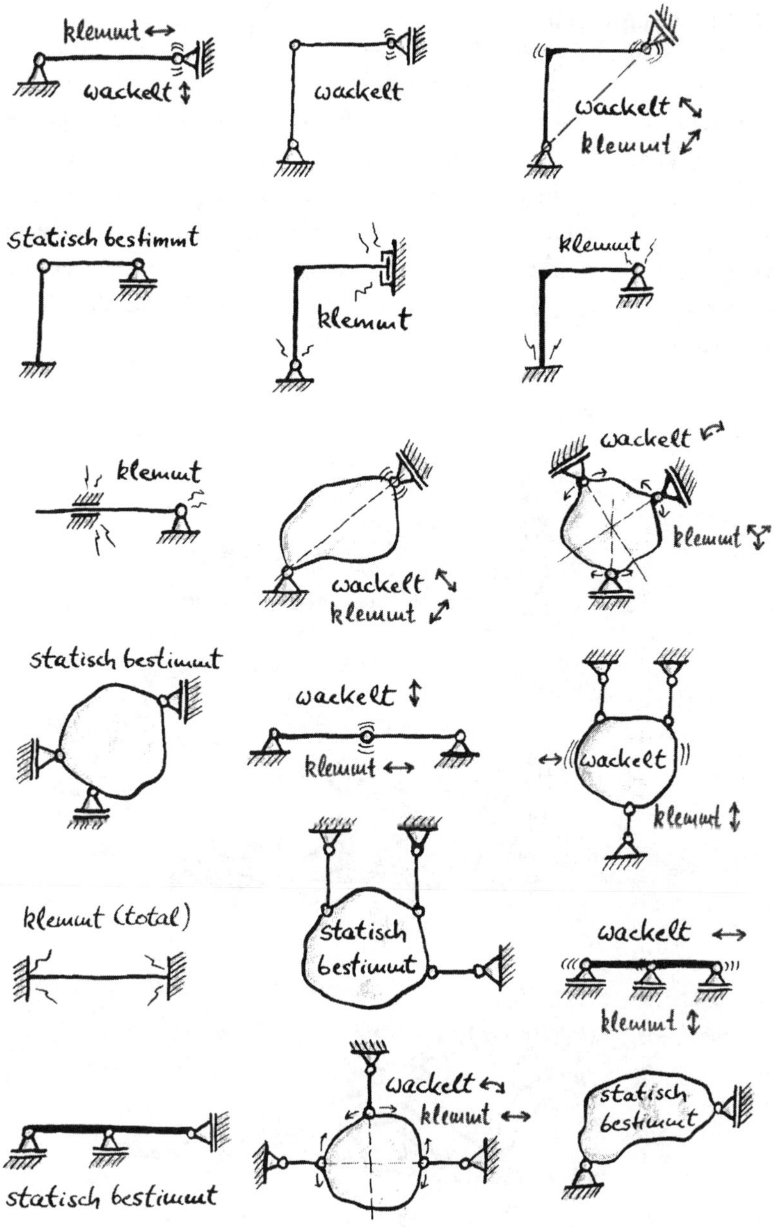


**Bild 18**: Einige Beispiele für statisch (un)bestimmte Systeme

## 1.6 Streckenlasten

Kräfte wirken nicht zwangsläufig in einem Punkt, wie es bisher dargestellt wurde. Wenn wir uns z. B. vorstellen, jemand liegt locker ausgestreckt auf irgendeiner Pritsche (siehe Bild 19 a, b, c), so wird diese auf fast ihrer gesamten Länge unterschiedlich stark belastet, je nach Anatomie der Person. Die Zusammenfassung dieser Streckenlast zu einer Resultierenden erfordert im allgemeinen die Integralrechnung. Dabei wird die Streckenlast q als eine Funktion q(x) angegeben, was eine Kraft pro Längeneinheit (Newton pro Meter) beschreibt.

a)

b)

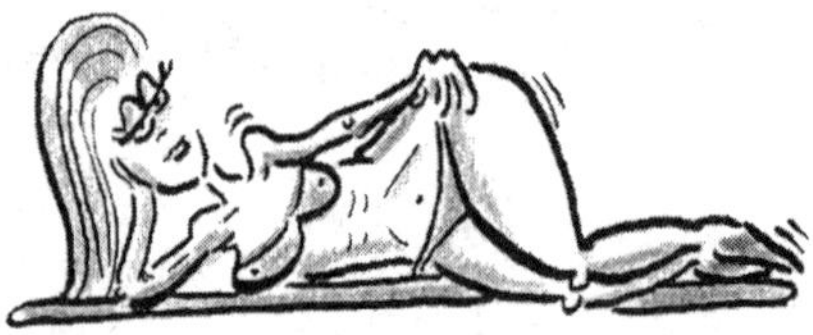

c)

**Bild 19** a, b, c: Verschiedenartig belastete Pritschen

Meistens kann man sich jedoch mit einer recht einfachen Schwerpunktbetrachtung behelfen. Kennt man den „Mittelpunkt“ (Schwerpunkt) einer Streckenbeanspruchung, muß man nur gedanklich die „zusammengezählte“ (über der Länge integrierte) Gesamtkraft genau in diesem Punkt angreifen lassen. Die Berechnung der Auflagerreaktionen erfolgt dann wie gehabt. Aber wo liegt dieser Kraftangriffspunkt? Wir betrachten also als nächstes die Berechnung des Schwerpunktes.

## 1.7 Der Schwerpunkt

Im folgenden gehen wir von homogenen starren Körpern aus. Ein homogener Körper hat an jeder Stelle die gleichen (physikalischen) Eigenschaften. Im Falle der Schwerpunktbetrachtung bedeutet dies, daß ein Körper überall die gleiche Dichte aufweist, so daß der Schwerpunkt schließlich nur von der Form abhängt. Der Schwerpunkt ist dann dasselbe wie der geometrische Mittelpunkt des Körpervolumens. Im zweidimensionalen Fall, welcher in 90% aller Aufgaben auftritt, haben wir es schlicht mit dem Gesamtmittelpunkt der Flächen zu tun. Wir machen also mal wieder einige mehr oder weniger vernünftige Annahmen, um ein Problem wenigstens so halbwegs in den Griff zu bekommen. Sehen wir uns die Figuren aus Bild 19 mal genau an (alle drei bitte):

Im ersten Fall (Bild 19a) haben wir es mit einem klassischen Muckibudenbesucher zu tun (uhhhg!). Hier liegt sicherlich keine Homogenität vor, da der Kopf in Wirklichkeit eine wesentlich geringere Dichte hat ($\rho \rightarrow 0$) als der Oberarm. Aber wir machen die kühne Annahme, daß wir es auch hier mit einem homogenen Körper zu tun haben.

Der Körper aus Bild 19b („wow!“ ← Zitat Herr Dr. Hinrichs) ist homogen (wenn auch nichts für Homos!). Auch hier liegt eine ungleiche Massenverteilung über der Pritsche (Länge L) vor. Im Falle des E-Technikers aus Bild 19c ist ebenfalls ein deutliches Ungleichgewicht vorhanden.

Aber wie wird die Pritsche nun belastet? Wo greift die resultierende Gewichtskraft an, die wir brauchen, um die Auflagerkräfte zu berechnen? Das rettende Stichwort lautet hier: Modellbildung. Auch Maschinen oder Bauwerke sind zu kompliziert, um den Schwerpunkt exakt berechnen zu können. Aber man kann sich durch geschickte Modellierung der Wirklichkeit annähern.

Es bietet sich hier an, die Körper in kleinere Formen aufzuteilen, dessen Einzel"schwerpunkte" bekannt sind. Wir betrachten die drei Figuren als zweidimensional und modellieren sie durch Quadrate, Kreise und Dreiecke.

In Bild 20 ist für jeden Körper das sogenannte vereinfachte „Ersatzsystem“ gezeichnet, welches sich eben aus diesen einfachen geometrischen Formen zusammensetzt (Herr Dr. Hinrichs legt besonderen Wert auf die etwas feinere Auflösung bei Körper b).

a)

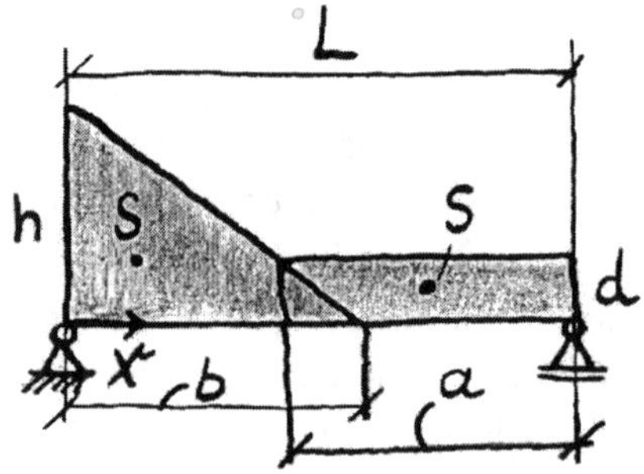


b)

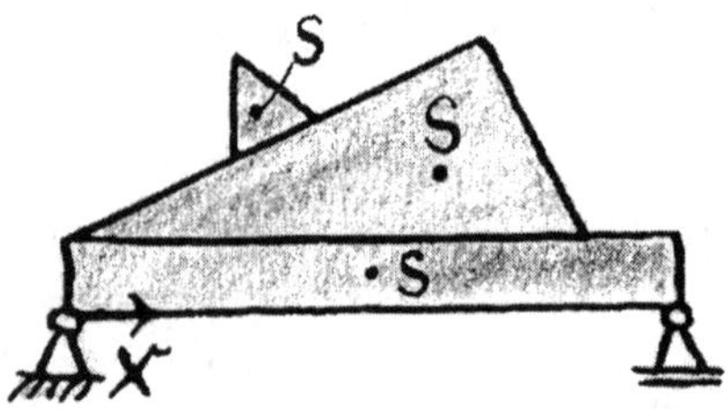


c)

**Bild 20** a, b, c: Ersatzsysteme der Figuren

Wichtig ist nun, daß wir die Schwerpunkte der Einzelteile kennen. Die Schwerpunkte von Kreisen, Quadraten und Rechtecken sind jedem Top-Loser bzw. jeder Toplosen bekannt. Bei Dreiecken und Halbkreisen sieht das schon etwas anders aus. Der Schwerpunkt einer homogenen Dreiecksplatte konstanter Dicke ist der Schnittpunkt der Seitenhalbierenden. Definiert man die Höhe H von einer beliebigen Grundseite aus, dann gilt für den Schwerpunkt $x_S$:

$$x_S = H/3.$$

Der Gesamtschwerpunkt[11] setzt sich dann aus dem gewichteten Mittelwert sämtlicher Abstände der Teilschwerpunkte zusammen:

$$x_S = (\Sigma\, x_{Si}\, A_i) / (\Sigma\, A_i).$$

Für unseren Muckibudenbuben aus Bild 19a bedeutet das also zunächst für die Summe der gewichteten Teilschwerpunkte in x-Richtung:

$$\Sigma\, x_{Si}\, A_i = b/3\ bh/2 + (L - a/2)\ ad \ldots,$$

aber da ist noch eine kleine Schwierigkeit: Da sich die beiden geometrischen Formen in der Mitte überlappen, würden wir den Genitalbereich dieses typischen Maschinenbauers hier kräftemäßig überbewerten. Das kleine schraffierte Dreieck (s. Ersatzsystem) geht doppelt in die Rechnung ein, also müssen wir es in der Summe der gewichteten Teilschwerpunkte einmal abziehen. Die richtige Berechnung sieht folglich so aus:

$$\Sigma\, x_{Si}\, A_i = b/3\ bh/2 + (L - a/2)\ ad - \mathit{((L - a)+(b - (L - a))/3)\ (d\ (b -( - a))/2)},$$

wobei der kursiv gedruckte Term das Produkt aus der Schwerpunktkoordinate des kleinen Dreiecks in der Mitte und seiner Fläche darstellt. Versucht das mal nachzuvollziehen! Wir müssen diesen Ausdruck jetzt nur noch durch die

---

[11] Übrigens: bei einem Halbkreis ist der Abstand des Schwerpunktes von der Schnittkante $y_S$=4Rπ/3.

Gesamtfläche teilen – und haben fertig!!!. Ein wenig übersichtlicher wird es, wenn wir das Ersatzsystem anders wählen (s. Bild 21). Hier muß jedoch das gleiche für die Schwerpunktkoordinate $x_S$ herauskommen... ausprobieren!!!

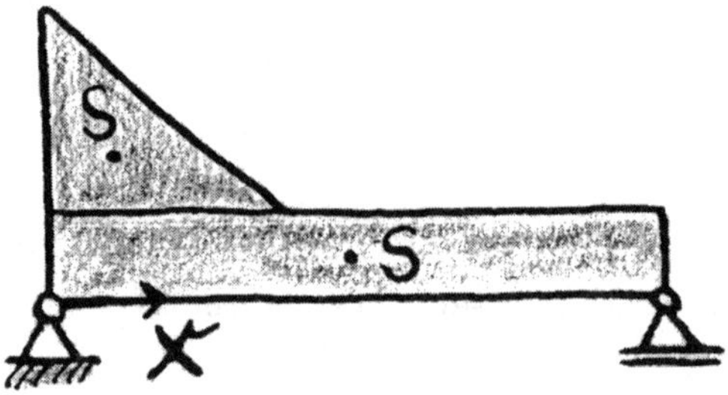


**Bild 21**: Alternatives Muckibudenbubenersatzsystem

Entsprechend lassen sich die Schwerpunkte für die anderen beiden Körper berechnen. Im dreidimensionalen Fall führt man diese Rechnung eben für jede der drei Koordinaten durch.

## 1.8 3-D Statik

Bei räumlichen Systemen muß man entweder die Summengleichungen für die Kräfte und die Momente für jede Koordinatenrichtung einzeln aufstellen oder man bedient sich der Vektorrechnung. Für die erste Methode braucht man ein gutes räumliches Vorstellungsvermögen, etwas Zeit und ein wenig Spürsinn (damit man nichts übersieht). Für die zweite Methode benötigt man nur Ingenieur-Pragmatismus (auch wenn sie von den Ingenieuren selbst, die ja bekanntlich zu den größten Ästheten gehören, als „elegantere“ Methode bezeichnet wird). Wir betrachten folgendes einfaches Beispiel:

Ein Diplom-Ingenieur (Maschinenbau) geht der „Idee“ nach, den Schirm von handelsüblichen Rapper-Käppis serienmäßig durch einen Faden zu unterstützen (siehe Bild 22). Die sich dem Ingenieur aufdrängende Aufgabe besteht darin, den Faden zu dimensionieren. Es stellt sich die Frage nach der Fadenkraft $F_S$ bei gegebenem Schirmgewicht G.

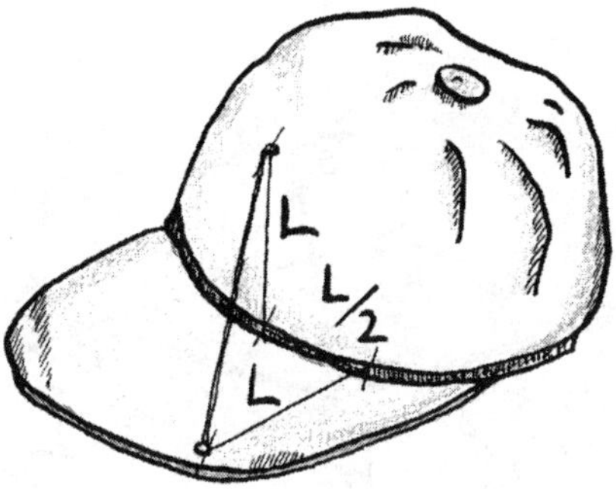


**Bild 22**: Schirmmütze mit Faden

Zunächst gilt es wieder, ein geeignetes Ersatzsystem zu finden. Wir entfernen uns von der Wirklichkeit und betrachten den Schirm als eine zweifach gelagerte homogene Platte, deren Gewichtskraft G im Schwerpunkt S angreift. Nach einigen Besprechungen mit eingeflogenen Industriedesignern aus Mailand (Das Buffet war o. k., nurr zo wennig Carpaccio! Porca la Miseria) befindet sich der Aufhängepunkt A in einer „Ecke" des Schirmes im Ursprung des Koordinatensystems (s. Bild 23).

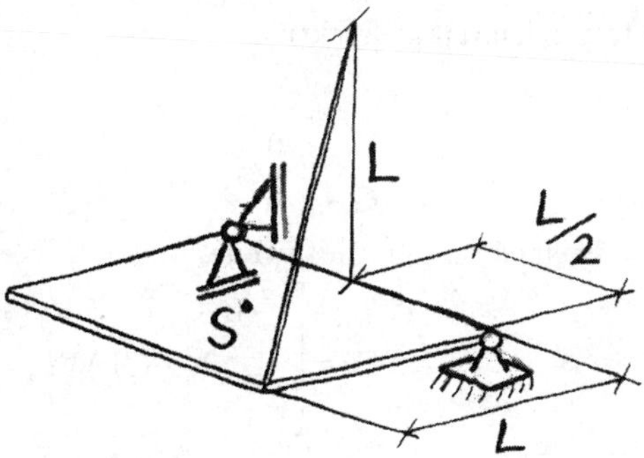


**Bild 23**: Ersatzsystem Schirmmützenschirm

Was kommt als nächstes? Wir schneiden frei! Bild 24 zeigt das Freikörperbild des betrachteten Ersatzsystems.

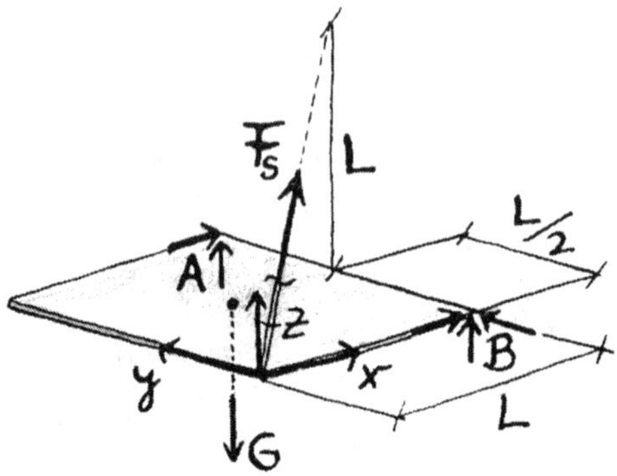


**Bild 24**: Freikörperbild des Schirmmützenschirms

Anstatt die Gleichgewichtsbedingungen für jede Koordinatenrichtung einzeln aufzustellen, wenden wir nun die sehr viel schnellere Vektormethode an, wobei hier die Vektorrechnung als bekannt vorausgesetzt wird. (Da im allgemeinen und auch im besonderen die räumliche Statik selten in Aufgaben vorkommt, kann dieser Abschnitt auch einfach überblättert werden, oh, oh hier gibt es aber heftige Proteste von Herrn Dr. Hinrichs ... Kopf zu, Herr Doktor!)

Bei Betrachtung des Freikörperbildes treten hier folgende Kraftvektoren auf (Vektoren sind im folgenden **fett** gedruckt):

Gewichtskraft: $\mathbf{G} = \begin{bmatrix} 0 \\ 0 \\ -G \end{bmatrix}$,

Seilkraft: $\mathbf{F_S} = \begin{bmatrix} -L \\ -L/2 \\ L \end{bmatrix} 2/(3L)\, F_S$,

Auflager A: $\mathbf{A} = \begin{bmatrix} A_x \\ 0 \\ A_z \end{bmatrix}$,

Auflager B: $\mathbf{B} = \begin{bmatrix} B_x \\ B_y \\ B_z \end{bmatrix}$.

Dabei ist $F_S$ der Betrag der noch unbekannten Seilkraft. Der Faktor vor diesem Betrag ist die sich aus der Geometrie ergebende „Norm“ dieses Kraftvektors (s. Bild 24). In Anlehnung an dieses Freikörperbild lauten die Gleichgewichtsbedingungen in vektorieller Form
für die Kräfte:

$$\Sigma\,\mathbf{F} = \mathbf{0} = \mathbf{G} + \mathbf{F}_S + \mathbf{B} + \mathbf{A}\,,$$

für die Momente:

$$\Sigma\,\mathbf{M} = \Sigma\,\mathbf{F} \times \mathbf{r} = \mathbf{0}$$

$$\Leftrightarrow \begin{bmatrix} 0 \\ 0 \\ -G \end{bmatrix} \times \begin{bmatrix} L/2 \\ 0 \\ 0 \end{bmatrix}$$

$$+\ 2/(3L)\,F_S \begin{bmatrix} -L \\ -L/2 \\ L \end{bmatrix} \times \begin{bmatrix} L \\ L/2 \\ 0 \end{bmatrix} + \begin{bmatrix} A_x \\ 0 \\ A_z \end{bmatrix} \times \begin{bmatrix} 0 \\ -L/2 \\ 0 \end{bmatrix} + \begin{bmatrix} B_x \\ B_y \\ B_z \end{bmatrix} \times \begin{bmatrix} 0 \\ L/2 \\ 0 \end{bmatrix} = \mathbf{0}.$$

Die zweite Komponente dieser Vektorgleichung führt direkt auf die Seilkraft

$$F_S = \tfrac{3}{4}\,G \quad .$$

Im räumlichen Fall wird ein Moment durch das Kreuzprodukt von Kraftvektor und Hebelarm gebildet, da diese beiden Vektoren ja nicht unbedingt orthogonal zueinander sein müssen. Beim Anblick dieser Vektorgleichung kann sich Herr Dr. Hinrichs einen verzückten Blick nicht verkneifen, während Herr Dr. Romberg sich für beides entschuldigt.

## 1.9 Jetzt gibt's Reibereien...

### 1.9.1 Reibkräfte und Reibkoeffizienten

Bis jetzt verlief ja alles reibungslos, aber gerade die Reibung ist ein sehr wichtiges Kapitel (nicht nur in der Mechanik). Was wäre die Welt ohne Reibung? Es macht wirklich Spaß diesen Gedanken einmal konsequent zu Ende zu denken: In einer Welt, wo nur formschlüssige Verbindungen möglich sind, hätte man z. B. sehr große Schwierigkeiten, sich überhaupt fortzubewegen.

Reibung gibt es fast überall. Wir betrachten folgenden Versuch: Wenn man eine Kaffeetasse über den Tisch zieht, spürt man einen Widerstand, der immer entgegengesetzt zur Bewegung gerichtet ist. Knüpfen wir jetzt ein Gummiband an den Henkel, dann können wir die wirkende Reibkraft in Abhängigkeit des Kaffeefüllstandes (Gewichtskraft) anhand der Dehnung des Gummis beobachten, während wir die Tasse locker und leicht über den Tisch ziehen. (Nur Herr Dr. Hinrichs läßt sich noch leichter über den Tisch ziehen, aber das ist eine andere Geschichte).

Wir stellen fest, daß, je mehr Kaffee in der Tasse ist, desto länger wird das Gummiband bei Beginn der Bewegung bzw. während des Rutschvorganges. Aber noch etwas läßt sich deutlich erkennen: Das Gummiband ist immer dann am längsten, wenn die Bewegung gerade anfängt, d. h. die Haftreibung ist größer als die Gleitreibung. Da bei gleichförmiger Bewegung bzw. Stillstand keine weiteren Kräfte in Zugrichtung wirken, muß die Kraft $F_G$ im Gummiband genau der Reibkraft $F_R$ entsprechen. Am deutlichsten wird das natürlich anhand eines Freikörperbildes der über den Tisch gezogenen Tasse:

Wir haben schon festgestellt, daß die Zugkraft (=Reibkraft $F_R$) mit zunehmendem Gewicht (Kaffee) ansteigt. Führt man diesen Versuch unter „Laborbedingungen" durch, so kommt man zu dem Ergebnis, daß die Zugkraft direkt proportional zur Gewichtskraft G ist.

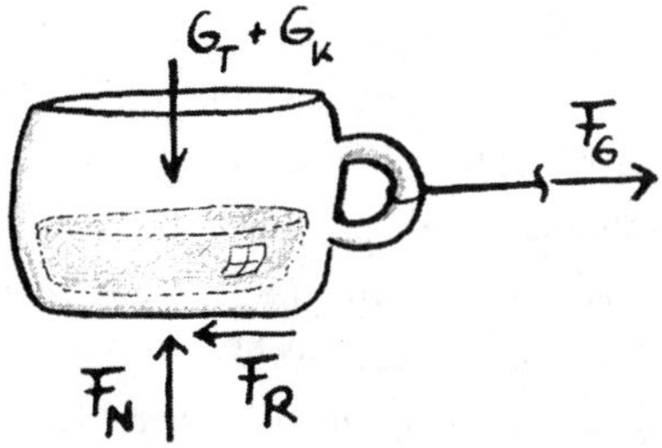


**Bild 25**: Freikörperbild der Kaffeetasse am Gummiband.

Diese entspricht in unserem Beispiel der Normalkraft $F_N$ (also: $G = F_N$). Proportionalität bedeutet, daß das Verhältnis zweier Größen konstant ist. Es gilt also:

$$F_R / F_N = \text{konst.}$$

Wir beschränken uns hier auf das einfache Coulombsche Reibmodell, welches zwei verschiedene Zustände beschreibt: Haften (Geschwindigkeit $v=0$) und Gleiten ($v \neq 0$). Im Gleitfall wird dieser konstante Proportionalitätsfaktor als *Gleitreibungskoeffizient* $\mu$ bezeichnet, also

$$F_R = \mu F_N \quad .$$

Im Haftfall ist die Reibkraft $F_R$ unbestimmt und erfüllt lediglich die Ungleichung

$$|F_R| \leq \mu_0 \, F_N \ ,$$

mit $\mu_0$ als *Haftreibungskoeffizient.* Wenn man bei schlaffem Gummi[12] langsam anfängt zu ziehen, ohne daß der Rutschvorgang beginnt, kann man sich unter Berücksichtigung einer beliebigen Richtung leicht vorstellen, daß sich die Resultierende aus den beiden Kräften $F_R$ und $F_N$ innerhalb eines Kegels, des sogenannten *Haftreibkegels* befindet. Der halbe Öffnungswinkel $\alpha_0$ des Reibkegels berechnet sich zu

[12] Das bezieht sich nicht auf die Zeichnung auf der nächsten Seite, sondern auf das mit der Kaffeetasse verbundene Gummiband

$\tan\alpha_0 = \mu_0$ .

Oder einfacher ausgedrückt: Kippen wir eine schiefe Ebene mit einem Klotz darauf solange, bis der Klotz beim Winkel $\alpha_0$ beginnt zu rutschen, dann ergibt sich $\tan\alpha_0 = \mu_0$ . Während der Gleitreibung gilt dem entsprechend $\tan\alpha = \mu$ und die Resultierende aus den beiden Kräften bildet sozusagen den Mantel des Gleitreibkegels. Wichtig ist, daß man weiß, daß die Reibkraft $F_R$ unabhängig von der Auflagefläche ist, und nur von der Normalkraft $F_N$ und dem Reibkoeffizienten $\mu$ bzw. $\mu_0$ abhängt.

Nach dem Coloumbschen Reibmodell hängt die Reibkraft also nur von der Materialpaarung ($\mu$) und der Normalkraft ab. Andere Einflußparameter gibt es daher nicht. Dazu hat der gute Leonardo auch schon Versuche durchgeführt, und eben diesen Zusammenhang gefunden. Bild 26 zeigt die Originalzeichnungen da Vincis zu seinen Reibversuchen.

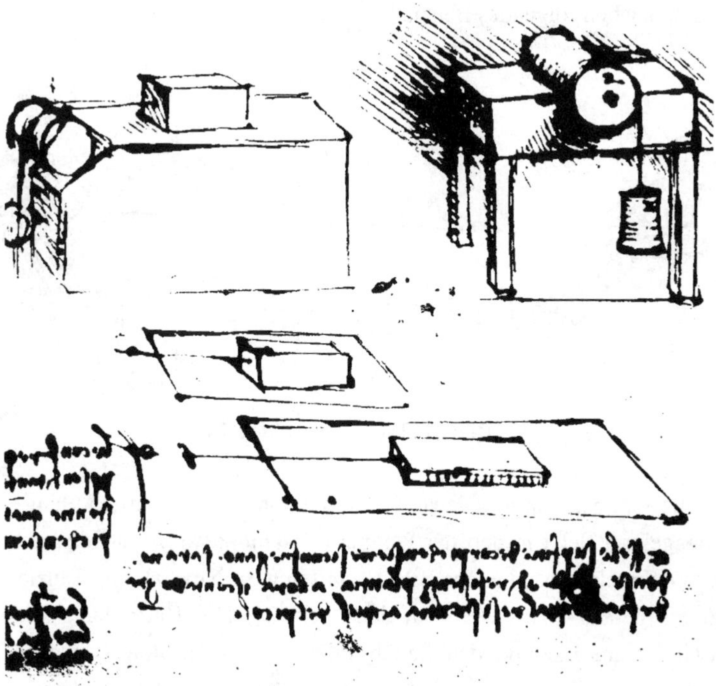

**Bild 26**: Da Vinci's Reibversuche [16]

Bei den Aufgaben, welche Reibungsprobleme beinhalten, geht es meistens darum, erstmal zu erkennen, daß im Freikörperbild irgendwo eine Reibkraft angetragen werden muß. Hier gibt es aber einen ganz einfachen ingenieurmäßigen Trick: Immer da, wo in der Aufgabenstellung an der Schnittstelle zwischen freizuschneidendem Objekt und Umgebung ein $\mu$ bzw. $\mu_0$ eingezeichnet ist, heißt es: Reibkraft antragen *(nach dem Freischneiden !!!)*. Man hat hier dann eine Unbekannte mehr...aber: Holzauge! Man hat auch eine Gleichung mehr, die es gilt, zu befriedigen, nämlich:

$$F_R = \mu_{(0)} F_N \ ,$$

wobei es im Haftfall meistens um die maximal mögliche Reibkraft geht, so daß die Ungleichung zu einer Gleichung wird.

Wir untersuchen folgendes Beispiel:

**Bild 27**: Tauziehen auf dem Eis

Wir haben Sir Isaac Newton (Gesamtmasse m) am Anfang schon kennengelernt. Jetzt fordert der Pumper (Gesamtmasse M) aus dem Abschnitt über die Streckenlasten (siehe Bild 19) unseren Sir Newton zum Tauziehen auf dem Eis heraus. Wir betrachten dazu Bild 27. Der Haftreibungskoeffizient zwischen dem Eis und den Schuhsohlen ist bei Newtons verschnörkelten Rokoko-Gamaschen $\mu_{01}$ und bei den qualitativ hochwertigen haftungsoptimierten Adidas-Tretern seines Gegenübers $\mu_{02}$.

Newton wendet hier einen Trick an, um seinen warmduschenden Gegner zu überlisten: Um seine Reibkraft zu erhöhen, hängt er sich einen Rucksack auf den Rücken. Die Frage ist nun: Wie schwer muß der Rucksack sein, damit er seinen Gegner gerade eben über das Eis ziehen kann? Anders gefragt: Bei welcher Masse $m_R$ des Rucksacks erreicht die Reibkraft $F_{R2}$ an Newtons Schuhsohlen gerade den Wert von $F_{R1}$ (Adidas-Sohle) ?

Um diese Aufgabe zu lösen, schneiden wir frei! Wir müssen das System zunächst freischneiden und alle Kräfte richtig antragen, oder anders ausgedrückt, wir zeichnen zuerst mal das richtige Freikörperbild. Zur Bestimmung der Auflagerreaktionen zeichnen wir zu allererst ein Freikörperbild. Zunächst ist es wichtig, ein richtiges Freikörperbild zu zeichnen. Bevor wir irgendeine weitere Überlegung anstellen, zeichnen wir ein Freikörperbild. Wir zeichnen zu erst ein vernünftiges Freikörperbild, bevor wir versuchen, die Lagerreaktionen zu berechnen.

THE NEW EXTREME-KICK FROM USA:
FREECUTTING...

Am Anfang der Lösung einer Statik-Aufgabe zeichnet man ein Freikörperbild. Zu allererst schneiden wir das System frei! Wir zeichnen ein Freikörperbild. Noch bevor wir uns das erste Mal verzweifelt am Kopf gekratzt haben! Als erstes zeichnen wir ein Freikörperbild. Wir zeichnen also am Anfang eines jeden Statik-Problems ein richtiges Freikörperbild. Wir schneiden zuerst mal frei.

**Free-cutting, the only way to do it.**

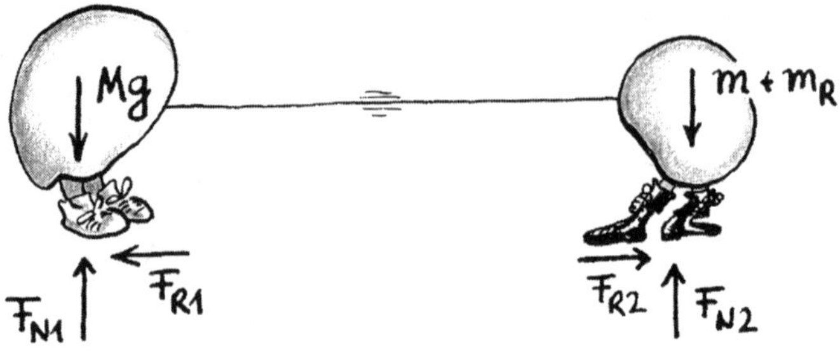


**Bild 28**: Freikörperbild der beiden Kämpfer auf dem Eis.

Wir setzen also an:

$$\Sigma F_x = 0 = F_{R1} - F_{R2}$$
$$\Leftrightarrow \quad F_{R1} = F_{R2}$$
$$\Leftrightarrow \quad \mu_{01} F_{N1} = \mu_{02} F_{N2}.$$

Aus der Kräftesumme in y-Richtung folgt schließlich:

$$\mu_{01} Mg = \mu_{02} (m + mR)g.$$

Für die Masse des Rucksacks ergibt sich:

$$m_R = (\mu_{01}/\mu_{02})M - m.$$

Das soll's dazu gewesen sein – nun aber zu einem weiteren reibungsbehafteten Problem.

### 1.9.2 Seilreibung

Ein spezieller aber in der Praxis häufig auftretender Fall ist die Reibung zwischen einem Seil und einer Umlenkrolle. Auch hier unterscheidet man zwischen Haft- und Gleitzuständen, wobei es für die wirkenden Kräfte unwesentlich ist, ob sich im Gleitfall das Seil oder die Rolle bewegt. Wir betrachten zunächst den Fall des Haftens, d. h. es tritt keine Relativbewegung zwischen Seil und Rolle auf. In Bild 28 ist eine Rolle gezeigt. Diese wird durch eine Kurbel angetrieben, festgehalten oder abgebremst (Der Mechaniker sagt: Im Drehpunkt oder Momentanpol wirkt ein Moment).

**Bild 28**: Angetriebene Seilrolle

Man kann sich leicht vorstellen, daß hier die beiden Seilkräfte nicht einfach umgelenkt werden, sondern daß je nach Haftreibung ein bestimmtes Verhältnis der beiden Seilkräfte $S_1$ und $S_2$ auftritt. Wenn man das Seil z. B. auf die Rolle aufklebt, so kann eines der beiden Seile völlig schlaff werden, während das andere fast zerreißt. Wenn Haftreibung vorliegt, dann kann man das Seil ab einem bestimmten Verhältnis in irgendeine Richtung zum Gleiten bringen. Dieses Verhältnis kann man anhand des Freikörperbildes eines infinitissimini-ganzkurzen Seilstückes auf der Trommel herleiten. ~~Der interessierte Leser~~ ~~Der strebsame Student~~ Heißdüsen können diese relativ einfache und kurze Herleitung selbst durchführen oder in jedem „guten“ Mechanikbuch selbst finden. Das Intervall des Seilkraftverhältnisses, in dem kein Gleiten auftritt, ergibt sich je nach Zugrichtung zu

$$e^{(-\mu_0 \alpha)} \leq S_1/S_2 \leq e^{(\mu_0 \alpha)} \quad .$$

Um Übersicht zu behalten, empfiehlt es sich hier, je nach Richtung des wirkenden Antriebs-, Brems- oder Haltemoments zu beachten, welche der Seilkräfte die Größere ist. Für den Gleitfall gilt analog zu den Erklärungen über die Reibkräfte analog:

$$S_1 = S_2 \, e^{(\mu \alpha)} ,$$

wobei man auch hier „mitdenken“ sollte, was die Größe und Richtung der Kräfte angeht.

„Ja, schön", sagt sich der interessierte Loser, „aber welche der beiden Grenzen ist denn nun maßgeblich?" Um diese berechtigte Frage zu beantworten, unternehmen wir – sicher geführt an der Hand von Herrn Dr. Hinrichs – einen kleinen Spaziergang in die Wunderwelt der Exponentialfunktionen. Diese schönen, aber auch gefährlichen Gebilde haben nämlich die folgende Eigenschaft:

$$e^{x} < 1 \text{ für } x < 0 ,$$
$$e^{x} = 1 \text{ für } x = 0 ,$$
$$e^{x} > 1 \text{ für } x > 0 .$$

Wenn man nun mittels eines Antriebs-, Brems-, oder Halte-Moments ermittelt, welche der beiden Seilkräfte die größere ist, kann man erkennen, ob der Quotient $S_1/S_2$ kleiner als 1 (dann ist die linke Grenze relevant) oder größer als 1 (dann ist die rechte Grenze relevant) ist.

## 1.10 Stabwerke

Jetzt kommen wir zu den sogenannten Abstauberproblemen, auf die sich ein jeder Noch-Loser in Prüfungen so richtig freuen kann. Bei Stabwerken kann man Punkte holen. Wie oben schon erwähnt, besteht ein Stabwerk aus Stäben, die Kräfte nur an ihren Enden und in ihrer Längsrichtung aufnehmen können. Diese Stäbe sind durch ideale Gelenke (kein Moment) ausschließlich an ihren Enden verbunden. Äußere Kräfte sowie Auflager können nur an diesen Gelenken auftreten. So ein Stabwerk gibt es in der Realität also überhaupt nicht, aber das ist uns egal. Die relativen Fehler, die dadurch entstehen, daß man bei wirklichen Fachwerken oder Gitterkonstruktionen verschweißte oder vernietete Knoten antrifft, liegen angeblich bei nur 5% . Wir gehen im folgenden von statischer Bestimmtheit aus.

Bei der Berechnung von Stabwerken kann man entweder ganz pragmatisch vorgehen (sichere, aber gähn-technisch langwierige Methode), oder man wendet Winner-Tricks an, die relativ schnell zum Ziel führen. Man führt auch bei Stabwerken das Freischneiden durch (Herr Dr. Hinrichs spricht beim Freischneiden gern von der „Göttlichen Methode").

Wir erinnern uns: Man darf einen (leblosen) Körper durch- bzw. freischneiden, wo man will. Man muß nur eben alle Beanspruchungsgrößen – und damit sind wirklich *a l l e* Kräfte und Momente gemeint – eintragen, die in der gebildeten Schnittebene (oder Kante) auftreten. Wer das begriffen hat, der darf sich nicht mehr Loser nennen !!!

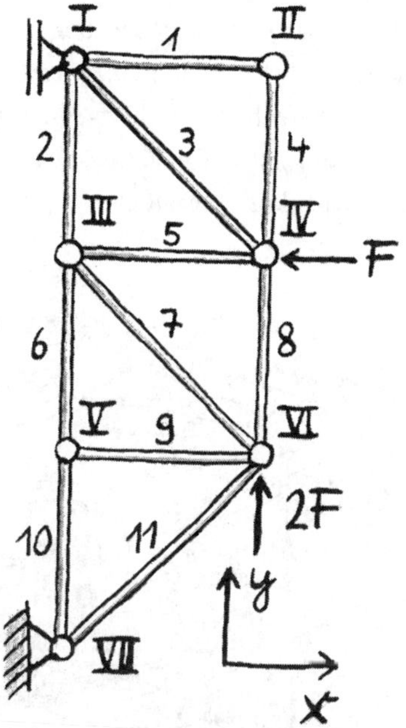


**Bild 29**: Stabwerk

Wir nehmen uns das oben gezeichnete Beispiel (Bild 29) einmal vor und behandeln es auf zweierlei Arten. Gesucht ist dabei die Kraft $S_7$ in Stab 7 (s. Bild 29). Zu Beginn einer jeden Stabwerkaufgabe werden zunächst die Auflagerkräfte berechnet:

Es ergibt sich (nach richtigem Freischneiden):

$$A = 4/3F,\ B_x = -\,1/3F,\ B_y = -\,2F\ .$$

### 1.10.1 Langsam vortasten (Knotenpunktmethode)

Bei dieser sicheren Methode schneiden wir Knoten für Knoten frei und tragen unter Berücksichtigung des dritten Newtonschen Axioms *(actio = reactio)* alle Kräfte an und hangeln uns dann langsam zu dem Stab, dessen innere Kraft uns „interessiert“. Dabei gilt die Vereinbarung, daß zunächst alle Stabkräfte vom Stab weg gerichtet eingezeichnet werden. Diese gelten als Zugkräfte (sie ziehen am Knoten und am Stab) und ergeben bei Ausrechnung ein positives Vorzeichen (+). Druckkräfte werden laut unserer Vereinbarung mit einem negativem Vorzeichen (–) berechnet, d. h. wenn wir irgendeine Stabkraft ausgerechnet haben, und diese hat ein negatives Vorzeichen, so wird der betreffende Stab durch eine Druckkraft belastet.

Um uns den Rechenaufwand zu erleichtern, können wir auch hier schon mal einen Winner-Trick anwenden: Betrachten wir das Freikörperbild von Knoten II (s. Bild 30):

Die beiden Kräfte $S_1$ und $S_4$ können sich aufgrund ihrer orthogonalen Beziehung (sie stehen senkrecht zueinander) niemals aufheben. Aber der Knoten II (s. Bild 29) ist doch im Ruhezustand!? Trotzdem ist hier für beide Richtungen das geforderte Kräftegleichgewicht für einen ruhenden Body nicht erfüllt...es sei denn: beide Kräfte sind Null (0), nicht vorhanden, die Stäbe sind „leer“ und überhaupt nicht notwendig. Wir sprechen hier von sogenannten Nullstäben, welche einem viel Arbeit ersparen können, im Gegensatz zu Nullkollegen, wie Herr Dr. Romberg manchmal einer ist.

Eine *freistehende Ecke* (wie z. B. Knoten II in Bild 29) oder auch ***ein T-Stück*** (wie z. B. Knoten V) deutet immer auf Nullstäbe hin. Selbst wenn Stab 9 schräg auf Knoten V treffen würde (schiefes T-Stück), wäre Stab 9 ein Nullstab, weil die Stäbe 6 und 10 die x - Komponente einer vermeintlichen Kraft in Stab 9 nicht ausgleichen können, da auch deren Kräfte nur in Stabrichtung wirken.

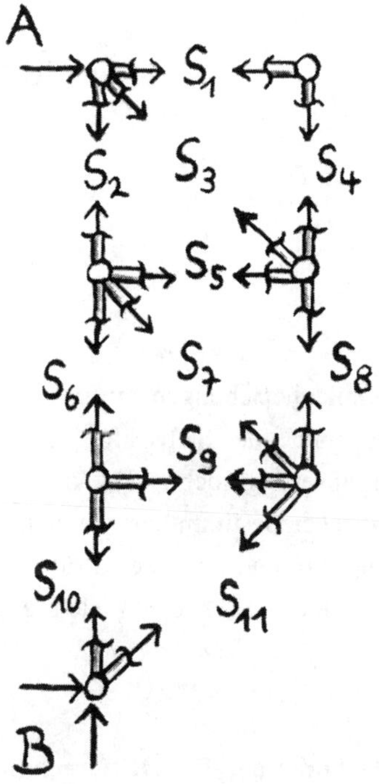


**Bild 30**: freigeschnittene Knoten

Durch scharfes Hingucken erkennen wir also, daß sich dieser Trick tatsächlich auf Stab 9 anwenden läßt: Die Stabkräfte $S_6$ und $S_{10}$ haben keine Komponente in „Stab-9-Richtung“, also kann $S_9$ nicht kompensiert werden. Das Kräftegleichgewicht für Knoten V in y-Richtung ist nur dann erfüllt, wenn die Stabkraft $S_9$ verschwindet. Also ist auch Stab 9 ein Nullstab, den wir herausnehmen können.
Die Gleichungen für Knoten I lauten:

x- Richtung: $S_3/\sqrt{2} = -A = -4/3F$,
y-Richtung: $S_2 = -S_3/\sqrt{2}$ .

Genauso lassen sich die Gleichungen für Knoten III (Knoten II gibt's ja nicht mehr) aufstellen:

x- Richtung: $S_5 = -S_7/\sqrt{2}$,
y-Richtung: $S_2 = S_6 + S_7/\sqrt{2}$ .

Entsprechend gilt für Knoten IV:

x- Richtung: $S_5 = -S_3/\sqrt{2}$,
y-Richtung: $S_8 = S_3/\sqrt{2}$ ,
usw...usw...

Nachdem sämtliche Knotenbeziehungen aufgestellt wurden, sind genug Gleichungen vorhanden, um alle Stabkräfte zu berechnen. Darunter ist selbstverständlich auch unsere gesuchte Stabkraft $S_7$. Aber diese sichere Methode, welche bei statischer Bestimmtheit mit ziemlicher Bestimmtheit zum Ziel führt, ist sehr mühsam und in einer Prüfung nur den ganz coolen Schnellrechnern zu empfehlen. Hier bietet sich ein sehr viel günstigeres Vorgehen an:

### 1.10.2 Schnell zur Sache kommen: Der Ritterschnitt

Die Ritterschnittmethode bietet die Möglichkeit, durch einen einzigen gekonnten Hieb (Freischnitt) die gesuchte Stabkraft zu finden. Sie bietet außerdem die Möglichkeit einer schnellen Kontrolle bei speziellen Knoten.

Außerdem kann man auf diese Weise „unwichtige" Teile vorab „entfernen" um von Anfang an näher an seinem Zielknoten zu sein. Wir machen uns dabei wieder die wunderbare Tatsache klar, daß wir wie die Hobbychirurgen überall schneiden dürfen. Also auch mitten durch das ganze System.
Das sieht dann folgendermaßen aus:

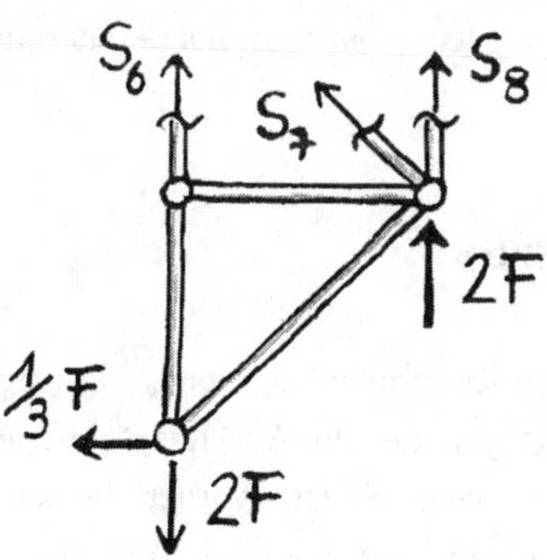


**Bild 31**: Stabwerk mit Ritterschnitt

Wir bilden mit kriminalistischem Scharfsinn (Herr Dr. Hinrichs, fahr schon mal den Wagen vor!) zunächst die Summe der Momente am unteren übrigen Teilsystem um den Knoten VI, da wir dann nur *eine* unbekannte Größe haben. Diese Momentensumme führt auf

$$S_6 = 5/3F.$$

Jetzt brauchen wir nur noch die Summe der Kräfte in x - Richtung zu bilden, und es ergibt sich sofort:

$$S_7 = -\sqrt{2}/3\,F.$$

Da man diese Aufgabe mit Hilfe dieses Tricks innerhalb von wenigen Minuten lösen kann, besteht während einer Klausur die Möglichkeit, sich ganz lässig einen Kaffee zu holen, während die anderen schwitzen. It's cool! Man muß allerdings so schneiden, daß man immer nur drei Stäbe durchtrennt, welche jedoch nicht alle an einem Knoten hängen dürfen. Einfach mal ein bißchen üben!

Die Schnittmethode eignet sich auch prächtig dazu, *innere* Kräfte und Momente zu bestimmen. Immer dann, wenn wir irgendwo ein Stück von einem Körper abschneiden, müssen wir an diesem freigeschnittenen Stück alle Kräfte und Momente antragen, damit sich am ursprünglichen System nichts ändert (gähn). Wozu braucht man innere Kräfte? Ganz klar: Innere Kräfte und Momente führen bei elastischen Körpern zu allerlei Verformungen (mögliche Schäden). Als nächstes befassen wir uns also mit den inneren Kräften und Momenten, den sogenannten *Schnittgrößen* – aber immer noch am starren Körper.

## 1.11 Schnittige Größen

Erinnern wir uns an den Kragträger (dem einseitig eingespannten Balken), der in die Welt hinausragt und dessen Auflagerreaktionen für einen speziellen Belastungsfall wir ein paar Seiten vorher berechnet haben. Auch der Kragträger in Bild 32 sei zunächst masselos. Wir erkennen eine Kraft $\sqrt{2}\,F$ und ein Moment $M^*$, die den Balken belasten und *nicht nur* Auflagerreaktionen an der Einspannung hervorrufen. Es treten auch entlang des Balkens Kräfte (und Momente) auf. Das kann man ganz einfach nachvollziehen, wenn man einen Tresor (Masse m) oder einen anderen geeigneten schweren Gegenstand (F = mg) am ausgestreckten Arm hochzuhalten versucht. Dann tut einem nach einiger Zeit auch *nicht nur* die Schulter (Auflager) weh!

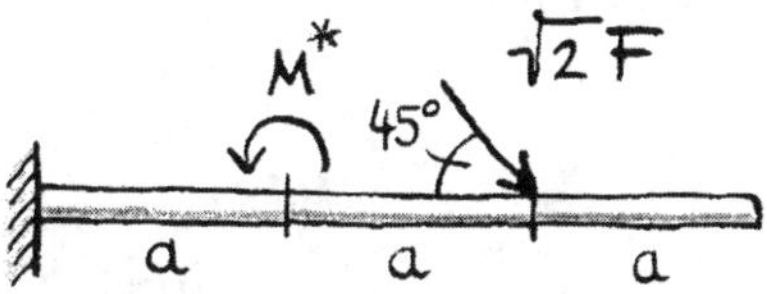


**Bild 32**: Durch Kraft und Moment belasteter Kragträger

Wie kann man die sogenannten inneren Kräfte und Momente, auch *Beanspruchungsgrößen* genannt, bestimmen? Was machen wir, wenn es gilt, irgendwo Kräfte und/oder Momente zu ermitteln? Wir freuen uns und schneiden frei (sabber!!, geifer!!, kritzel!!) und haben schon mal die halbe Miete im Sack. Zunächst berechnen wir dann mal die Auflagerreaktionen.

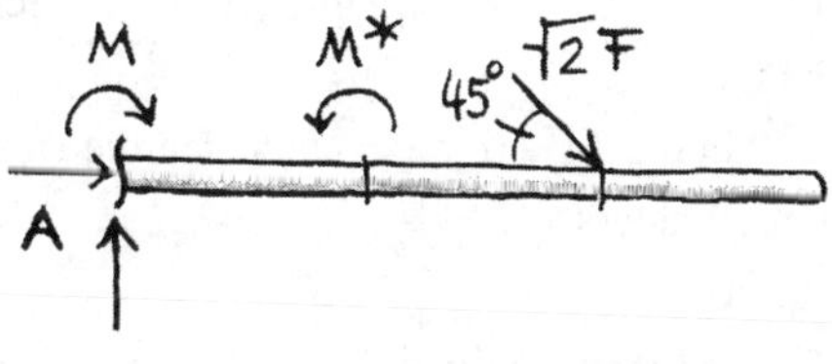


**Bild 33**: Freikörperbild des belasteten Kragträgers

Nach richtigem Freischneiden ergeben sich folgende Lagerreaktionen:

$$A_x = -F, \; A_y = F, \quad M = M^* - 2Fa \,.$$

Jetzt bestimmen wir die inneren Beanspruchungsgrößen zuerst für den Balkenteil mit $0 < x < a$ (wir zerlegen so ein System in Teilsysteme, deren Grenzen die Orte der äußeren Kräfte und Momente darstellen). Dazu schneiden wir den linken Teil des Balkens einfach irgendwo in diesem Bereich durch und zeichnen an den freigeschnittenen Teil „ganz schnell" die Kräfte und Momente an, die den Balken dort in Wirklichkeit zusammenhalten. Auf diese Weise „merkt" das mechanische System gar nichts von dem Schnitt, da ja noch immer alle Reaktionen vorhanden sind. Wir müssen hier allerdings das ~~Gentlemen~~ Mechanics Agreement beachten, was die Richtung der Reaktionen festlegt, die aus der klaffenden Schnittfläche herausragen (siehe und verinnerliche Bild 34! – die hier verwendeten Richtungen der Kräfte und Momente sind ab jetzt *b i n d e n d*).

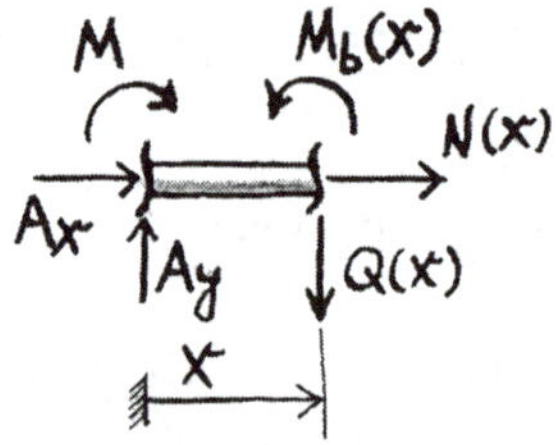


**Bild 34**: Freikörperbild des linken Kragträgerteils (positives Schnittufer)

Es tritt im Balken eine Normalkraft N (Zug oder Druckbeanspruchung), eine Querkraft Q (Schubkräfte) sowie ein Biegemoment $M_b$ auf. *Diese Größen können jetzt vom Ort (also von x) abhängen* (so wie Herr Dr. Hinrichs von manchen Orten abhängig ist).

Mit $\Sigma F_x = 0$, $\Sigma F_y = 0$ und $\Sigma M = 0$ berechnen sich die Beanspruchungsgrößen für den linken Teil des Trägers zu:

Normalkraft: $N(x) = -A_x = F$,

Querkraft: $Q(x) = A_y = F$,

Biegemoment: $M_b(x) = A_y x + M = A_y x + M^* - 2Fa = F(x - 2a) + M^*$.

In diesem Fall und für diesen Balkenbereich hängt nur das Biegemoment $M_b$ vom Ort x ab. Zur Bestimmung des Biegemomentenverlaufs bilden wir jeweils die Momentensumme um den *momentanen Schnittpunkt*. Als nächstes wenden wir uns dem mitteren Balkenteil zu ($a < x < 2a$). Das entsprechende Freikörperbild zeigt Bild 35. Die Schnittgrößen für diesen Bereich lauten:

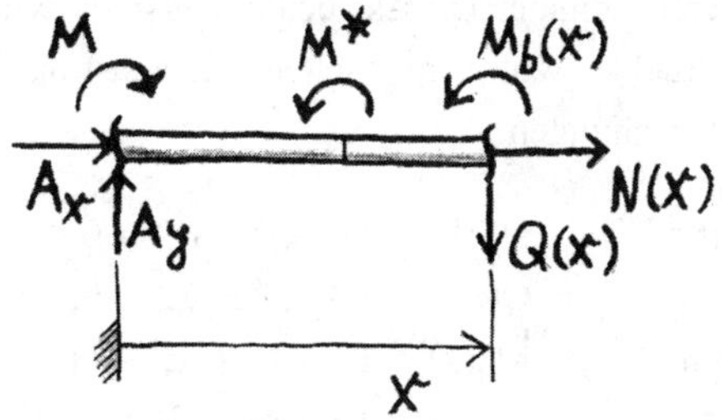


**Bild 35**: Freikörperbild des mittleren Balkenteils (positives Schnittufer)

| | |
|---|---|
| Normalkraft: | $N(x) = F,$ |
| Querkraft: | $Q(x) = F,$ |
| Biegemoment: | $M_b(x) = Fx + \not{M}^* - 2Fa - \not{M}^* = F(x-2a)\,.$ |

Für die beiden Teilbereiche hat sich kräftemäßig nichts verändert, da im Bereich $0 < x < 2a$ kräftemäßig nichts passiert. Erst bei $x = 2a$ wird eine Kraft eingeleitet. Aber beim Biegemomentenverlauf $M_b(x)$ tritt bei $x = a$ ein Sprung auf, weil hier gerade das Moment $M^*$ in den Balken eingeleitet wird. Das Einleiten eines Moments stellt man sich am besten so vor, wie wenn jemand eine Knarre (Werkzeug) oder einen Schraubenschlüssel genau an dieser Stelle ansetzt.

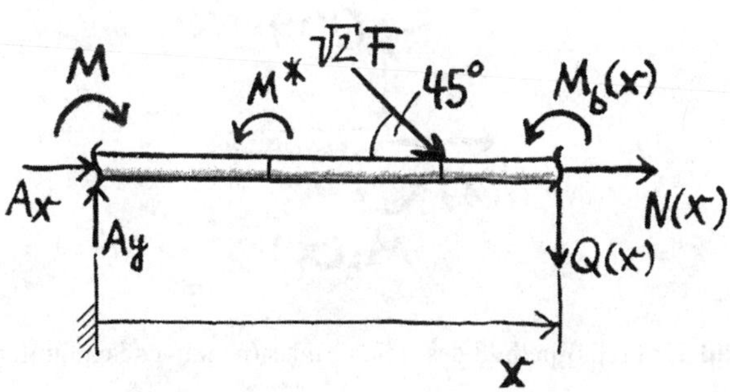


**Bild 36**: Freikörperbild des rechtes Balkenstücks (positives Schnittufer)

Was passiert im rechten Teil des Balkens. Wenn wir uns dieses *freie Ende* einmal praktisch vorstellen, wird doch eigentlich klar, daß hier gar keine Beanspruchungen auftreten können. Dieses rechte Teilstück wird doch nirgendwo geklemmt oder gedrückt... woll'n mal sehen. Zunächst das Freikörperbild:Die zugehörigen Beanspruchungen:

| | |
|---|---|
| Normalkraft: | $N(x) = F - \sqrt{2}F/\sqrt{2} = 0,$ |
| Querkraft: | $Q(x) = F - \sqrt{2}F/\sqrt{2} = 0,$ |
| Biegemoment: | $M_b(x) = Fx + M - M^* - F(x - 2a)$ |
| | $= Fx + M^* - 2Fa. - M^* - F(x - 2a) = 0.$ |

Siehe da! Sämtliche Beanspruchungsgrößen sind also Null (0)! Es tritt also hier ein Sprung im Querkraft- und Normalkraftverlauf auf, und zwar (was heißt eigentlich „zwar" ?) deshalb, weil bei x = 2a eine Quer- und eine Normalkraft eingeleitet werden.

Das Ergebnis für das freie Ende können wir aber auch viel einfacher bekommen, nämlich wieder mal mit einem Winner-Trick, der uns viel Rechenaufwand und Zeit erspart: Wir dürfen doch freischneiden, wo wir wollen, also können wir doch einfach nur das freie Ende abschneiden und dann die Schnittgrößen einzeichnen. Hier muß man aber die Schnittkräfte andersherum antragen (actio = reactio), wie bei den Zwischenbedingungen (Stichwort: Gerbergelenk). Der gemeine Mechaniker spricht hier auch vom *„negativen Schnittufer"*:

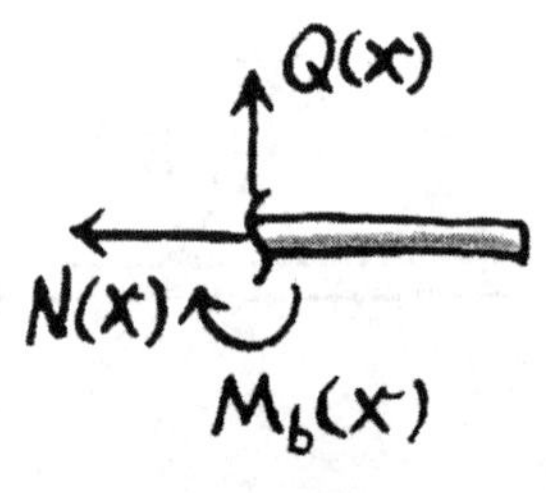


**Bild 37**: Freikörperbild des freien Endes (negatives Schnittufer)

Also „berechnen" wir anhand des freigeschnittenen Balkenendes jetzt einmal die Schnittgrößen mittels des negativen Schnittufers. Mit $\Sigma F_x = 0$, $\Sigma F_y = 0$ und $\Sigma M = 0$ kommt für Bild 37 direkt heraus:

| | |
|---|---|
| Normalkraft: | $N(x) = 0$, |
| Querkraft: | $Q(x) = 0$, |
| Biegemoment: | $M_b(x) = 0$. |

Richtig freischneiden ist etwas ganz wundervolles (♥)!

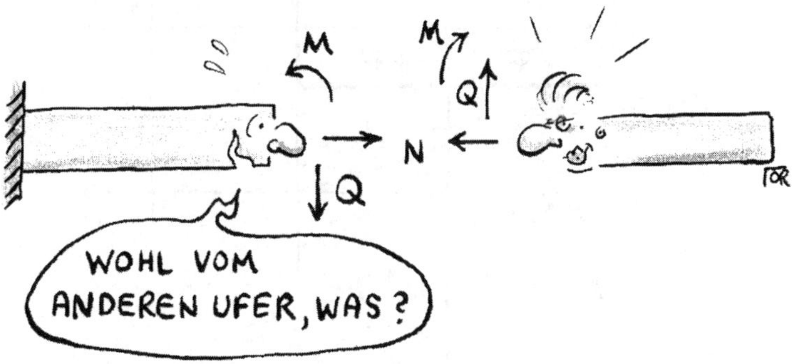


Man kann natürlich auch die anderen Balkenteile vom negativen Schnittufer aus berechnen. Das kann ja jeder machen, der Lust dazu hat (Herr Dr. Hinrichs hat bereits Zettel und Stift in der Hand, das hat er immer, wenn er mal nicht in so einem Ich-hab-eigentlich-weder-Hunger-noch-Durst-aber-es-kann-ruhig-ein-bißchen-was-kosten-Bistreaux sitzt, an einem anspruchsvollen bunten Getränk herumnibbelt und eingebildeten, hochnäsigen Damen zulächelt...naja...die Anspruchslosen unter ihnen lächeln dann manchmal zurück).

Falls mehrere Auflager vorhanden sind, werden ihre Reaktionen wie üblich vorab berechnet und die entsprechenden Größen werden dann wie äußere Kräfte weiterbehandelt. Noch anschaulicher wird das ganze, wenn wir die Schnittgrößenverläufe einmal über der Balkenlänge auftragen. Auch hier gibt es Vereinbarungen, wie z. B. die, daß positive Größen nach unten zeigen. Bild 38 stellt die Diagramme der drei Schnittgrößen über der Länge x dar.

*Noch ein wichtiger Tip besonders für mündliche Prüfungen:*

Die Schnittgrößenverläufe lassen sich mit ein wenig Übung (Herr Dr. Hinrichs meint, daß es auch ohne Übung geht) aus dem Stehgreif mit Hilfe bekannter Eckwerte zeichnen.

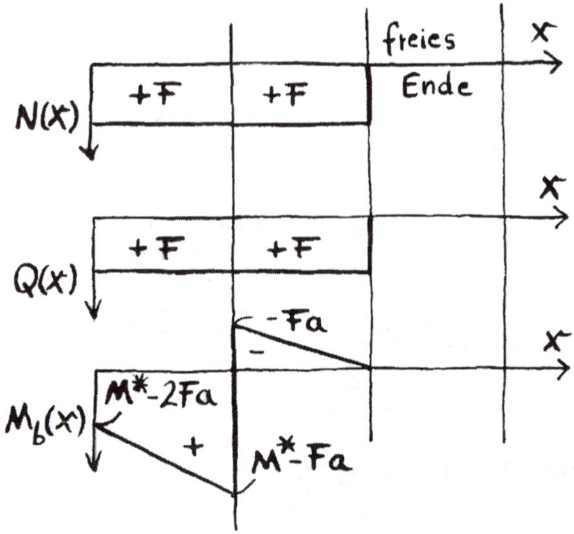


**Bild 38**: Schnittgrößenverläufe des belasteten Kragträgers aus Bild 32

Die Eckwerte sind z. B. durch die Auflagerreaktionen, eingeleitete Kräfte und Momente oder freie Enden gegeben. Wenn man zusätzlich weiß, daß die Kraftverläufe zwischen den eingeleiteten Kräften konstant sind und der Querkraftverlauf die erste Ableitung des Momentenverlaufs darstellt und daß eingeleitete Momente zu Momentensprüngen führen, dann ist man die allerlängste Zeit ein Loser gewesen! Bei Streckenlasten muß man allerdings ein wenig aufpassen, wie folgendes Beispiel zeigt. Dennoch kann einem auch hier die Mechanik wenig anhaben, wenn man konsequent, langsam und ganz cool das schon Gelernte anwendet und – wenn man richtig freischneidet.

Wir wenden das Verfahren zur Schnittgrößenbestimmung jetzt auf einen massebehafteten, also realen einfach eingespannten Kragträger (Gewicht G) an. Es handelt sich in diesem Falle um das Ein-Meter-Sprungbrett (Länge L) der städtischen Badeanstalt mit Großraumdusche. Herr Dr. Hinrichs (Gewicht 2G) befindet sich seit geraumer Zeit im Abstand b von der Einspannung, da er sich trotz der aufmunternden Zurufe der tosenden Menge (Schwimmschule

Delmenhorster Wasserflöhe) nicht traut zu springen. Zunächst zeichnen wir das Freikörperbild, wobei wir die Lastwechsel der von Herrn Dr. Hinrichs ausgeübten Kraft aufgrund der zitternden Knie vernachlässigen:

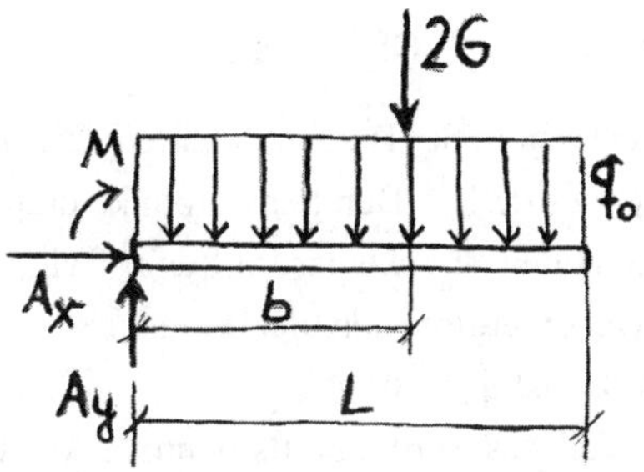


**Bild 39**: Freikörperbild eines realen Kragträgers (Sprungbrett)

Auf dem gesamten Träger (Länge L) wirkt die Streckenlast (Gewicht) $q(x) = q_0$. Die resultierende Gewichtskraft ist also $G = Lq_0$. Diese greift im Schwerpunkt $x = x_s$ an. Zusammen mit der zusätzlich ausgeübten Kraft $F = 2G$, die bei $x = b$ angreift, führt dies auf folgende Auflagerreaktionen:

$$A_x = 0,\ A_y = 3\,G,\ M = G(x_s + 2b)\,.$$

Jetzt zeichnen wir das Freikörperbild für den linken Teil (positives Schnittufer, $x < b$) des Sprungbretts:

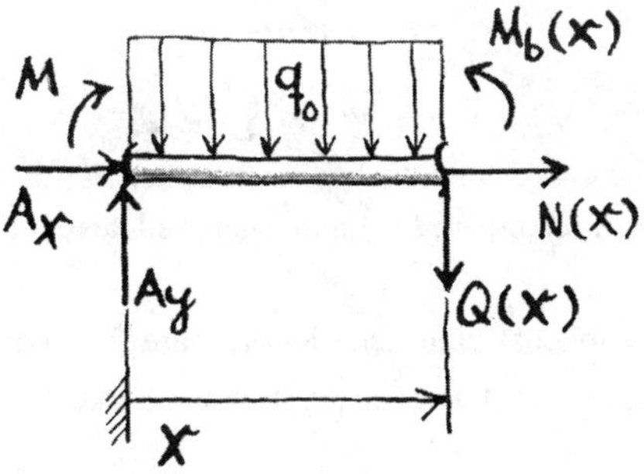


**Bild 40**: Freikörperbild vom linken Teil des Sprungbretts

Die Schnittgrößen links von Herrn Dr. Hinrichs ($x < b$) lauten hier:

Normalkraft: $N(x) = 0$,

Querkraft: $Q(x) = A_y - q_0x$ (Streckenlast $q_0$ wirkt auf Länge x)

$= 3G - q_0x$ ,

Biegemoment: $M_b(x) = 3Gx - 1/2q_0x^2$ .

Wie kommt der rechte Term in der Biegemomentengleichung zustande? Take a look at the free-body-picture!!![13] Der Schwerpunkt und damit der Hebelarm der wirkenden resultierenden Streckenlast auf dem freigeschnittenen Teilstück liegt bei $x_s = x/2$. Daher ergibt sich der Faktor ½ bzw. das $x^2$, denn die resultierende Streckenlast ist $q_0x$. Bingo?

Für den rechten Teil des Sprungbretts nehmen wir aus Bequemlichkeitsgründen das linke Schnittufer, denn dort steht kein zitternder Herr Dr. Hinrichs mit grünem Gesicht (Angst) und blauen Lippen (Kälte). Außerdem haben wir dort keine Auflagerreaktionen mit einzuberechnen. Also das Freikörperbild des rechten Teils:

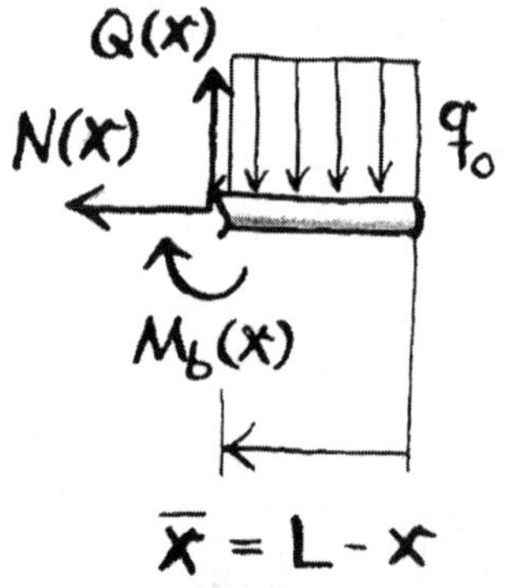


**Bild 41**: Freikörperbild vom rechten Teil des Sprungbretts

Hier lohnt es sich, zunächst eine neue Koordinate $\overline{x}$ einzuführen, welche vom Brettende aus entgegengesetzt zu x zeigt. Es gilt dabei: $\overline{x} = L - x$. Daraus

[13] Bei Herrn Dr. Hinrichs schneiden wir die Badehose lieber nicht frei.

ergeben sich also folgende Schnittgrößenverläufe für das Brettende rechts von Herrn Dr. Hinrichs:

| | |
|---|---|
| Normalkraft: | $N(x) = 0,$ |
| Querkraft: | $Q(x) = q_0\overline{x} = q_0(L - x),$ |
| Biegemoment: | $M_b(x) = -1/2q_0\overline{x}^2 = -1/2q_0(L - x)^2.$ |

Auch hier lassen sich die Verläufe graphisch darstellen, viel Spaß dabei!

Genug des Starrsinns – nun wird es spannend. Es wir gebogen, gezogen, gezergelt, ausgeleiert, geseiert, gereiert und gequetscht. Kurz: wir kommen zur „Festigkeits"-Lehre.

## 2. Mit dem Starrsinn ist jetzt Schluß: Elastostatik

*Kleiner Witz über unsere Freunde, die Mathematiker:*
*Wie fängt ein Mathematiker mindestens einen Löwen? Indem er drei Pfähle in den Boden schlägt, mit diesen einen Zaun um sich herum bastelt und sich selbst als draußen definiert!*

Tja, zu allererst werfen wir alles über den Haufen, was bisher so dagewesen ist: Jetzt gilt es, eine Grundannahme des ersten Kapitels völlig zu vergessen. Von nun an sind die Körper nicht mehr starr, sondern elastisch. Wir wenden uns etwas mehr der Realität zu. Als kleines, anschauliches Beispiel aus dem täglichen Leben stellen wir uns eine gepiercte Brustwarze vor, die zur Erhöhung des Reizes mit Gewichten behängt wird. Nach dem 1. Kapitel können wir die auf die Brust wirkenden Kräfte und Momente berechnen – nun wollen wir auch die Verlängerung der Brust bestimmen.

Bei den von uns betriebenen Grundlagen der Mechanik machen wir allerdings gleich eine weitere brutale Annahme: wir gehen davon aus, daß die berechneten Auflagerreaktionen und die Schnittgrößen am starren Körper nur geringfügig von denen des elastischen Körpers abweichen! Dies ist nicht selbstverständlich: Man betrachte den Kragträger mit Belastung durch eine Gewichtskraft. Die Schnittgrößenberechnung hat ja ergeben, daß keine Normalkraft im Balkenquerschnitt wirkt. Bei großen Verformungen – man nehme das elastische Lineal zur Verifikation zur Hilfe – neigt sich das Balkenende in Richtung der Gewichtskraft. Mit zunehmendem Neigungswinkel wird also eine immer größere Normalkraft in den Balken eingeleitet! Diesen Einfluß vernachlässigen wir im folgenden.

## 2.1 Das „Who is Who" der Festigkeitslehre: Spannung, Dehnung und Elastizitätsmodul

Bis hier hat die Dimensionierung des Querschnittes unserer Bauteile, beispielsweise der Brustwarze, keine Rolle gespielt. Dies hat nun ein Ende. Da nicht immer eine Brust für Eigenversuche zur Hand ist und das Buch auch das kritische Auge der Jugendschutzbehörde (und das noch kritischere Auge der Mutti von Herrn Dr. Hinrichs) passieren soll, betrachten wir im folgenden anstelle der Brust drei Bungee-Jumper, die das Kleingedruckte im „Jet-and-Jump-Proposal" nicht gelesen haben, wo eindeutig nichts von einer anschließenden Bergung des Kunden geschrieben steht.

Wir wollen uns noch einmal mit den Augen der Festigkeitslehre den Schnittgrößen widmen. Aus der Statik ist uns noch bekannt, daß an dem kleinen freigeschnittenen Seilelement die Normalkraft $F_N = mg$ wirkt. In der Statik hatten wir den Querschnitt der Bauteile unberücksichtigt gelassen. Es ist allerdings nicht abzustreiten, daß das Seil eine räumliche Ausdehnung mit einer Querschnittsfläche A aufweist – und diese Querschnittsfläche hat wohl auch einen entscheidenden Einfluß auf unseren Pulsschlag vor dem Sprung, d. h. die Belastung des Seils hat etwas mit der Querschnittsfläche zu tun!

Irgendwo, an einem Punkt in dieser Fläche muß die Normalkraft $F_N$ wirken – aber wo genau? Eigentlich ja überall, also N kleine Kräfte vom Betrag $F_N$ / N, die in der Summe $F_N$ ergeben. Und eigentlich können wir unendlich viele Kräfte ($N \rightarrow \infty$) in der Querschnittsfläche unterbringen (mit kleinen Kräften $F_N / N = ...$).

Für die Beschreibung der Vorgänge in der Querschnittsfläche ist der Kraftbegriff also offensichtlich nicht mehr geeignet. Die Belastung der Fläche scheint von der Größe der Fläche einerseits und von der aufgebrachten Kraft andererseits abhängig zu sein. Hier muß eine neue Größe eingeführt werden:

die Spannung: $\sigma = \frac{F}{A}$ [N/mm²] .

Zur Erläuterung:

Dieses komische Zeichen am Anfang ist nicht die köstliche duftende Tschibo-Kaffeebohne, sondern das Zeichen für die Spannung. Man lese: „sigma", also ein griechisches s!

Hieraus folgt, daß die Belastung des Seils bei Verdopplung der Masse des Bungee-Springers (oder besser -Hängers) bei einem Seil mit doppelter Querschnittsfläche gleich bleibt.
Da die kleinen Kraftpfeile in der Querschnittsfläche alle senkrecht, also „normal" zur Fläche stehen, heißt diese Spannung auch Normalspannung – diese Bezeichnungsweise korrespondiert mit der Bezeichnung der Normalkraft, die sich ja als Schnittgröße in unserem Seil ergibt. Die Wirkung der Normalspannung ist immer eine Verlängerung (oder Verkürzung) eines kleinen Körperelements, die sich in unserem Beispiel als Verlängerung des Seils auswirkt.

Die Größe der Spannung gibt also die tatsächliche Belastung an, mit der das Bauteil beaufschlagt ist. An kleinsten Elementen oder Molekülen eines Jumbojets und einer Stecknadel, die gleichen Spannungen ausgesetzt sind, zerren also die gleichen Belastungen. In diesem Fall werden wohl auch die Verformungen dieser sehr unterschiedlichen Bauteile gleich sein – und auch die Sicherheit gegen ein Versagen des Bauteils ...

Kommen wir nun zu den Verformungen, die scheinbar mit den Spannungen etwas zu tun haben:
Kehren wir nochmal zu unseren Bungee-Jumpern zurück, die „gemeinsam etwas abhängen" (Herr Dr. Romberg kann das auch ohne Seil!). Das Seil der leichten Grazie (Gewichtskraft G) wird wesentlich geringer verformt (nämlich verlängert um den Betrag x) als das des schweren regelmäßigen Besuchers der Muckibude.

Genauere Messungen unter Laborbedingungen zeigen dann, daß nach einem Kombisprung zweier Grazien (Gewichtskraft 2G) an einem Seil dieses die doppelte Verlängerung 2x erfährt. Die wissenschaftliche Auswertung führt dann zu folgender Ergebnisdiagrammchartplotauswertung:

Wir können in dem Diagramm mit der Zugkraft F über der Verlängerung x den linearen Bereich mit der Proportionalität (doppelte Zugkraft ==> doppelte Verlängerung) erkennen.

Das komische Zeichen vor dem L an der x-Achse ist weder ein Zelt noch ein Dreieck, sondern ein „Delta". Dieses beschreibt die Längenänderung, also $\Delta L = L(N) - L_0$ (Längenänderung = Länge bei Normalkraft N minus unbelastete Anfangslänge).

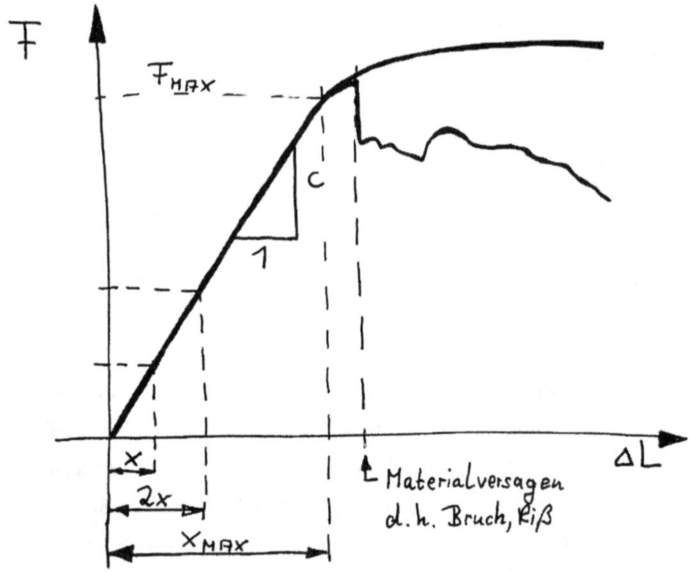


**Bild 42**: Zugkraft F als Funktion der Verlängerung ΔL

Die Proportionalität gilt bis zum Riß des Seiles oder bis zum Aufprellen der Schädeldecke auf dem Asphalt – dann verlieren wir die Kontrolle über unseren Versuch. Auch für unsere schlauen Rechnungen verlieren wir dann die Kontrolle, wir beschränken uns also auf den linearen Bereich. Das alles faßt man normalerweise zum Federgesetz oder auch Hookeschen Gesetz zusammen:

$$F = c\,\Delta L.$$

Da das bisherige noch jede(r) HausmännIn mit Abitur versteht, schlägt hier die wissenschaftliche Nebelmaschine kräftig zu:
Die Erfahrung zeigt, daß

– das doppelte Gewicht (F = 2G) die doppelte Verlängerung beim Hängen zur Folge hat, d.h. wir folgern messerscharf: $\Delta L \sim F$ (Mann/Frau lese: Die Längenänderung ΔL ist proportional zur (Zug-)Kraft F),

- verdoppeln wir die Länge L des Gummibandes, ist auch die Verlängerung doppelt so groß: $\Delta L \sim L$,

- bei doppeltem Querschnitt A des Gummibandes (oder zwei Gummibändern) tritt bei gleichem Gewicht nur die halbe Verlängerung auf, d.h. $\Delta L \sim 1/A$,

- je steifer das Material des Gummibandes, desto weniger Auslenkung bewirkt die Gewichtskraft. Die Steifigkeit des Materials benennen wir ... hier ... mit ... na, was nehmen wir denn mal ... E, es gilt also $\Delta L \sim 1/E$.

Es ergibt sich also für die Auslenkung ΔL (das einfache lineare Stoffgesetz):

$$\Delta L = \frac{FL}{EA} \quad . \qquad \heartsuit$$

Statt der Kraft tragen wir jetzt die Spannung als bezogene Größe auf:

$$\sigma = \frac{F}{A} \qquad [N/mm^2] \quad .$$

Die Spannung bezeichnet also die Kraft pro Flächenelement des Zugstabes oder des Seiles. Anstelle der Verlängerung ΔL führen wir zur weiteren Vernebelung eine Deeeeehhhhhhhhnnnnuuuuung ein, also die Verlängerung pro Teilstück des Seiles:

$$\varepsilon = \frac{\Delta L}{L} \qquad [1].$$

Der Federkonstanten c (bezogen auf eine Länge) haben wir im Diagramm ja einen komplizierteren Namen verpaßt: den Elastizitätsmodul E (unter Freunden: E-Modul). Hört sich gut an, oder?

Die wissenschaftliche Nebelmaschine hat hier also kräftig zugeschlagen: der technische Sachverhalt ist unverändert, was man an den identischen Bildern erkennen kann – die Bezeichnungen erfordern aber ein kleines Wörterbuch für den unerfahrenen (Noch)-Loser.

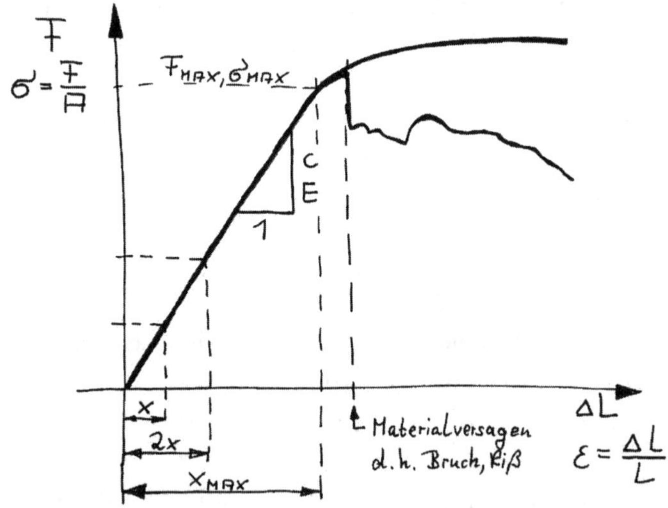


**Bild 43**: Wie Bild 42, nur mit verwissenschaftlichter Achsenbeschriftung

Infolge der geänderten Einheiten durch die Einführung von σ und ε hat sich auch die Einheit der Proportionalitätskonstanten geändert: Der Elastizitätsmodul E besitzt die Einheit N/mm². Dies ist eine materialspezifische Konstante, d. h. deren Wert ist für jedes Material beim Kauf gegeben und unabhängig von der Farbe, dem gewählten Durchmesser ..., also einfach nur vom Material abhängig. Man kann nun schnell das Federgesetz umwandeln: aus den vorstehenden Gleichungen ergibt sich

$$\sigma = \varepsilon E \quad .$$

Die Modellbildung für die Abhängigkeit der Verformung (Dehnung ε) von der Belastung (Spannung σ) nennt man Stoffgesetz – im vorliegenden Fall haben wir für den linearen, elastischen Bereich ein lineares Stoffgesetz verwendet und dabei soll es auch bleiben!

Einsetzen der Gleichungen ineinander liefert die folgenden „lebenswichtigen“ Erkenntnisse: die Ersatzsteifigkeit eines elastischen Körpers läßt sich auch aus den Material- und Geometriedaten errechnen:

$$\Delta L = \frac{FL}{EA} \quad ,$$

$$c_{ers} = \frac{EA}{L} \quad .$$

Der Ehrlichkeit halber müssen wir hier anmerken, daß neben der gewünschten Vernebelung des ursprünglichen Federgesetzes ein Vorteil erzielt worden ist:

Beim einfachen Federgesetz ergibt sich natürlich für ein dünnes Seil eine andere Steifigkeit als für ein dickes. Ein längeres Gummiband gibt bei gleicher Last mehr nach als ein kürzeres. . . . Mit Hilfe der neuen Gleichungen kann man ein Bauteil dimensionieren, wenn man die Geometrie des Bauteils und als Materialkonstante den Elastizitätsmodul E kennt. Das ist ja schon mal was, oder ?

## 2.2 Spannung und Dehnung bei Normalkraftbelastung und gleichzeitiger Erwärmung

Bekanntlich besitzen die südeuropäischen Mechaniker etwas mehr Temperament als die kühlen aus dem Norden. Das nehmen wir natürlich gleich mal kritisch unter die Lupe: Bei den höheren Temperaturen im Glutofen des

Südens führen gleiche zwischenmenschliche Spannungen zu größeren Auswirkungen.

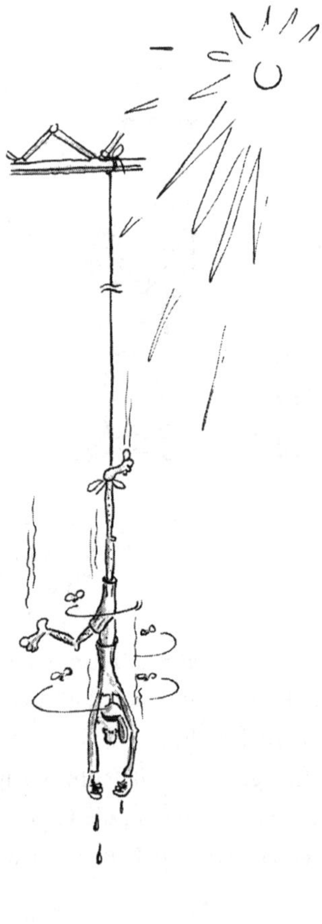

Unser Bungee-Hänger ist mittlerweile bis zur Mittagshitze des nächsten Tages gut abgehangen – den Temperaturanstieg kann er wohl nicht mehr so ganz wahrnehmen (die blutigen Hände stammen von den vielen verzweifelten Kletterversuchen). Das Seil merkt die Temperaturänderung sehr wohl: Es wird infolge der Erwärmung länger. Auch bei unserer Formel für die Verlängerung des Seils müssen wir bei zusätzlichem Temperatureinfluß das „Temperament" des Seils berücksichtigen:

$$\Delta L = \frac{FL}{EA} + \alpha \, \Delta\vartheta \, L \qquad 💣$$

mit $\alpha$: Wärmeausdehnungskoeffizient. Dieser ist eine materialspezifische Konstante, die die Empfindlichkeit (das Temperament) des Stabes gegenüber der Erwärmung beschreibt,

$\Delta\vartheta$: die Temperaturänderung. Ist doch ganz klar: Wenn's heiß wird, wird er groß!

Es ergibt sich allerdings infolge der einsetzenden modrigen Geruchsentwicklung für den Bungee-Springer ein weiteres Problem: wir müssen in den Berechnungen noch die Geier berücksichtigen, die es sich auf dem Seil gemütlich machen. Der erfahrene Statiker sieht natürlich sofort, daß die Normalkraft $F_N$ nicht mehr konstant ist, sondern über die Länge (mit zunehmender Geierzahl) zunimmt. Unsere Formeln ♥ und 💣 können wir also nicht einsetzen, da wir in diesen nicht mit einer vom Ort abhängigen Normalkraft rechnen können.

Da dies alles aber noch nicht kompliziert genug ist, wollen wir dieses Beispiel noch etwas verallgemeinern: Im folgenden soll unser Seil zusätzlich zu dem Gewicht des Bungee-Hängers mit dem Eigengewicht des Seils, also einer Streckenlast, belastet werden. Die ganze Apparatur wird dann erwärmt – natürlich nicht überall gleichermaßen. Ist ja klar. Ach ja: Und wir nehmen zusätzlich noch an, daß die Querschnittsfläche und der Ausdehnungskoeffizient des Gummibandes aus unerfindlichen Gründen nicht über der Länge konstant sind. Kommt in der Praxis ja regelmäßig vor!
Die magische Formel lautet nun:

$$\Delta L = \int_0^L \left( \frac{\sigma(x)}{E(x)} + \alpha(x) \, \Delta\vartheta(x) \right) dx \, , \qquad ☠$$

wobei

$$\sigma(x) = \frac{N(x)}{A(x)}$$

die uns schon hinreichend bekannte Spannung bezeichnet. Wer diese Formel nicht glauben will... der muß sie trotzdem glauben, weil wir natürlich immer recht haben (wir sind nämlich Doktorissimi).
Das kann sich doch schon sehen lassen, oder? Aber aufgepaßt: es gilt immer zu prüfen, welche Annahme für die Aufgabenstellung gemacht worden ist, sonst macht man sich die Arbeit unnötig schwer:

Fall 1: konstante Last, konst. Querschnitt, *ohne Erwärmung*
==> Gleichung ♥

Fall 2: Last, Querschnitt, *Erwärmung* u. Ausdehnungskoef. konst.
==> Gleichung 💣

Fall 3: ***alles offen***
==> Gleichung ☠

Hier der Tip von Herrn Dr. Hinrichs für die Heißdüsen: Ihr könnt natürlich die Fälle 1 und 2 auch mit dem allgemeineren Fall 3 erschlagen[14]...

Diese drei Fälle wollen wir gleich an Beispielen festklopfen:
An seiner Krawatte (Querschnittsfläche A, E-Modul E, Wichte[15] $\gamma$[16], Wärmeausdehnungskoeffizient $\alpha$) hängt in der Tiefe $L+\Delta L$ ein Selbstmörder (Kadavermasse G, ~~dreimal durch Mechanikklausur durchgefallen~~).

a) Der Strick sei gewichtslos ($\gamma=0$).
b) Das Eigengewicht des Stricks ist zu berücksichtigen.
c) Die Temperatur des Stricks nimmt von 5° Umgebungstemperatur im Frühjahr auf 20° im Sommer zu.

Um welchen Betrag $\Delta L$ wurde das Seil verlängert?
Gegeben: G, $\gamma$, $\alpha$, A, E, L.

[14] Herr Dr. Romberg meint, dann könne man sich gleich besser selbst erschlagen!
[15] Hierbei handelt es sich nicht um diese kleinwüchsigen pädophilen kretischen Goldsucher im Harz des Jahres 1000 v. Chr., die mit ihren roten Filzmützen noch nach Jahrtausenden für Geschichten sorgen.
[16] Der Lektor verweist an dieser Stelle auf die seit ca, 25 Jahren bestehende DIN-Norierung, gemäß derer anstelle der Wichte von dem spezifischen Gewicht zu sprechen ist.

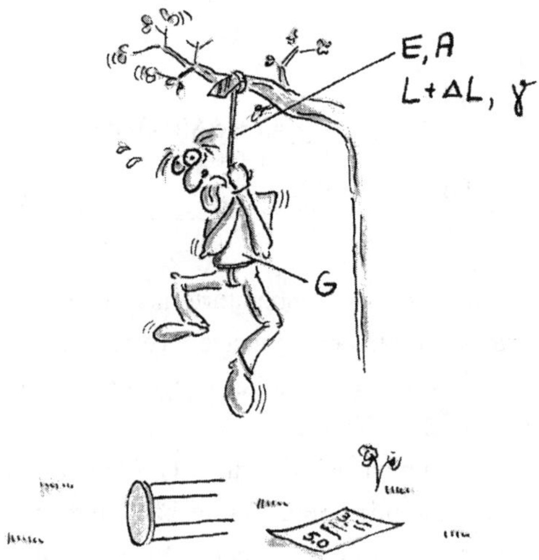


Ist ja ganz einfach?! Wir entscheiden uns bei Aufgabenteil a) sofort für den Fall 1, also Gleichung ♥. Dies liefert uns aber direkt – ohne große Rechenkünste – mittels Abschreiben die Lösung:

$$\Delta L = \frac{GL}{EA} \quad .$$

b) Hier müssen wir uns zunächst noch einmal mit der Statik beschäftigen, da eine Schnittgröße (hier nur die Normalkraft) im Strick benötigt wird. Diese beträgt am unteren Ende des Stricks G, während infolge des Eigengewichts des Stricks die Normalkraft am oberen Ende des Stricks $G+\gamma AL$ beträgt. Tja, und dazwischen? Hier nimmt die Normalkraft linear zu, da ja mit jedem weiteren Zentimeter des Stricks das Strickgewicht dieses Zentimeters zusätzlich am Seil zieht. Somit gilt

$$N(x) = G+\gamma Ax.$$

Nun müssen wir das Integral Gl. ☠ durchkoffern:

$$\Delta L = \int_0^L ((G+\gamma Ax)/EA)\, dx \quad = \frac{GL + \gamma AL^2 / 2}{EA} \quad .$$

c) Zuletzt das Ganze noch einmal in Kurzform für die zusätzliche Erwärmung:

$$\Delta\vartheta(x) = 15° \frac{x}{L}$$

$$\Delta L = \int_0^L (G+\gamma Ax)/(EA) + \alpha\Delta\vartheta(x))\, dx$$

$$= \frac{GL + \gamma AL^2 / 2}{EA} + 15° \alpha L/2 \quad .$$

Das positive Vorzeichen des Temperaturterms deutet hier auf eine Verlängerung des Stricks infolge der steigenden Temperatur! Zusatzfrage von Herrn Dr. Romberg: Wie warm muß es bei gegebener Hänghöhe H werden, damit der Selbstmordversuch mißlingt?

In diese Richtung kann man sich nun die schönsten Aufgaben ausdenken, die mathematisch etwas kompliziertere Terme bzw. Integrale ergeben, aber eigentlich keinen Wissensgewinn für den Durchschnittsloser bedeuten: veränderliche Querschnitte (z.B. aneinandergeknotete dickere Seile), wilde Temperaturverläufe bei zusätzlichem Feuer unterm Arsch) ....

## 2. 3 In alle Richtungen gespannt: Der Spannungskreis

### 2.3.1 Der Einachser: Der Stab mit Normalkraftbeanspruchung

Wir wollen nun etwas „Schiffeversenken“ spielen. Man nehme einen Bleistift mit einem spitzen Ende und einem Radiergummi am anderen Ende. Stellt man den Bleistift senkrecht mit dem Radiergummi auf ein Blatt und drückt auf die Spitze des Bleistiftes (aberrr vohrrrsischt: it`s spitz, man!), dann wird an dessen Spitze, also an einem Punkt, eine Kraft F eingeleitet.

Nun neigen wir den Bleistift bei weiterer Druckausübung gegenüber der Vertikalen um den Winkel α. Als erstes müssen wir jetzt natürlich das unter dem Bleistift liegende Blatt festhalten, da sonst der gesamte Versuchsaufbau seitlich wegflutscht.

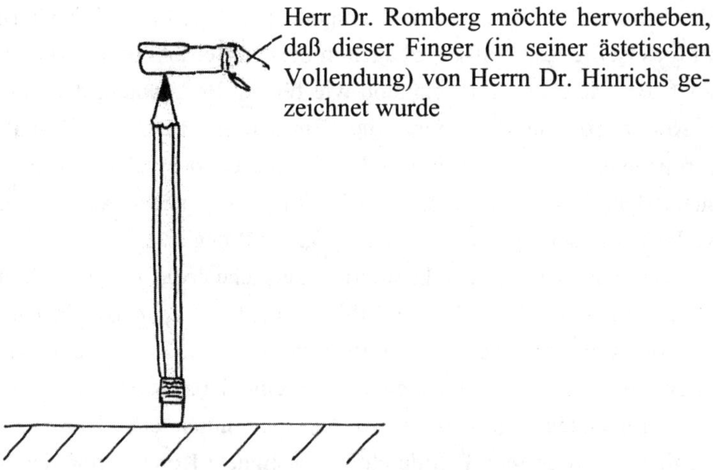


**Bild 44**: Schiffeversenken: Ausgangslage

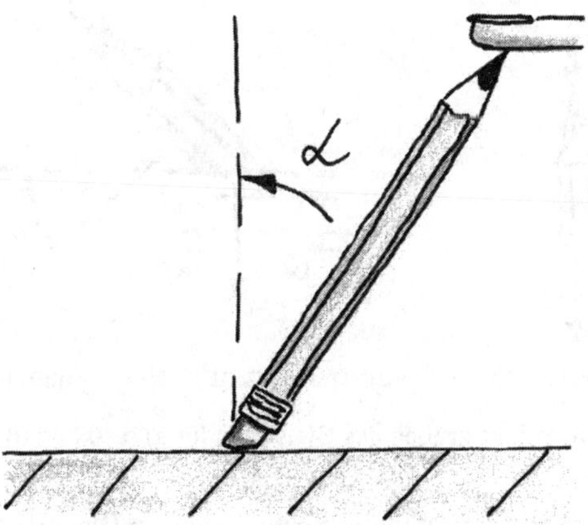


**Bild 45**: Schiffeversenken: Abschußposition

Neben der Verkürzung des Radiergummis infolge der Normalspannung kommt unter den geänderten Versuchsbedingungen also eine weitere Wirkung zum tragen: ein seitliches Auswandern. Die Kraft F teilt sich gemäß den Auflagerreaktion, s. Kap. 1, in die Komponenten $F_H$ nd $F_V$ auf. Die horizontale Kraft (das ist die Reibkraft) wird auch in diesem Beispiel in der Kontaktfläche erzeugt. Bei gleicher Argumentation wie für die Begründung der Einführung der Normalspannung ist nun die Einführung einer Tangential- oder Schubspannung $\tau$ [N/mm²] notwendig, die die Beanspruchung tangential zur Kontaktfläche beschreibt, und deren Wirkung eine tangentiale Verschiebung bzw. die Verhinderung einer derartigen Verschiebung ist.

Denkt man über die durchgeführten Versuche etwas länger nach, dann ist man eigentlich immer mehr verblüfft: In beiden Versuchsvarianten ist die äußere Belastung des Stabes (Bleistiftes) ja identisch: Es wird eine Kraft F in Richtung der Stabachse eingeleitet, also eine Normalkraft vom Betrag F erzeugt. Im ersten Fall wird diese Belastung durch eine Normalspannung ausgeglichen, im zweiten Fall durch eine geeignete Kombination der Normal- und Schubspannung. Dies funktioniert eigentlich analog zu der Zerlegung einer Kraft in ein Kräftepaar, s. Statik, Kap. 1.

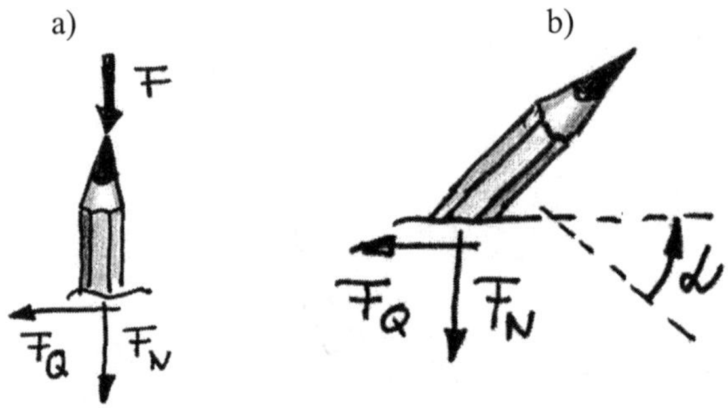


**Bild 46**: Schnittgrößen des Bleistiftes für a) $\alpha$=0 und b) $\alpha \neq 0$

Wenn uns also jemand fragt, wie die Spannungen im Bleistift sind, können wir eigentlich nur sagen: das hängt immer von der Blickrichtung ab. Senkrecht zur Bleistiftachse haben wir nur eine Normalspannung, unter einer anderen Blick- oder Schnittrichtungen haben wir eine Kombination von einer Schubspannung und einer Normalspannung, die jeweils gerade so groß sind, daß der äußeren Kraft das Gleichgewicht gehalten wird. Aber das ist natürlich etwas waage.

Wie in der Statik wollen wir für unseren Bleistift die Schnittgrößen genau berechnen. Hierzu führen wir allerdings den Schnitt an unserem Schnittufer unter zwei unterschiedlichen Winkeln aus:
Fall 1: wie immer, also senkrecht zur Stabachse und Fall 2: um den Winkel $\alpha$ gegenüber dem normalen Schnitt verdreht [17].
Hinweis: Überraschenderweise ist hier der Stab gegenüber den in der Statik üblichen Zeichnungen etwas auf den Kopf gestellt bzw. verdreht. Grund hierfür ist nicht die geistige Umnachtung des „technischen Zeichners“, sondern die bewußte Analogie zu unserem Bleistiftexperiment.

Der durch das Statik-Kapitel hervorragend geschulte Loser sieht natürlich sofort, daß sich die Schnittgrößen über

$$F_N = -F\cos\alpha\,,$$

$$F_Q = -F\sin\alpha$$

ergeben. Trägt man die sich ergebenden Schnittgrößen mal als Funktion des Schnittwinkels $\alpha$ auf, dann ergibt sich . . . der folgende Kreis:

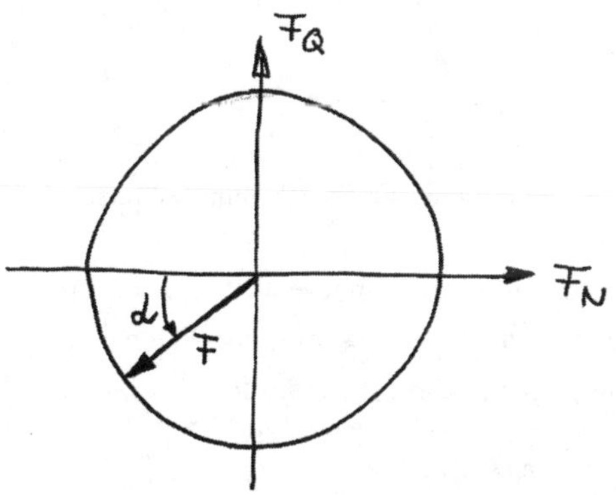


18

**Bild 47**: Normalkraft und Querkraft als Funktion des Schnittwinkels $\alpha$

[17] Das Folgende ist eine herrliche mathematische Herleitung des Mohrschen Spannungskreises - Autor ist natürlich Herr Dr. Hinrichs. Kleiner Tip von Herrn Dr. Romberg: schönes kühles Bier aufmachen, locker bleiben und morgen ein paar Seiten weiter hinten wieder einsteigen.
[18] Dem Lektor ist dieser Kreis a bilßle zu eggisch!

Wir müssen jetzt noch die Schnittfläche des Stabes in unsere Überlegungen mit einbeziehen, die ja für unterschiedliche Schnittwinkel unterschiedlich ist. Eine komplizierte lineare mathematische Operation, die Division durch die geschnittene Fläche, macht aus der berechneten Kraft eine Spannung:

$$\sigma(\alpha) = F_N/A_S$$

und

$$\tau(\alpha) = F_Q/A_S \quad .$$

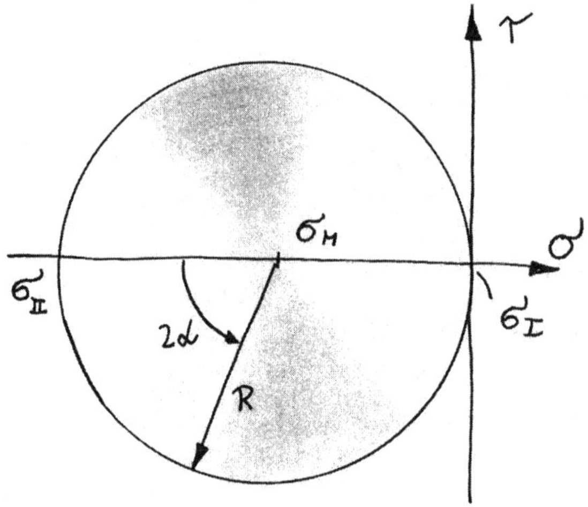


**Bild 48:** Mohrscher Spannungskreis

Wenn ein Baguette etwas schräg abgeschnitten wird, sind die Brotscheiben größer. Entsprechend ist auch die geschnittene Fläche $A_S$ vom Winkel $\alpha$ der Schnittführung abhängig ist. Es ergibt sich mit

$$A_S \quad = A/\cos\alpha$$

also

$$\sigma(\alpha) \quad = F_N/A_S$$
$$= F \cos^2\alpha \,/\, A$$

$$= \frac{F}{2A}\,(1 + \cos 2\alpha)$$

und

$$\begin{aligned}\tau(\alpha) &= F_Q/A_S \\ &= F \sin\alpha \cos\alpha \,/\, A \\ &= \frac{F}{2A} \sin 2\alpha \quad .\end{aligned}$$

Es entsteht also ein kreisförmiges Gebilde, welches wir mit dem Begriff Mohrscher Spannungskreis gerne noch etwas wissenschaftlich verklären!

So einfach kann es sein, den Horror der Festigkeitslehre zu berechnen. Dies ist hier für die reine Normalkraftbeanspruchung, den sogenannten einachsigen Spannungsfall, geschehen.

Für den Belastungsfall unseres Bleistiftes hat der Kreis die folgenden Charakteristika:

1) Mittelpunkt: $\sigma_M = \frac{F}{2A}$, $\tau_M = 0$

2) Radius: $R = \frac{F}{2A}$

3) maximale Normalspannung:

$$\sigma_{max} = -\frac{F}{A} \quad \text{bei } \alpha = 0$$

(dieses Ergebnis hätte man wohl auch ohne jede Rechnung abschätzen können?!)

4) maximale Schubspannung: [19]

$$\tau_{max} = \frac{F}{2A} \quad \text{bei } \alpha = 45°$$

*Also, jetzt mal kurz aufpassen:* Beim Schneiden eines belasteten Körpers sind die Spannungen an der Schnittfläche vom Winkel der Schnittführung abhängig. Die Normalspannungen an den Punkten des Mohrschen Spannungskreises, an denen die Schubspannung $\tau$ verschwindet, also die Schnittpunkte des Kreises mit der $\sigma$-Achse, nennt man auch Hauptspannungen (für unser Bleistiftbeispiel: $\sigma_I = 0$, $\sigma_{II} = -F/A$ ). In Richtung der einzigen Belastung war die Spannung maximal. Senkrecht zu der Belastungsrichtung ist die Belastung Null. Das war uns aber eigentlich schon immer klar: Für $\alpha = 90°$ bestimmen wir die Spannung parallel zur Seitenfläche des Stabes, wir schlitzen den Bleistift also in Längsrichtung auf ... Da die Flächen in Längsrichtung nicht belastet sind, dürfen hier auch keine Spannungen auftreten.

Man spricht im untersuchten Fall von einem einachsigen Spannungszustand. Für den Fall eines zwei- (drei-) achsigen Spannungszustandes liegen zwei (drei) Belastungen mit Komponenten in zwei (drei) Richtungen vor.

**Eigenschaften des Mohrschen Spannungskreises (Teil I)**

1) Die Mittelpunkte aller Spannungskreise liegen auf der $\sigma$-Achse !
2) Der Winkel $\alpha$ am Bauteil wird unter dem Winkel $2\alpha$ im Spannungskreis angetragen
3) Zur Vorzeichendefinition:

[19] (hier ein kleiner Tip für den erfahrenen Praktiker bzw. Werkstoffkundler: Aus diesem Grund reißen die Zugproben duktiler = fließender Materialien infolge des Überschreitens der maximal zulässigen Schubspannung unter einem Winkel von 45 ° zur Stabachse. Die spröden Materialien reißen infolge des Überschreitens der maximalen Normalspannung mit einer Bruchfläche senkrecht zur Balkenachse)

a) positive Normalspannungen entsprechen einer Zugspannung, negative Normalspannungen sind Druckspannungen

b) eine Schubspannung wird im Mohrschen Spannungskreis folgendermaßen angetragen: Die Normalspannung $\sigma$ zeigt aus der Schnittfläche heraus... muß man diese im Uhrzeigersinn drehen, um sie mit der Schubspannung $\tau$ zur Deckung zu bringen, ist $\tau$ positiv. Andernfalls ist $\tau$ negativ.

4) Die Hauptspannungen werden nach der Größe sortiert:

$$\sigma_I > \sigma_{II} \; (> \sigma_{III}, \text{ dreiachsiger Fall})$$

5) Der Satz der zugeordneten Schubspannungen:
„Schubspannungen in zwei zueinander senkrecht stehenden Schnittflächen sind betragsgleich."
Dies ist für den erfahrenen Mohrschen Spannungskreisler eine Trivialität, da sich diese Punkte ja im Kreis gegenüberliegen müssen ($2*90° = 180°$).

Größte, aber auch eigentlich vermeidbarste Fehlerquelle ist erfahrungsgemäß der Punkt 3), also die Bestimmung der Vorzeichen.

Wenn wir wissen, daß die Spannungen in Form des Mohrschen Spannungskreises aufgetragen werden können, ist die Verwendung der vorstehenden Gleichungen gar nicht mehr nötig: Für die Konstruktion des Mohrschen Spannungskreises reicht es ja völlig aus, zwei Punkte des Kreises zu kennen, also z. B:

a) die Hauptspannungen $\sigma_{II}=0$ sowie $\sigma_I$ mit $\tau=0$ zu kennen (einachsiger Fall),

oder

b) für eine beliebige Teilfläche des Bauteils ist für den einachsigen Spannungszustand die an dieser Fläche wirkende Normal- und Schubspannung bekannt.

Dazu schnell ein Beispiel:
Herrn Dr. Romberg soll ein Zahn (Querschnittsfläche A) gezogen werden. Infolge der am Zahn wirkenden Zugkräfte erleidet Herr Dr. Romberg (auch infolge des entzündeten Raucherzahnfleisches) große Schmerzen. Die Schub-

spannung $\tau$ und die Normalspannung $\sigma$ wirken wie in Bild 49 dargestellt unter einem Winkel $\alpha$ an der Zahnwurzel[20]. (Die Kräfte (Spannungen) im Seitenbereich des Zahnes können nach Angaben des Zahnarztes vernachlässigt werden.)

a) Nach Abschätzung der schmerzverursachenden Spannungen $\tau$ und $\sigma$ versucht Herr Dr. Romberg erfolglos die maximal im Zahn wirkende Schubspannung abzuschätzen. Kann Herrn Dr. Romberg geholfen werden?[21]
Lösung: Nein.

b) Mit welcher Zugkraft F zieht der Zahnarzt am Zahn?[22]
Gegeben: $\sigma = 200\ \text{N/mm}^2$, $\tau = 100\ \text{N/mm}^2$, $A = 20\ \text{mm}^2$.

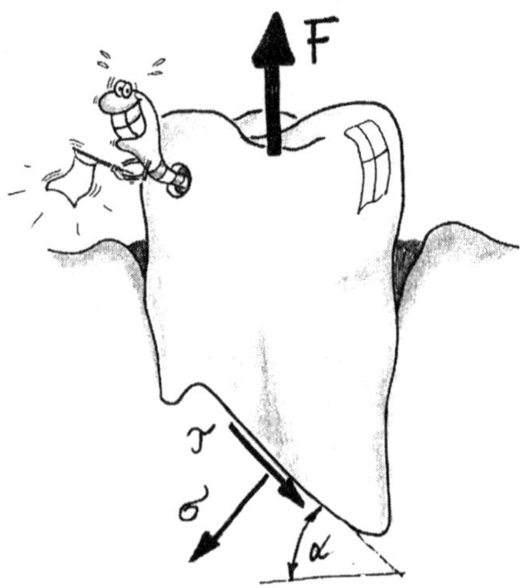


**Bild 49**: Zahn unter dem Winkel $\alpha$

[20] Den Zahn, daß Herr Dr. Romberg immer noch glaubt, daß die Amerikaner nie auf dem Mond waren und die Mondlandung in Hollywood gedreht worden ist, können wir ihm wohl nicht ziehen - er führt bei diesbezüglichen Diskussionen gerne und *ausführlich*! u. a. als Gegenbeweis ins Feld, daß die Lichtreflexe auf der Raumkapsel am Drehort fehlerhaft nachgestellt worden sind

[21] Gefragt ist hier nach einer Hilfe für die BERECHNUNGEN - ansonsten kommt jede Hilfe zu spät!

[22] Geänderte Aufgabenstellung: Wie stark muß Herr Dr. Hinrichs im dargestellten Beispiel am Zahn ziehen, wenn Herr Dr. Romberg maximale Schmerzbelastung erfähren soll, aber der Zahn gerade noch nicht herausreißt?

Wir können uns jetzt mit den bekannten Punkten $P_1$ und $P_2$ den Mohrschen Spannungskreis zurechtfummeln...

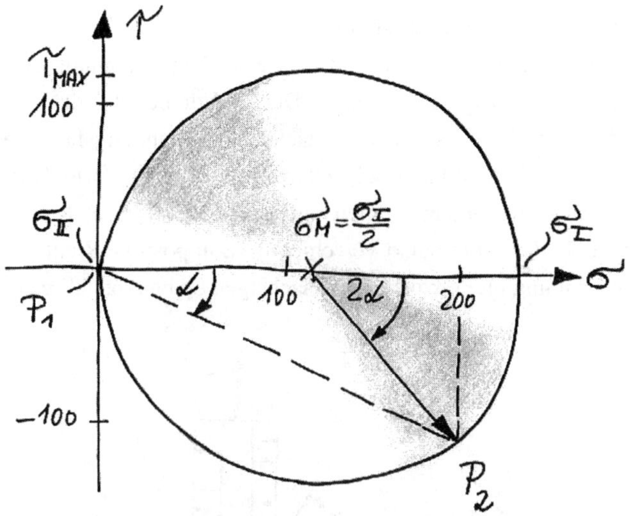


**Bild 50**: Mohrscher Spannungskreis (naja)

Die maximale Schubspannung und die Hauptspannung springen uns sofort ins Auge:

$$\sigma_I = 230{,}9401077 \text{ N/mm}^2,$$

$$\tau_{max} = 115{,}4700538 \text{ N/mm}^2.$$

Da wir mehr Nachkommastellen nur bei erhöhtem zeichnerischen Aufwand ablesen können, sei hier noch die rechnerische Lösung angegeben:

$$\alpha = \arcsin(100 \text{ N/mm}^2 / 200 \text{ N/mm}^2) \;,$$

$$\tau_{max} = R = 100 \text{ N/mm}^2 / \sin(2\alpha) \;,$$

$$\sigma_I = 2\,R \;.$$

Die Zugkraft am Zahn ergibt sich dann mittels

$$F = \sigma_I\, A = 4{,}619 \text{ kN} \;.$$

## 2.3.2 Der Zweiachser

Hat man den einachsigen Spannungsfall verstanden, dann ist auch der Doppelachser kein großes Problem mehr:

Einziger Unterschied ist, daß die zweite Hauptspannung $\sigma_I$ (bzw. $\sigma_{II}$) nicht mehr identisch Null ist. Der Mittelpunkt des Mohrschen Spannungskreises ist also im zweiachsigen Spannungsfall verschoben. Zusätzlich zur Zugkraft F kann beispielsweise noch eine Normalspannung auf die Seitenfläche aufgebracht werden und der Kreis wird in Richtung „Zug“ „gezoomt“, d. h. der Mittelpunkt verschiebt sich in positive Richtung, während eine Hauptspannung bleibt wo sie im einachsigen Spannungsfall war.

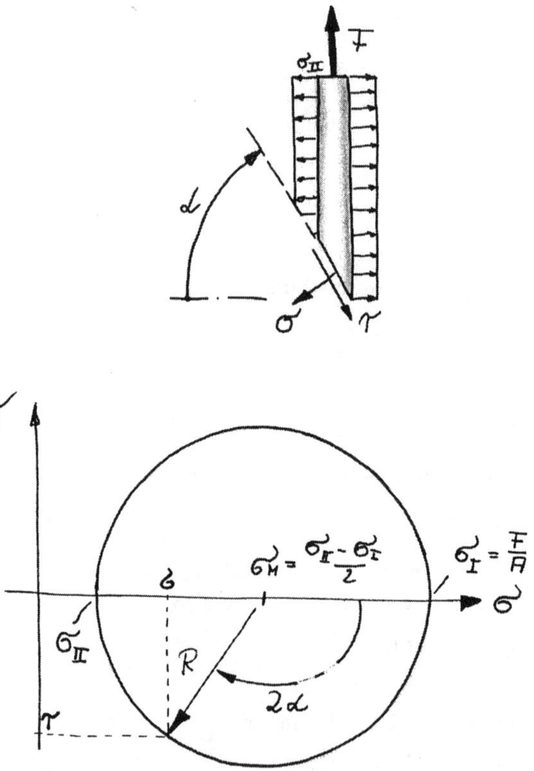


**Bild 51**: a) FKB eines „Zweiachsers“, b) Mohrscher Spannungskreis

Also ganz einfach? Leider kann man sich für diesen Spannungsfall sehr viel hinterhältigere Aufgaben ausdenken, siehe Kap. 4.2.

### 2.3.3 Der Dreiachser

Wir hatten ja gesehen, daß der Einachser ein Sonderfall des Zweiachsers ist. Genauso verhält es sich mit dem dreiachsigen Spannungszustand, der eigentlich jetzt schon ein alter Hut ist. Hier kann man sich immer die Zustände in einer beliebigen Fläche durch ein Würfelelement des Körpers angucken – diese sind aber wie beim zweiachsigen Spannungszustand als ein Kreis darstellbar.

Zur Erfassung aller drei Raumrichtungen müssen wir drei Seitenflächen des Würfels angucken – also drei Spannungskreise. Und das sich ergebende Gebilde sieht dann folgendermaßen aus:

Aus verständlichen Gründen stoßen die Kreise aneinander, so daß sich drei Hauptspannungen $\sigma_I$, $\sigma_{II}$ und $\sigma_{III}$ ergeben. Das soll dazu reichen.

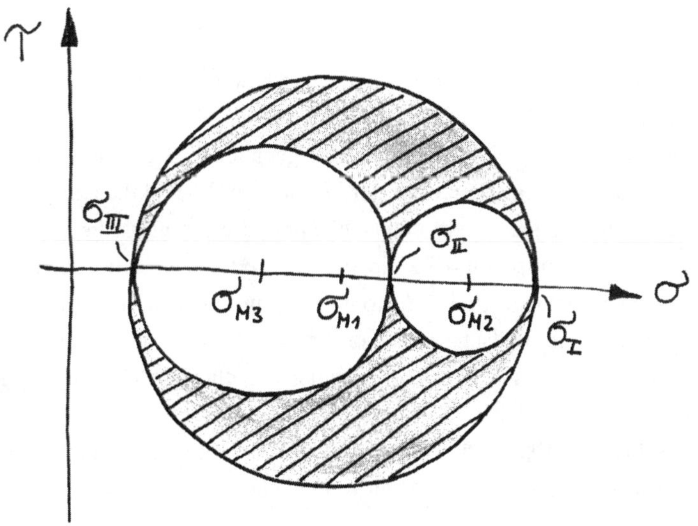


**Bild 52**: Dreiachsiger Spannungszustand

Herr Dr. Hinrichs hat als – seiner Meinung nach – besonderen Schmankerl noch eine kleine Tabelle ausgearbeitet!

| **Eigenschaften des Mohrschen Spannungskreises (Teil II)** | | | | |
|---|---|---|---|---|
| | | Spannungsfall | | |
| | | einachsig | zweiachsig | dreiachsig |
| Hauptspannung | $\sigma_I$ | $\sigma_I$ oder $\sigma_{II} \neq 0$, z.B. F/A | $\neq 0$ | $\neq 0$ |
| | $\sigma_{II}$ | | $\neq 0$ | $\neq 0$ |
| | $\sigma_{III}$ | | | $\neq 0$ |
| Radius | R | $\sigma_I/2$ bzw. $\sigma_{II}/2$ | $(\sigma_I - \sigma_{II})/2$ | $R_1 = (\sigma_I - \sigma_{III})/2$<br>$R_2 = (\sigma_I - \sigma_{II})/2$<br>$R_3 = (\sigma_{II} - \sigma_{III})/2$ |
| Mittelpunkt | $\sigma_M$ | $R = \sigma_I/2$ | $\sigma_{II} + R$ | $\sigma_{M1} = \sigma_{III} + R_1$<br>$\sigma_{M2} = \sigma_{II} + R_2$<br>$\sigma_{M3} = \sigma_I + R_3$ |

Nach diesem etwas drögen Stoff – *sorry !* – bleibt es leider die nächsten 10 weiteren Seiten dröge. Devise also: *DURCHBEISSEN*!

Kehren wir noch einmal zu unseren gepiercten Brustwarzen mit S-M-Zusatzbelastung zurück. Hier weiß der erfahrene S-M-Praktiker mit häufigem Partnerwechsel, daß jede(r) auf unterschiedliche Reize unterschiedlich reagiert – die/der eine kommt schon bei kleinen Druck- oder Zugkräften in volle Fahrt – die/der andere braucht Zugkräfte kombiniert mit leichten bis schweren Streicheleinheiten mit der Peitsche zu seinem/ihrem Glück. Im folgenden kümmern wir uns daher mit den Einflußgrößen unterschiedlicher Belastungen auf die Bauteile.

So schwer es Herrn Dr. Hinrichs an dieser Stelle auch fallen mag – wir kehren im nächsten Abschnitt nochmals zu unseren mechanischen Bauteilen zurück.

## 2.4 Vergleichsspannungen

Es gibt Bauteile, die am sensibelsten auf eine Normalspannung reagieren, d. h. durch Überschreiten einer kritischen Normalspannung versagen. Andere haben den Höhepunkt des inneren Risses bei einem Überschreiten einer kritischen Schubspannung. Und wieder andere Bauteile wählen den moderaten Mittelweg. Für die Auslegung der Bauteile muß es je nach Materialwahl also unterschiedliche Kriterien geben, die diese Empfindsamkeiten und Vorlieben des Materials abbilden.

Ein Materialversagen (ein Riß oder Bruch) des Bauteiles infolge eines Überschreitens der zulässigen Normalspannung für sogenannte spröde Materialien nennt man einen Sprödbruch, der immer quer zur Belastungsrichtung, also quer zur maximalen Normalspannung auftritt.
Das einfachste Bewertungsmodell wäre daher das folgende Vorgehen:

1) Da der Betrag der maximal auftretenden Normalspannung immer mindestens so groß ist wie die maximale Schubspannung, vergleichen wir die maximale Normalspannung einfach mit der für das Material angegebenen maximal zulässigen Spannung. (Dabei hoffen wir, daß die Schubspannung uns keinen Strich durch die Rechnung macht). Dies ist immer dann der Fall, wenn ein Wissenschaftler von einer Normalspannungshypothese redet.

2) Bei einer zweiten Gruppe von Werkstoffen (probiert mal ein Kaugummi!) tritt der Bruch entlang einer um 45° gegenüber der Richtung der maximalen Normalspannung geneigten Fläche auf – dies sind die duktilen Materialien, die infolge des Überschreitens der maximal zulässigen Schubspannung versagen. (Maximale Schubspannung im Mohrschen Spannungskreis um 90° gegen Hauptspannung verdreht, als Bruch bei 45°)

Und dazwischen gibt es dann alle möglichen Zwischendinger: also mehr oder weniger duktil usw. Wir müssen uns also ein Kriterium überlegen, wie die auftretenden Spannungen bewertet werden müssen. Und damit dann eine aus der Schub- und Normalspannung gebastelte „Vergleichsspannung" $\sigma_V$ bestimmen, die wir dann mit der zulässigen Spannung für den gewählten Werkstoff vergleichen können. Da uns das selber sehr kompliziert erscheint, schreiben wir hier einfach ab und glauben den nicht so ganz neuen Theorien:

3) Trescasches Fließkriterium: Hier suchen wir uns das Maximum der Differenz einer beliebigen Kombination der Hauptspannungen, also

$$\sigma_V = \max(|\sigma_{II} - \sigma_I|, |\sigma_{III} - \sigma_{II}|, |\sigma_{III} - \sigma_I|)$$

4) Die Gestaltänderungshypothese (hört sich schon gut an – wir legen aber noch einen drauf: Diese wird auch HUBER-MISES-HENKYsches Fleißkriterium genannt)

$$\sigma_V = \sqrt{0.5[(\sigma_I - \sigma_{II})^2 + (\sigma_I - \sigma_{II})^2 + (\sigma_I - \sigma_{II})^2]}$$

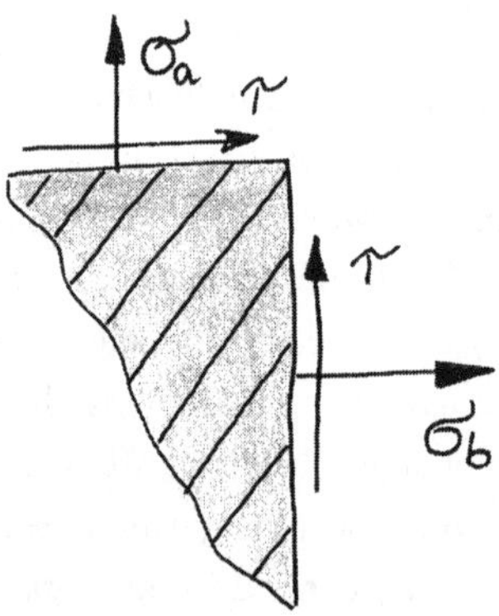


**Bild 53**: Spannungen an zueinander senkrechten Schnitten

Der Nachteil bei diesen Formulierungen ist, daß die Hauptspannungen gegeben/berechnet werden müssen. Mit viel Kreisgeometrie kann man diese Vergleichsspannungen auch direkt aus den Spannungen an zwei um 90° verdrehten Flächen bestimmen – die Mechanik ist dieselbe!

2a) Normalspannungshypothese

$$\sigma_V = 0.5\,|\sigma_a + \sigma_b| + 0.5\,\sqrt{(\sigma_a - \sigma_b)^2 + 4\tau^2}$$

3a) Schubspannungshypothese

$$\sigma_V = \sqrt{(\sigma_a - \sigma_b)^2 + 4\tau^2}$$

4a) Gestaltänderungshypothese

$$\sigma_V = \sqrt{\sigma_a^{\,2} + \sigma_b^{\,2} - \sigma_a\sigma_b + 3\tau^2}$$

In dieser Darstellungsweise wird eigentlich noch deutlicher, daß die auftretenden Normal- und Schubspannungen in den einzelnen Hypothesen unterschiedlich gewertet werden. Natürlich sind dies alles wieder mal Modellbildungen, die mit der Realität hoffentlich viel zu tun haben.

Wir haben Euch nun hoffentlich davon überzeugt, daß im Zugstab infolge der im Stab auftretenden Normalkräfte und -spannungen Verformungen in Form von Verlängerungen oder Verkürzungen auftreten. Als mögliche Schnittgrößen an einem Bauteil treten neben den Normalkräften bekanntlich aber auch Querkräfte und Biegemomente auf. Der Einfluß dieser Beanspruchungsgrößen auf die sich ergebenden Verformungen soll im folgenden untersucht werden.

## 2.5 Die Balkenbiegung

Mit einem einfachen Versuch wollen wir die Einflußgrößen der Geometrie- und Materialparameter auf die Verformung studieren.

### 2.5.1 Das Flächenträgheitsmoment

Man nehme ein elastisches Lineal und befestige mittels eines Seiles an dessen Spitze ein Gewicht, z.B. die Kaffeetasse. Am anderen Ende des Lineals simuliert dann die Hand eine feste Einspannung, indem das Lineal in die Horizontale gebracht wird (Hierzu muß die Hand eine Kraft und ein Biegemoment in den Träger einleiten). Wenn man dann dosiert die Gewichtskraft auf diesen Kragträger aufbringt und dann hoffentlich die Spannung im Träger infolge der Biegung die maximal zulässige Spannung nicht überschreitet, dann läßt sich die folgende Versuchsreihe durchfahren:
Belastung, wenn:

1) das Lineal wie ein „Sprungbrett“ gehalten wird, also mit horizontaler Orientierung der breiteren Seitenfläche!
2) das Lineal um 90° um seine Längsachse gedreht wird!
3) eine beliebige Winkelstellung zwischen den Extremstellungen 1) und 2) gewählt wird!

Es zeigt sich, daß die Durchbiegung im Belastungsfall 1) sehr viel größer ist als für den Belastungsfall 2), obwohl wir ja an den Materialdaten und der Geometrie unseres Trägers nichts geändert haben. Während den Praktiker das Ergebnis der Versuche 1) und 2) nicht überrascht, zeigt sich für den Teilversuch 3) überraschenderweise, daß der Träger nicht nur in Richtung der Gewichtskraft durchbiegt, sondern auch horizontal verbogen wird, also seitlich auswandert. Einen erfahrenen Mechaniker verwundert derartiges (nach einigen Berechnungen) natürlich nicht – das ist doch ein alter Hut: die schiefe Biegung. Da wir aber alle unerfahrene Mechaniker sind, machen wir die fiktive Annahme, daß die schiefe Biegung in der Praxis zunächst mal nicht auftritt.[23] Die Verlängerung bei reinem Zug (s. Abschnitt 2.1) ist ja proportional zur Querschnittsfläche des Trägers. Die Biegung des Trägers hängt aber scheinbar nicht direkt von der Fläche ab. Welche Einflußgröße ist aber dann für die stärkere Durchbiegung im Fall 2 verantwortlich?

---

[23] Für alle Heißdüsen: man sehe in den Lehrbüchern nach und/oder studiere die Aufgabe zur schiefen Biegung in Kapitel 4

Hierzu noch ein weiterer Versuch: Will man ein Blatt Papier zwischen zwei Tischkanten legen, dann wird sich dieses stark durchbiegen. Schon die Lernerfolge in der frühkindlichen Entwicklungsphase suggerieren, daß dieser Papierträger besser hält, wenn man das Papier fächerartig einige Male faltet.

a) b

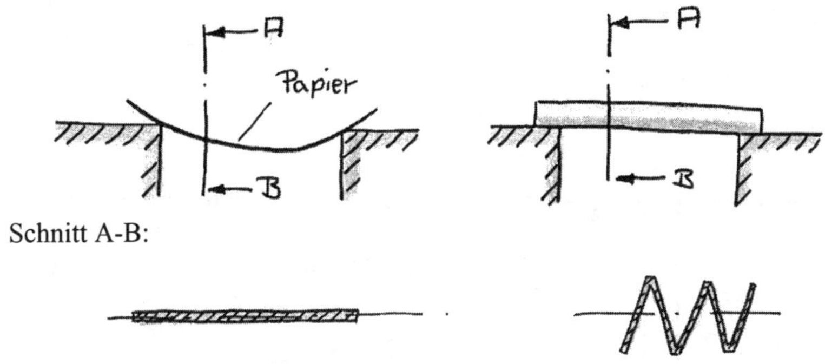


**Bild 54**: Durchbiegung eines a) ungegefalteten und b) gefalteten Papiebogens[24]

Nun zur Preisfrage: Was ist am gefalteten Papier besser als an dem glatten Bogen? Sieht man sich einmal die Querschnitte der beiden Papierträger für die beiden Fälle an, erkennt man als den Hauptunterschied, daß das Material im Fall des gefalteten Papiers weiter entfernt von der eingezeichneten Mittellinie angebracht ist. Aber warum scheint es günstiger zu sein, wenn das Material weiter außen angeordnet ist? Hierzu noch eine kleine Skizze mit einem Modell für ein kleines Element unseres Papiers:

a) unbelastet b) belastet

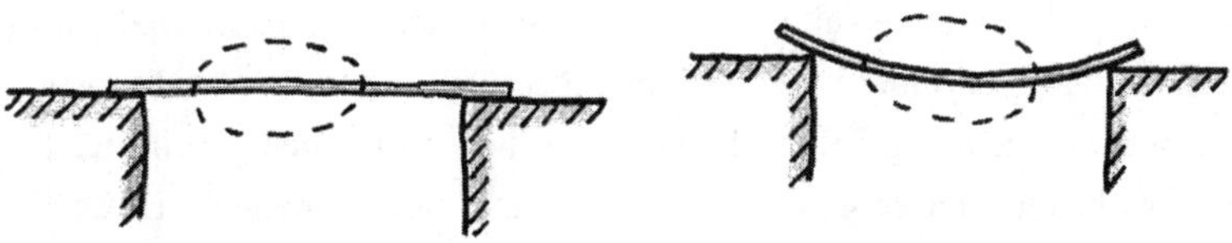

**Bild 55**: Papier: a) unbelastet und b) belastet, z. B. durch Eigengewicht

---

[24]Vernachlässigt werden sollen hierbei etwaige Verfestigungsvorgänge des Papiers infolge der Knickungen.

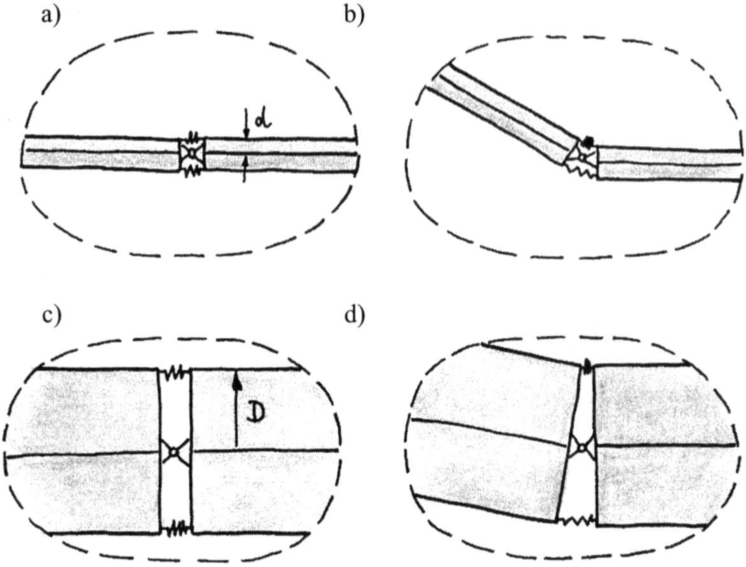


**Bild 56**: Modell für ein kleines Papierelement:
a) unbelastet, nicht gefaltet,
b) belastet, nicht gefaltet,
c) unbelastet, gefaltet und
d) belastet, gefaltet

Die drei horizontalen Linien des Modells kennzeichnen eine Papierfaser auf der Oberseite, in der Mitte und auf der Unterseite des Papiers. Für den gefalteten Bogen ist die Ober- und Unterseite natürlich weiter von der Mitte entfernt. Wird der Bogen dann nach unten durchgebogen, dann wird die Papierfaser auf der Unterseite des Bogens auseinandergezogen, während die Papierfaser auf der Oberseite zusammengedrückt wird (das sieht man am besten, wenn man das gefaltete Papier stark belastet). Irgendwo in der Mitte wird es wohl eine Faser geben, die ihre Länge nicht verändert. Diese Faser nennen wir im folgenden mal ... neutrale Faser oder so.

Durch die Verlängerung bzw. die Verkürzung der Fasern muß das Biegemoment, welches ja als Schnittgröße im Träger wirkt, ausgeglichen werden. Hier hat aber der gefaltete Träger zwei Vorteile:

1) Durch den größeren Abstand d beim gefalteten Träger führt dieselbe Verdrehung der Querschnitte des Trägers zu einer größeren Zugkraft (Druckkraft) in der Feder auf der Unterseite (Oberseite) des Trägers, $F \sim d$.

2) Der Hebelarm d dieser entstehenden Reaktionskraft (Zug / Druck) auf die Durchbiegung ist beim gefalteten Träger ebenfalls größer, $\Rightarrow M_{RÜCK} \sim F\, d \sim d^2$.

Das Ganze läßt sich also wie folgt auf den Punkt bringen:
Die Durchbiegung scheint quadratisch vom Abstand d der Querschnittsflächenelemente A von der Mittellinie (der neutralen Faser) abzuhängen. Die Größe, mit dem wir diesen Effekt modellieren wollen, heißt Flächenträgheitsmoment I mit $I \sim A\, d^2$ [$mm^4$][25].

In einem etwas realistischeren Träger, einem Balken, sind die einzelnen Federn aus Bild 56 zu unendlich vielen kleinen Federn verschmiert. Die Spannungsverteilung infolge der Biegung sieht dann folgendermaßen aus:

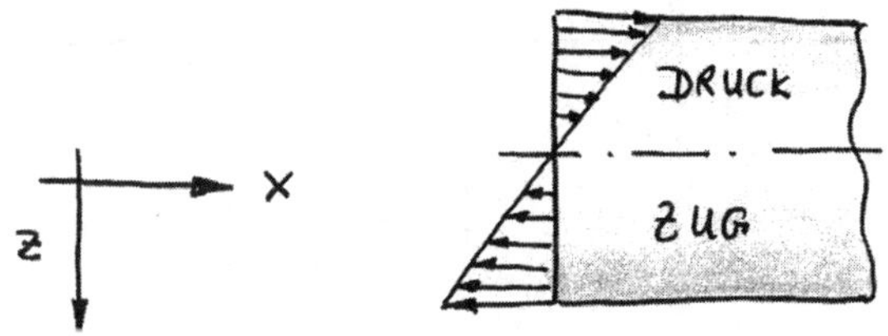


**Bild 57**: Spannungsverteilung über den Balkenquerschnitt

Von Bedeutung ist bei manchen Anwendungen noch das sog. „Widerstandsmoment W", was eine Berechnung der Maximalspannung „ganz außen" ermöglicht. Dies ist folgendermaßen definiert:

$$W(x) = \frac{I(x)}{|z_{max}|} \quad ,$$

wobei I(x) eben das Flächenträgheitsmoment ist und $|z_{max}|$ der Ort der maximalen Zugspannung ganz außen am belasteten Bauteil (da wo's zuerst

[25] (Die Bezeichnung I für das Flächenträgheitsmoment ist wohl in Anlehnung an die spontanen Aussprüche der Studenten bei der Einführung der Größe entstanden und deutet akutes Unwohlsein und Ekel an.)

reißt) bedeutet. $|z_{max}|$ ist meistens der Radius eines Kreisquerschnitts bzw. die halbe Breite oder Höhe irgendeines Körpers... man kommt aber ohne dieses Ding aus.

Das Flächenträgheitsmoment I und somit auch das Widerstandsmoment W können wir aus mehr oder weniger umfangreichen Integralen bestimmen – aber warum das Trägheitsmoment eines Rades neu erfinden. Am einfachsten holt man sich dieses aus den entsprechenden Tabellen, z. B:

| Querschnitt | Flächenträgheitsmoment | Widerstandsmoment |
|---|---|---|
| 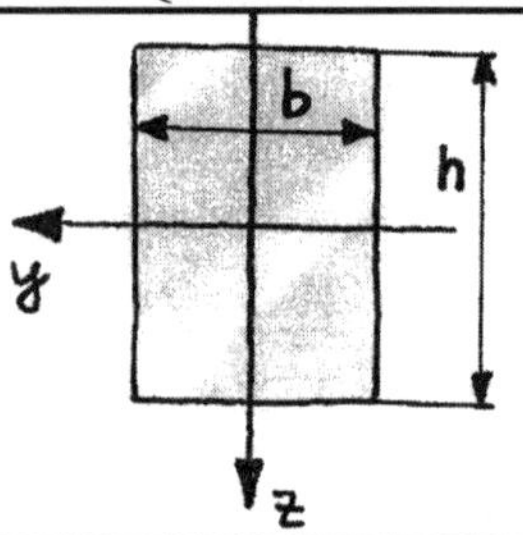 | $I_{yy} = \frac{bh^3}{12}$, $I_{zz} = \frac{b^3h}{12}$ | $W_y = W_z = \frac{bh^2}{6}$ |
| 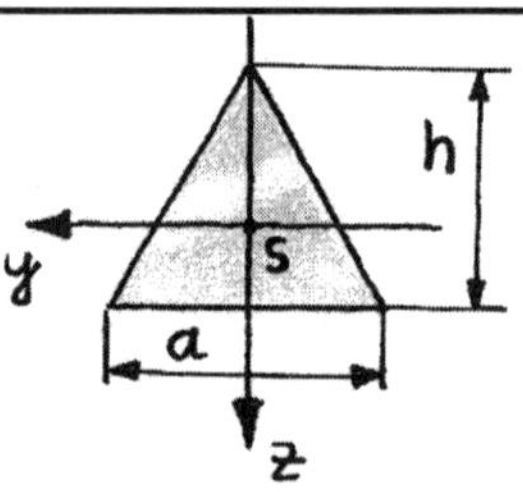 | $I_{yy} = I_{zz} = \pi \frac{r^4}{4}$ | $W_y = W_z = \pi \frac{r^3}{4}$ |
| 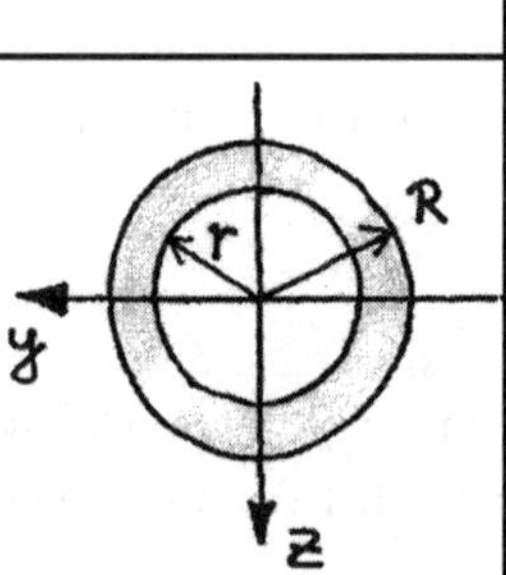 | $I_{yy}=I_{zz}=\frac{\pi}{4}\ (R^4 - r^4)$<br>kleine Wandstärken δ:<br>$I_{yy} = I_{zz} = \frac{\pi}{8} d_m^3\ \delta$<br>(Vollkreis: r = 0) | $W_y = W_z =$<br>$\frac{\pi}{4}\left(\frac{R^4 - r^4}{R}\right)$<br>kleine Wandstärken δ:<br>$W_y = W_z = \frac{\pi}{4} d_m^2\ \delta$<br>(Vollkreis: r = 0) |

Und nun eine kleine Erfolgskontrolle: Bitte alle weiteren Bücher schließen, die Schultasche geschlossen unter den Tisch stellen und die Batterien aus dem Taschenrechner nehmen....

**Die Prüfungsfrage lautet:**

In der folgenden Skizze (von Herrn Dr. Hinrichs) sind die Querschnitte mehrerer Träger skizziert, wobei die Flächeninhalte der Rechtecke jeweils gleich groß sein sollen. Mann/Frau sortiere bei völliger Ignorierung der „J's" (?) in den „Zeichnungen" die Flächenträgheitsmomente bei Biegung um die skizzierte Achse X-X nach Ihrer Größe.

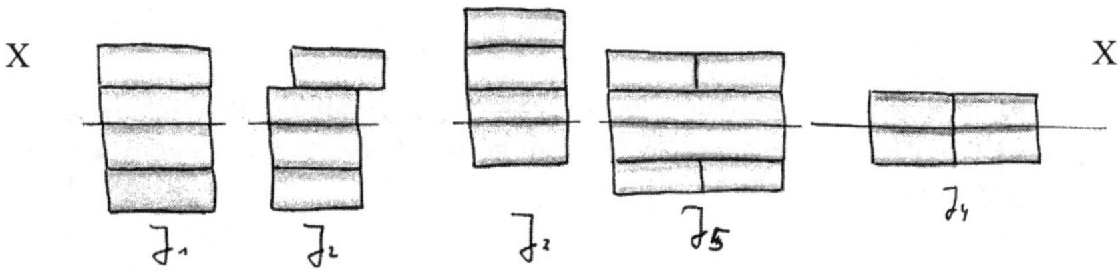


$I_1$ $I_2$ $I_3$ $I_4$ $I_5$

Bild 58: Unterschiedliche? Flächenträgheitsmomente I (!)

Zur Lösung: Grundregel ist hier folgendes: je weiter die Flächenelemente von der Achse X-X entfernt sind, desto weniger Durchbiegung würde sich ergeben (die Federn gemäß Bild 56 sind ja weiter von der Achse X-X entfernt) und desto größer ist das Flächenträgheitsmoment. Es gilt also:

$$I_3 > I_4 > I_1 \ (I_1 = I_2) > I_5 \ .$$

Dieser Grundregel folgt man auch im Stahlbau, wo man ja bekanntlich als Träger nicht dünne gewalzte Bleche wählt, sondern beispielsweise einen sogenannten Doppel-T-Träger, bei dem möglichst viel Stahl nach außen gepackt worden ist:

Das Flächenträgheitsmoment eines derartigen Körpers bekommen wir natürlich vom Hersteller oder der DIN mitgeliefert: $I_{XX}$ = 1140 N/cm$^4$ (IPBv 100, DIN 1025).

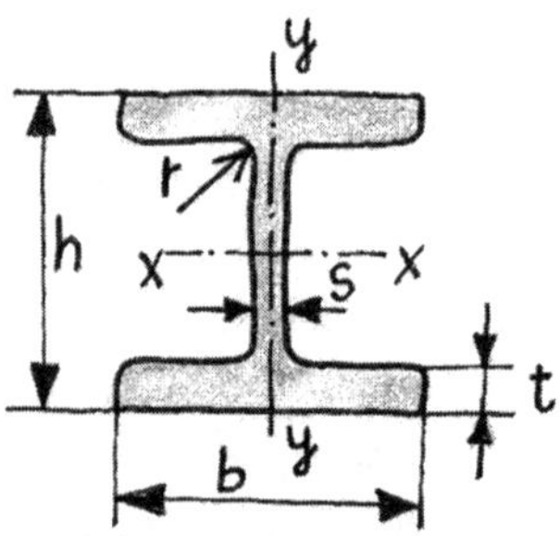


**Bild 59**: Doppel-T-Träger

Was aber, wenn uns diese Mitteilung gerade verlorengegangen ist oder wir in Ägypten – nur mit dem Buch „Keine Panik vor Mechanik" im Gepäck – eine Pyramide aus Doppel-T-Trägern bauen wollen? In dem Fall können wir als grobe Vereinfachung den Doppel-T-Träger aus Rechtecken zusammensetzen, die wir wieder in unserer Tabelle für die Flächenträgheitsmomente finden können.

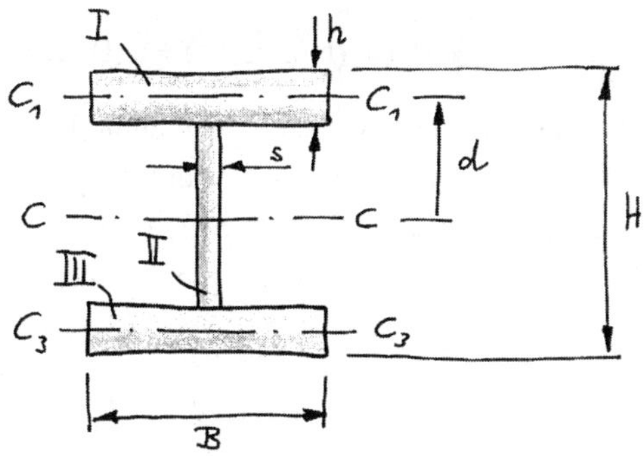


**Bild 60**: Ersatzmodell

Für Biegung des oberen Rechtecks I um die Achse $C_1$-$C_1$ gilt:

$$I_{I,\,C_1C_1} = \frac{Bh^3}{12}.$$

Aber, oh weh! Wir biegen jetzt das obere Rechteck nicht mehr um seine Mittelachse $C_1$-$C_1$, sondern um die Achse C-C durch den Gesamtschwerpunkt des Trägers. Hier hilft uns der Satz von Huygens-Steiner:

$$I_{CC} = I_{C_1C_1} + A\,d^2.$$

Also, bei einer Verschiebung der neutralen Faser um den Abstand d vergrößert sich das Flächenträgheitsmoment gemäß dem uns schon von den Überlegungen zum gefalteten Papier bekannten Term A d².

Für die Biegung dieses Teilkörpers I um die Achse C-C durch den Gesamtschwerpunkt gilt mit dem Satz von Steiner:

$$I_{I,\,CC} = I_{I,\,C_1C_1} + A\,d^2 = \frac{Bh^3}{12} + Bh\,(H/2-h/2)^2.$$

Das Rechteck II können wir gleich der Tabelle entnehmen:

$$I_{II,\,CC} = s\,(H-2h)^3 / 12 \quad .$$

Das gesamte Flächenträgheitsmoment ergibt sich dann aus der Summe der einzelnen „Ihs“:

$$I_{GES} = I_{I,\,CC} + I_{II,\,CC} + I_{III,\,CC}$$

$$= 2\,(\frac{Bh^3}{12} + Bh\,(H/2 - h/2)^2) + s\,(H-2h)^3\,/\,12\ .$$

Der Vollständigkeit halber können wir dann noch anmerken, daß das Ergebnis (mit B=106 mm, H=120 mm, h=20 mm, s=12 mm ==> I = 1125 $cm^4$) schon einigermaßen das „exakte“ Ergebnis für den realen DIN-Träger IPBv100 (I = 1040 $cm^4$) annähert, obwohl einige Rundungen in unserer Rechnung nicht berücksichtigt wurden.

*Und jetzt etwas zum Merken:*

Bei der Anwendung des sog. „Steineranteils“ muß unbedingt beachtet werden, daß die Verschiebung der Biegeachse immer vom Mittelpunkt aus (bei homogenen Körpern: Massenmittelpunkt) erfolgen muß. Das Flächenträgheitsmoment ist für die Biegeachse durch den Mittelpunkt minimal!
*Also: Möchte man eine Biegebezugsachse beliebig verschieben, so muß man zunächst eine Verschiebung zum Massenmittelpunkt hin (negativer Steineranteil) und anschließend davon weg (positiver Steineranteil) durchführen,* sonst ist das Ergebnis völliger Kappes!

Da uns als alter Steiner-Anhänger jetzt nichts mehr viel schocken kann, schnell noch einen Steilkurs für Fortgeschrittene:

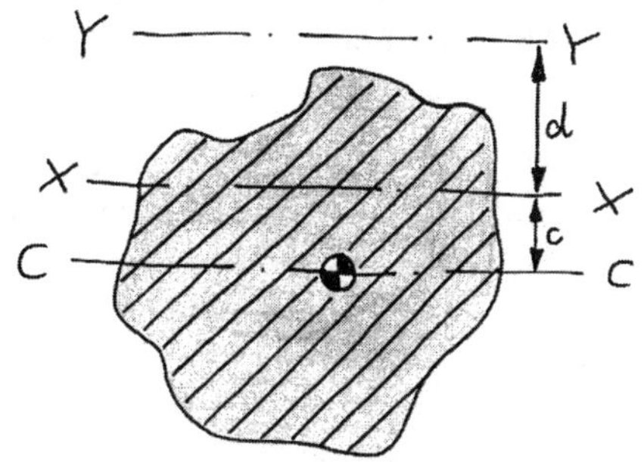


Bild 61: Skizze zum Satz von Steiner

Angenommen, wir kennen das Flächenträgheitsmoment eines Körpers bezüglich der Achse X-X und suchen selbiges bezüglich der Achse Y-Y, vgl. Bild 61.
Herr Dr. Hinrichs hat den Umstand noch immer nicht verarbeitet, als junger Uni-Übungsleiter folgende fehlertriefende Gleichung aufgestellt zu haben und erwacht des Nachts oft schreiend mit furchtbaren unverständlichen Flüchen auf seinen Lippen. Eine entsprechende Therapie lehnt er aber ab.
Die Gleichung lautet:

$$I_{YY} = I_{XX} + A\, d^2 .$$

Tja, wenn Ihr den Fehler nicht erkennt, dann habt auch Ihr eine Kleinigkeit noch nicht begriffen: Wie ein paar Sätze weiter oben kursiv erwähnt, gilt der Satz von Steiner immer nur von einer Achse durch den Schwerpunkt (und zu dieser Achse zurück). Die korrekte Berechnung lautet also:

$$I_{YY} = I_{XX} - A\, c^2 + A\,(c + d)^2 .$$

Und das ist leider etwas anderes als das Ergebnis des ersten stümperhaften Lösungsversuches – ansonsten müßten die Binomischen Formeln neu formuliert werden[26]. Also wichtig: Bei Steiner also *immer* vom Schwerpunkt los- und wegrechnen!

[26] Nur Herr Dr. Romberg könnte mit seiner alten Version der binomischen Formeln weiterarbeiten

So, damit wäre auch das Flächenträgheitsmoment abgehakt und wird im folgenden – wie wohl auch in der Praxis – immer bei den gegebenen Größen auftauchen.

Nun wollen wir aber zu der anfänglichen Fragestellung zurückkehren: Welches sind die Einflußgrößen auf die Durchbiegung eines Trägers?

### 2.5.2 Die Durchbiegung

Die wichtigsten Einflußparameter hat schon Leonardo da Vinci (1452–1519) untersucht:

a) b) c)

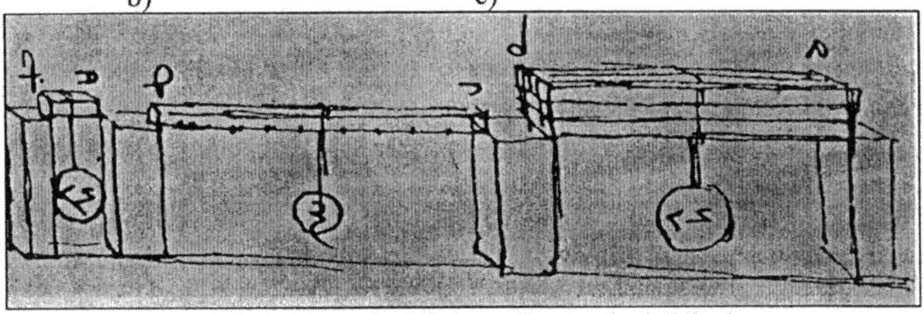

Bild 62: Versuchsskizze von Leonardo da Vinci

Neben dem unterschiedlichen Flächenträgheitsmoment (s. Bild 62 b) und c)) hat Signore da Vinci mit der Länge der belasteten Träger herumexperimentiert. Hierbei ist eigentlich jedermann klar, daß ein langer Balken (Bild 62b)) mit einer Last eine größere Durchbiegung erleidet als ein kurzer Balken (Bild 62a)). Die Balkenbiegung w ist also eine Funktion der Balkenlänge L: $w = f(L)$.

Neben der Länge L und dem Flächenträgheitsmoment J können wir außerdem das uns aus Kap. 2.1 bekannte Elastizitätsmodul als Einflußgröße auf die Durchbiegung eines Trägers festklopfen. In unserem Balkenmodell aus Bild 56 kann E mit der Steifigkeit der Federn verglichen werden. Wir möchten hier ausdrücklich darauf hinweisen, daß es keine weiteren Einflußgrößen auf die Balkenbiegung gibt – auch wenn der Volksmund davon spricht, daß jemand lügt bis sich die Balken biegen!

Die Funktion der Durchbiegung von der Koordinate x des Balkens nennt der Mechaniker auch die Biegelinie. Und wo kriegen wir die Biegelinie her? Wir nehmen uns eine der schönen Tabellen für die Belastungsfälle und lesen für den jeweiligen Belastungsfall alles aus der Tabelle ab, was uns „interessiert“:

**Tabelle**: Lastfälle mit Biegelinien

| Belastungsfall | Gleichung der Biegelinie | Durchbiegung | Neigung |
|---|---|---|---|
| 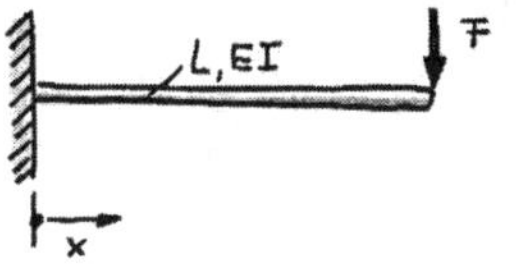  | $w(x) = \frac{F}{6EI} Lx^2\left(3 - \frac{x}{L}\right)$ | $w(L) = \frac{FL^3}{3EI}$ | $\tan\alpha = \frac{FL^2}{2EI}$ |
| 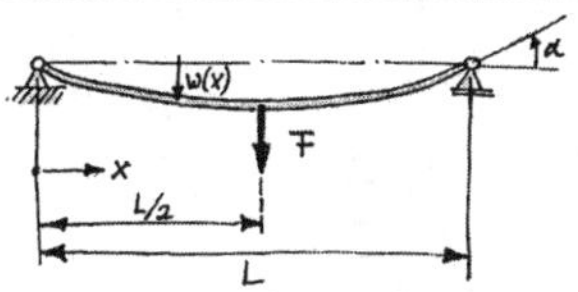  | $w(x<L/2) = \frac{FL^3}{16EI}\left(\frac{x}{L} - \frac{4x^3}{3L^3}\right)$ | $w(L/2) = \frac{FL^3}{48EI}$ | $\tan\alpha = \frac{FL^2}{16EI}$ |

Das ist doch praktisch, oder?

Wie zu erkennen ist, hängen alle Ergebnisse nur von L, EI und natürlich der Last F bzw. der Streckenlast q ab. Und für weitere Belastungsfälle blättere man einmal die schönen Bücher der Literaturliste oder den Dubbel durch. Wir können nun eigentlich mit Hilfe der Tabelle alle möglichen Belastungsfälle zusammenbasteln ... Trotz des scheinbar einfachen Vorgehens durch Abschreiben der Formeln, können hier durchaus knifflige Aufgaben entstehen, s. Kap. 4.2. Aber leider finden wir in den Tabellen der Lehrbücher nicht alle Lastfälle! Hier drängt sich der Verdacht auf, daß derartige Ausnahmen in Prüfungsaufgaben häufiger anzutreffen sind als in der Praxis, wo man als Ingenieur dann wild herumrechnen kann.

Wir wollen im folgenden die Herleitung der Biegelinie aus beliebigen Schnittgrößenverläufen erklären.

**Wem es bis hier schon reicht, der wähle gemeinsam mit Herrn Dr. Romberg die mit**

☺

**kenntlich gemachte Abkürzung zum Kapitel 2.6!**

## 2.5.3 Integration der Biegelinie

Wenn wir noch einmal zu dem Modell von Bild 56 zurückkehren, dann ist uns ja noch von der Statik her klar, daß an jedem dieser kleinen Elemente auf der rechten und linken Seite ein Biegemoment angreift – die Schnittgrößen. Wenn wir nun einmal gedanklich diese kleine Kette in die Hand nehmen, dann können wir die Kette in horizontaler Lage von oben nach unten schieben (Verschiebung w), aber auch geschlossen um einen Winkel gegenüber der Horizontalen neigen (Neigung w′).

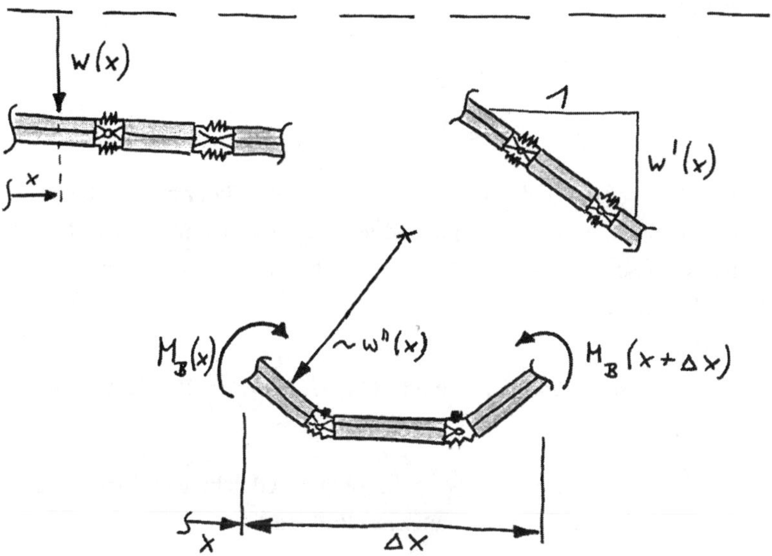


**Bild 63:** Modellbildung zur Durchbiegung eines Balkens

Es besteht die Möglichkeit, die Kette durchzubiegen, indem wir an beiden Enden der Kette die haltenden Hände gegeneinander verdrehen – wir müssen in den Träger ein Biegemoment einleiten. Die Größe dieses Biegemomentes scheint dann proportional zur „Verbiegung" des Trägers zu sein. Den Radius der sich einstellenden Kurvenform beschreibt aber w′′ (die zweite Ableitung nach dem Ort x). Für den gesamten Träger gilt somit

$$w''(x) \sim M_B(x) \quad .$$

Da die für den gefalteten Papierträger hergeleiteten Abhängigkeiten weiterhin gelten müssen, wird wohl auch mit steigendem Elastizitätsmodul E und steigendem Flächenträgheitsmoment I der Radius der sich ergebenden Kurvenform abnehmen. Die vollständige Formel lautet:

$$w''(x) = -\frac{M_B(x)}{EI(x)} \quad .$$

Wenn wir also die Biegelinie w(x) eines Trägers ermitteln wollen, dann müssen wir die bekannte rechten Seite der Gleichung zweimal integrieren und erhalten das gesuchte w(x), also

$$w''(x) = -\int\int\frac{M_B(x)}{EI(x)}dx + C_1,$$

$$w(x) = -\iint\frac{M_B(x)}{EI(x)}dx\,dx + C_1x + C_2 \quad .$$

Schade, daß ihr jetzt nicht Herrn Dr. Hinrichs sehen könnt: einen leicht fiebrig – gierigen Blick, zitternde Hände und vor Geifer Schaum vor dem Mund. Die Formel sieht sehr vielversprechend aus – aber wie damit umgehen? Hier ein kleines Kochrezept:

1) Bestimmung der Schnittgröße $M_B(x)$ (kein Problem nach Kapitel 1)

2) Einsetzen von $M_B(x)$ in obigen Gleichungen und Integration (triviales (?) mathematisches Problem)

3) Aber: woher die Konstanten $C_1$ und $C_2$ nehmen?

Für die Bestimmung von zwei Unbekannten benötigt man immer zwei Gleichungen. Diese erhalten wir aus den *Randbedingungen*. Es gibt geometrische (Position und Neigung/Steigung, Abhängig von den geometrischen Gegebenheiten) und dynamische Bedingungen (Krümmung, Krümmungsänderung). Letztere hängen von den Belastungen ab.

Hierzu einige Beispiele:

| | geometrische Randbedingung | | dynamische Randbedingung | |
|---|---|---|---|---|
| Art der Randbedingung | w | w′ | w′′~M | w′′′~Q |
| 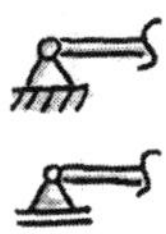 Festlager u. Loslager | 0 | ≠0 | 0 | ≠0 |
|  feste Einspannung | 0 | 0 | ≠0 | ≠0 |
|  freies Balkenende | ≠0 | ≠0 | 0 | 0 |
| 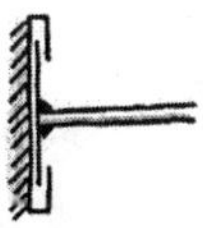 verschiebliche Einspannung | ≠0 | 0 | ≠0 | 0 |

Alles klar? Diese eingetragen Zahlen sollte man ruhig einmal vor Augen führen. Z.B. die feste Einspannung: Wenn der Maurer unseren Träger richtig eingemauert hat, dann sollte er – unabhängig von seiner Last – horizontal aus der Wand kommen (w′=0). Die Wand unter ihm sollte auch nicht nachgeben (w=0). Gehalten wird der Träger von der durch die Wand aufgebrachten Querkraft (Q~w′′′≠0) und das Biegemoment (M~w′′≠0).
Das ganze Vorgehen wollen wir jetzt ausprobieren, um zu kontrollieren, ob die alten Hasen die Biegelinie der Tabelle 3 korrekt angegeben haben.

Die skizzierte Planke (Kragträger mit Länge L, Biegesteifigkeit EI) wird am freien Ende durch die Kraft F (durch Gewicht eines in sehr kurzen Ruhestand versetzten Kapitäns) belastet. Man bestimme die Biegelinie des Trägers, ohne in die Tabelle „Lastfälle mit Biegelinien" zu gucken!

Gegeben: F, L, EI.

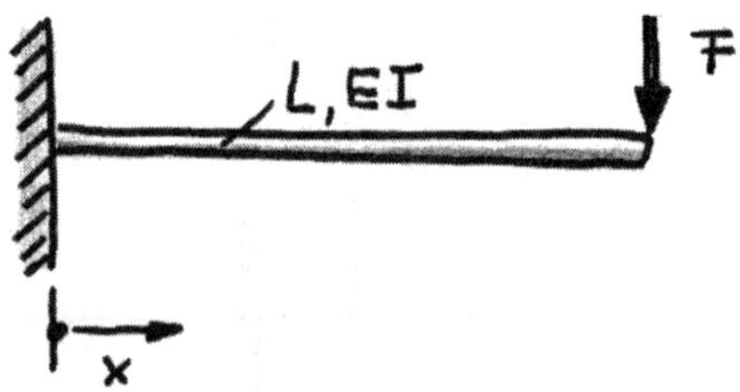


**Bild 64**: Kragträger

Zunächst zu den Schnittgrößen: Es ergibt sich

$$M_B(x) = F\,(x - L) \quad .$$

Die Gleichung für die Biegelinie liefert

$$w'(x) \;=\; \int \frac{F(L-x)}{EI}\,dx + C_1,$$

$$= \frac{1}{EI} F(Lx - x^2/2) + C_1.$$

Aus der Tabelle für die Randbedingungen entnehmen wir

$$w'(0) = 0,$$

also $C_1 = 0$. Die nächste Integration führt auf

$$w(x) = \int w'(x)\,dx + C_2$$
$$= \frac{1}{EI} F(Lx^2/2 - x^3/6) + C_2 \quad .$$

Mit der Tabelle ($w(0) = 0$) folgt $C_2 = 0$ und wir können die Biegelinie für den Belastungsfall 1 angeben:

$$w(x) = \frac{1}{EI} F(Lx^2/2 - x^3/6) \quad , w(L) = \frac{FL^3}{3EI}$$

Wir können also das Ergebnis aus der Tabelle „Lastfälle mit Biegelinien" bestätigen. Das durchgeführte Verfahren kann nun für alle möglichen Momentenverläufe und Randbedingungen durchgeführt werden. Die Terme werden dadurch manchmal länger als bei dem Beispiel, die Integration muß u. U. bereichsweise durchgeführt werden (wenn irgendwo Beanspruchungen eingeleitet werden) oder die Integrationskonstanten fallen nicht zufällig weg, s. Beispielaufgaben im Kapitel 4.2. Das Vorgehen ist aber immer dasselbe wie bei dem Beispiel des Kragträgers.

Der Vollständigkeit halber sei hier noch angemerkt, daß man natürlich auch die Integration für eine Querkraft Q bzw. die Streckenlast q durchführen kann:

$$w'''(x) = -Q(x)/(EI) \quad ,$$
$$w''''(x) = q(x)/(EI) \quad .$$

Allerdings erscheint es uns sinnvoll, bei bekannten Schnittgrößenverläufen ein einheitliches Lösungsverfahren zu wählen. Hier empfehlen wir, alle Aufgaben mit einem Start bei $w''(x) = -M_B(x)/(EI)$ zu lösen.

Wir können jetzt also herrliche, kunstvoll anmutende Biegelinien berechnen. An dieser Stelle aber nochmal zurück zu unseren Spannungen. Nicht nur infolge von Zugkräften oder Wärmedehnungen (Kap. 2.1 f.) kann es zu Spannungen in den Bauteilen kommen, sondern auch im Zusammenhang mit der Biegung.

## 2.5.4 Die Spannung infolge der Biegung

Hier kehren wir mal wieder zu unserem einfachen Modell eines kleinen Balkenstückes zurück: Oberhalb der ungedehnten neutralen Faser werden die Federn zusammengedrückt (Druckspannung), unterhalb dieser werden die Federn auseinandergezogen (Zugspannung).

Da die Spannung für die hier betrachteten Beispiele linear von der Koordinate z abhängt, können wir den Verlauf auch mit der Geradengleichung

$$\sigma(x) = \frac{M_B(x)}{I} z$$

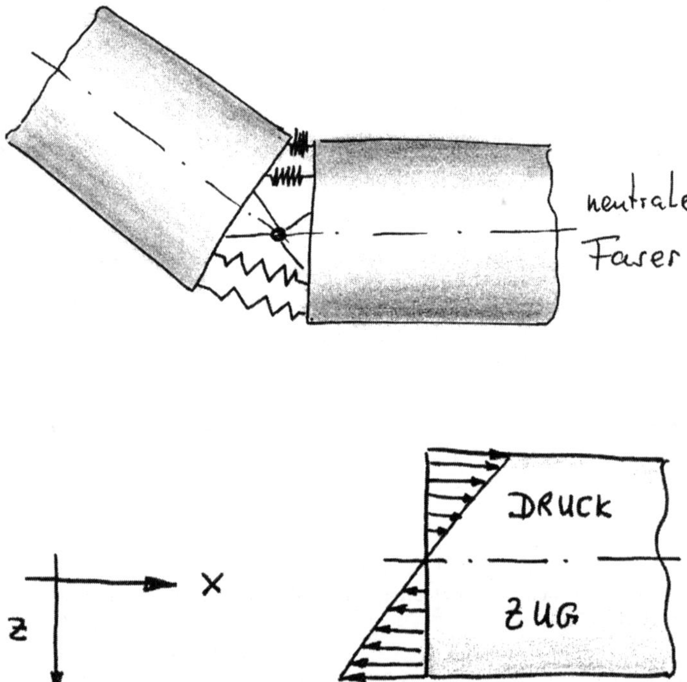


**Bild 65**: Spannungsverteilung

im Biegebalken beschreiben. Wird der Normalkraft nun gleichzeitig eine Normalkraft überlagert, dann addieren wir diese natürlich einfach dazu:

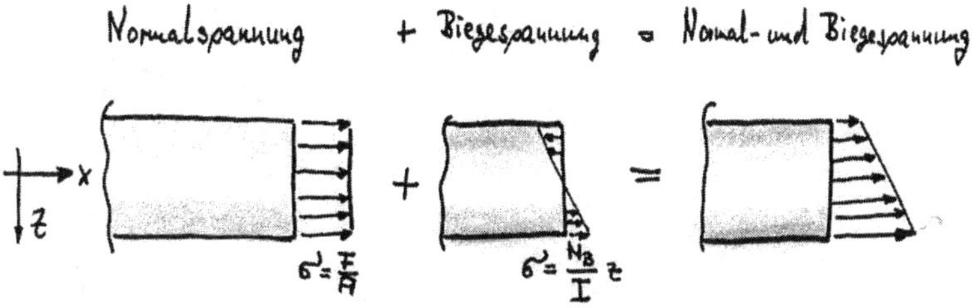


**Bild 66**: Überlagerung einer Normalkraftbelastung mit einer Biegebelastung

Die zugehörige Formel lautet also:

$$\sigma = \frac{N}{A} + \frac{M_B(x)}{I} z \quad .$$

„Noch Fragen, Romberg?“ „Ja, Hinrichs! Wann sind wir mit diesem Mist endlich durch?“

### 2.5.5 Schubspannung infolge einer Querkraft

Das ist ja unglaublich, was bei der Biegung noch so alles passiert. Den nächsten Effekt wollen wir uns für zwei geringfügig unterschiedliche Trägerkonstruktionen überlegen[27].

I)

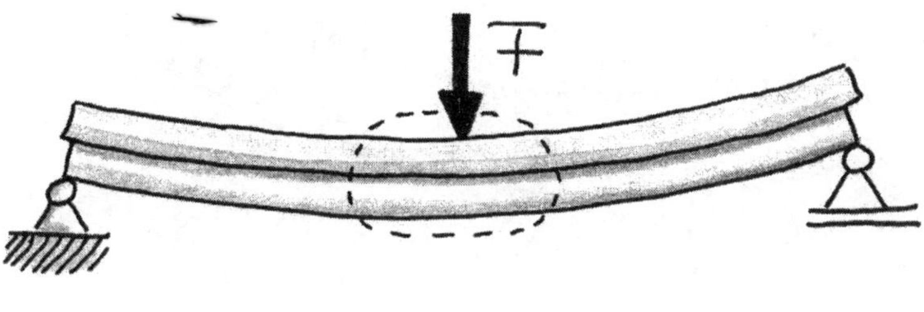


[27] Anmerkung von Herrn Dr. Romberg: „Das interessiert doch keine Sau...“

II)

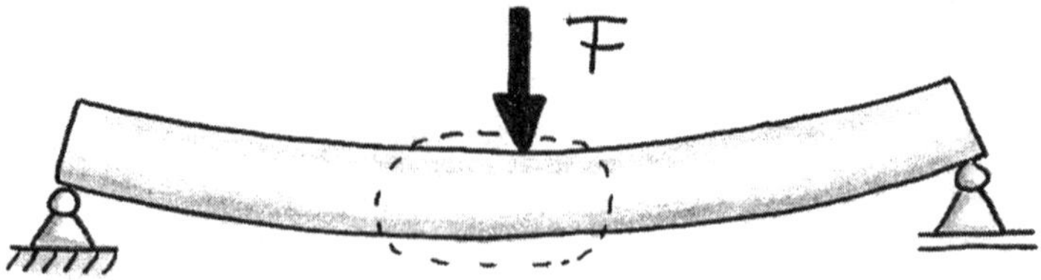


**Bild 67**: Schubspannung infolge einer Querkraft

Im Fall I werden die zwei Flachprofile übereinandergelegt und durch die Kraft F belastet. Natürlich werden infolge der Durchbiegung die Stirnseiten der Flachprofile über den Lagen nicht mehr bündig übereinanderliegen. Anders sieht das Ganze im Fall II aus, wo die beiden Flachprofile miteinander verklebt sind. Infolge der Verklebung der Profiles schließen nun trotz der Verformung die Stirnseiten bündig ab. Denselben Effekt könnte man durch Erhöhung der Reibung zwischen den beiden Körpern erzielen. Wir wollen nun eine kleine Peepshow auf den reibenden Kontakt der beiden biegsamen, geschmeidigen Körper veranstalten: Uuuuaaaaahhhhhhh!

I).

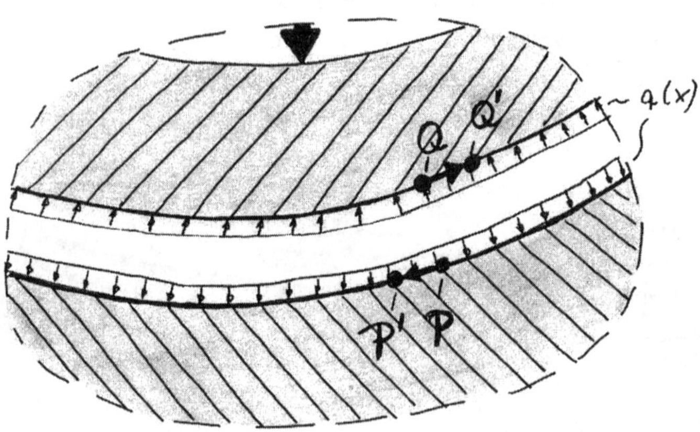

II)

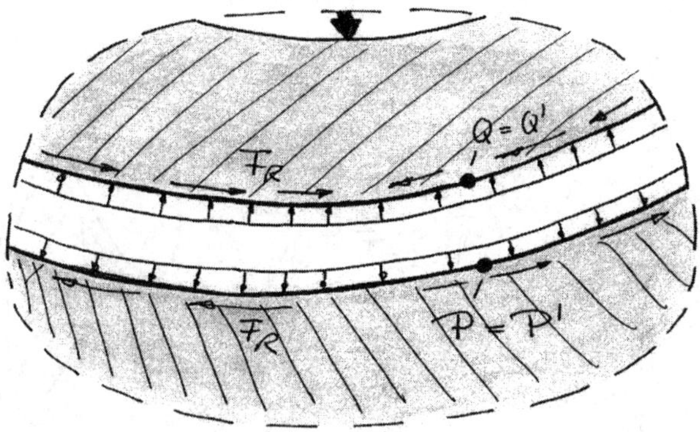


**Bild 68**: Peepshow der elastischen, geschmeidigen Körper

Im Kontaktbereich wirkt im Fall I nur eine mehr oder weniger konstante Streckenlast q(x). Zwei Kontaktpunkte P und Q des unverformten Trägers werden sich bei der Verformung voneinander entfernen. Die Unterseite des oberen Trägers wird ja infolge der Biegespannung verlängert (Q ==> Q′), die Oberseite des anderen Trägers wird infolge der Biegespannung verkürzt (P ==> P′). Durch den Kleber bzw. die Reibung werden aber im zweiten Fall die beiden Punkte P und Q auch bei der Verformung zusammengehalten. Dies geschieht durch die Kraft des Klebers. (Wir haben als überaus leistungsfähigen Klebers bei unseren Experimenten UHU verwendet – wir wissen nicht, ob auch andere Kleber geeignet sind). Da die Kraft des Klebers wie eine große Reibkraft wirkt, haben wir sie mit $F_R$ bezeichnet. Diese Kleberkraft wirkt also der von der Biegung angestrebten Verformung entgegen. In der Kontaktfläche müssen wir dieses Resultat der Biegung dann eine Schubspannung nennen, da die Reibkräfte in Richtung der Fläche wirken. Aber was passiert nun in einem Träger, der dieselben Maße hat wie der Träger II, aber aus einem Stück gefertigt worden ist? Na lego, da passiert natürlich genau dasselbe. Wir halten also fest:

Bei der Biegebeanspruchung kommt es gleichzeitig zu einer Schubspannung. Und diese könne wir mit folgender Formel berechnen:

$$\tau(x,z) = \frac{Q(x)\,S(z)}{I\,b(z)} \quad .$$

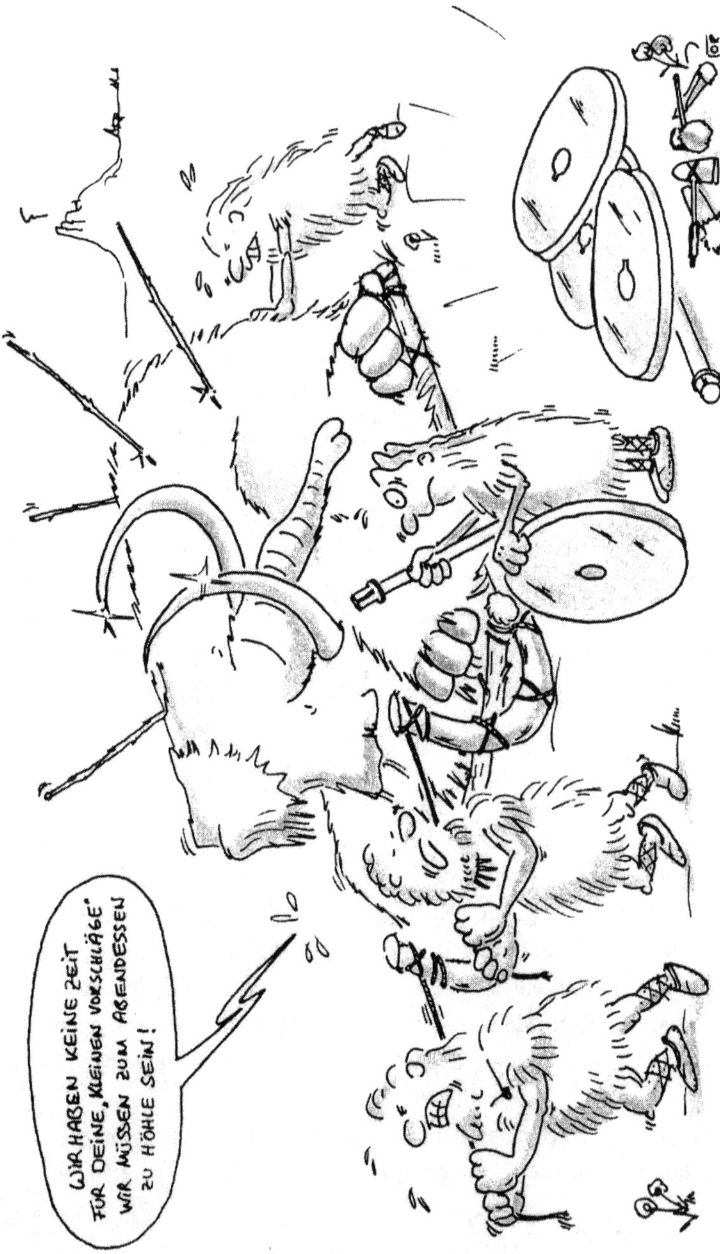
WIR HABEN KEINE ZEIT FÜR DEINE „KLEINEN VORSCHLÄGE" WIR MÜSSEN ZUM ABENDESSEN ZU HÖHLE SEIN!

Diese Formel müßt Ihr uns mal wieder einfach glauben, wenn Ihr mit der Zeit gehen wollt!

Die Schubspannung ist also von der Querkraft Q(x) (und damit von der Ableitung des Biegemoments $M_B(x)$ ) abhängig. Da an der Stelle der Krafteinleitung die Querkraft das Vorzeichen ändert, ändert sich an dieser Stelle auch die Richtung der in der Skizze markierten Reibkräfte $F_R$. Weiterhin hängt die Schubspannung von den ominösen Parametern S(z) und b(z) ab, die wiederum vom Abstand z von der neutralen Faser abhängen. Die Größe b(z) ist dabei ganz einfach zu bestimmen: sie bezeichnet die Breite des Trägers in Abhängigkeit von der Koordinate z. Allerdings greifen wir bei S(z) noch einmal ganz tief in die Trickkiste: S(z) bezeichnet das statische Moment. Na suuuper! Und was ist das?

Hierzu lenken wir das Interesse auf das Profil in Bild 69: Wir wollen S(z) für den Querschnitt an der Stelle $z_0$ bestimmen. Wir brauchen nun die Fläche $A_{rest}$ des unterhalb von $z_0$ liegenden Querschnitts und die Schwerpunktskoordinate $z_{S,rest}$ dieser Fläche. Sodann ergibt sich $S(z) = z_{S,rest} A_{rest}$ .

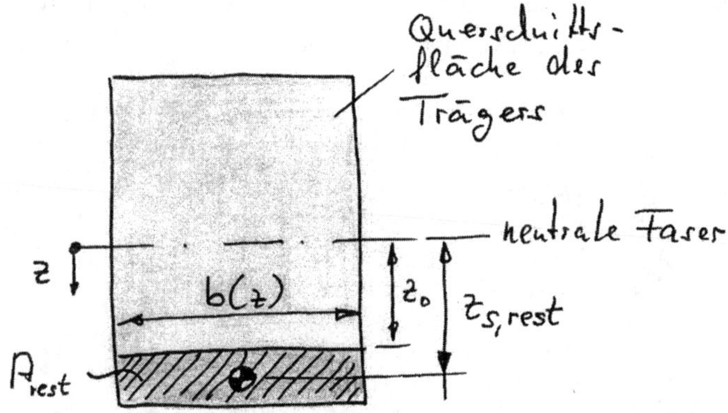


**Bild 69**: Statisches Moment

Für das Rechteckprofil (B∗H) ergibt sich mit

$$z_{S,rest} = z+(H/2-z)/2$$

und $A_{rest} = B(H/2-z)$

also $S(z) = B[z(H/2-z)+(z^2 -Hz+H^2/4)/2]$.

Anmerkung: Wie an dem Beispiel der zwei verklebten Träger klar zu sehen ist, wirkt die berechnete Schubspannung in Balkenlängsrichtung der Klebefläche. Infolge des Satzes der zugeordneten Schubspannungen wirkt dieselbe Schubspannung auch in z-Richtung im Balkenquerschnitt.

Und jetzt für alle Heißdüsen: Beispielsweise bei dem skizzierten offenen U-Profil (Bild 70) wirkt im Querschnitt die skizzierte Schubspannung. Diese bewirkt aber ein Torsionsmoment um den Schwerpunkt der Querschnittsfläche und die Balkenlängsachse, die leider eine Verdrehung der Querschnitte und ein seitliches Auswandern des Profils zur Folge hat. Dieser Effekt kann mit einer Verschiebung der Wirkungslinie der Kraft F um $y_D$ ausgeglichen werden (s. Bild 70). Für alle Interessenten an einer Berechnung derartiger Phänomene möchten wir – um die sicher zahlreichen Nichtinteressenten nicht unnötig nervös zu machen – auf die schönen Bücher im Literaturverzeichnis verweisen. Man suche unter „Schubspannungen in Biegebalken infolge von Querkräften" und „Schubmittelpunkt", z. B. [22], [17], [9], [15], [26: W. Schnell, D. Gross, W. Hauger], [4711: Schneller, Höher, Weiter]. We wish you a nice and pleasant day, have a nice scientific trip!

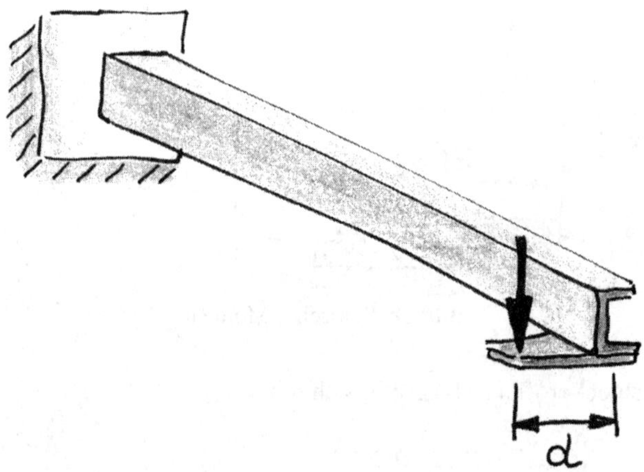


**Bild 70**: Schiefe Biegung in nicht schiefer Ausführung

**Hier geht's weiter:**

☺

## 2.6 Die Wurstformel

Endlich ist der Moment gekommen, an dem Ihr die alte Bockwurst aus dem Kühli holen könnt, wo Ihr sie hoffentlich abgelegt habt. Wir schmeißen das rosarote Ding in kochendes Wasser, bis es platzt. Und siehe da: Die Wurst ist in Längsrichtung aufgeplatzt (in allen anderen Fällen war die Wurst wohl dicker als lang – Ih Gittigitt). Dafür brauchen wir jetzt das richtige Formelwerkzeug.

Man nehme eine Wurst: Die Pelle der Wurst platzt zischend und fettspritzenderweise durch die Ausdehnung des Inhalts. Die Kesselwissenschaft spricht hier von der Pelle mit Innendruck. Die Erfahrung zeigt, daß die Wurst in Längsrichtung aufplatzt – wenn Mutti/Vati nicht vorsorglich die Sollplatzstelle mit der Gabel vorgepiekst hat.

Nun zu technisch anspruchsvolleren Objekten: Der Bierbauch von Herrn Dr. Romberg kann als Kessel (Wandstärke s, Radius R, s<<R) vereinfacht werden.[28] Infolge einer Bier – Druckbetankung wird der Bauch, also der Kessel, mit dem Innendruck $p_i$ beaufschlagt. Was jeder Hobbygriller weiß, benennt der Mechaniker hier wie folgt:

Die Spannung in Längsrichtung, die, nebenbei gesagt

$$\sigma_z = \frac{R(p_i - p_a)}{2s}$$

beträgt, ist halb so groß wie die Spannung in Umfangsrichtung: $\sigma_u = 2\,\sigma_z$

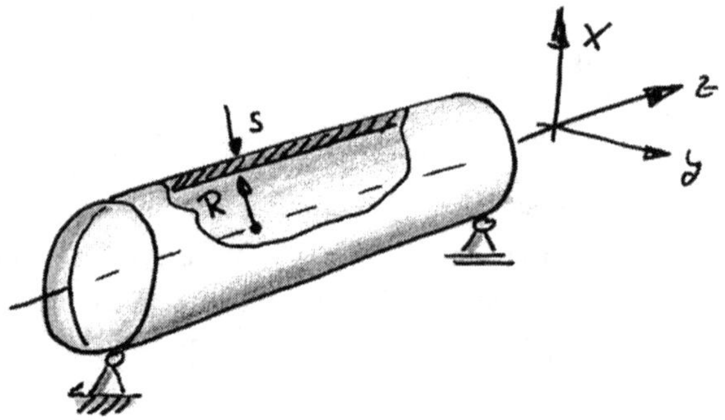


**Bild 71**: Modell des Kessels

Herrn Dr. Rombergs Ende infolge der ständigen Druckbetankungen wird also irgendwann entweder durch ein Versagen der Leber oder einen Längsriß der Bauchdecke durch den Innendruck eingeläutet. That's all, folks!

[28] Allerdings ist die Voraussetzung irgendeiner „Längsrichtung“ wie für einen Kessel für Herrn Dr. Rombergs Plauze eine recht kühne Annahme! Eigentlich sind die folgenden Formeln für Kugeln nicht gültig!

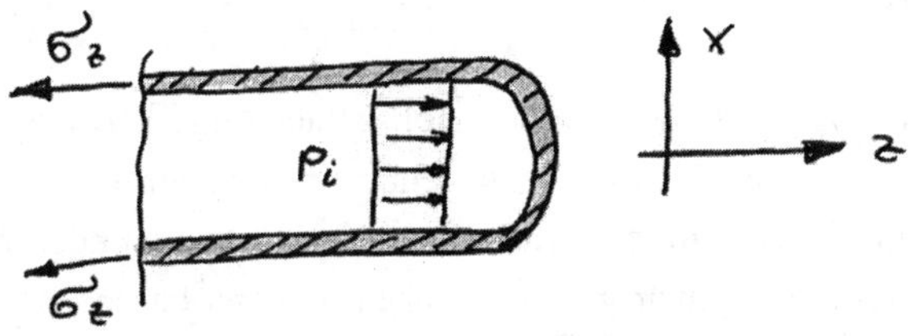


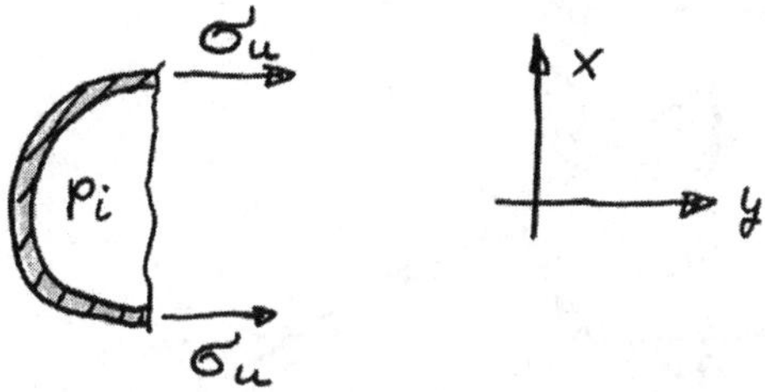


**Bild 72**: Spannungen in der Bauch(kessel)decke von Herrn Dr. Romberg

## 2.7 Torsion

Nun müssen wir uns noch einer völlig neuartigen Beanspruchungsart zuwenden: der Torsion. Als Beispiel hierfür schneiden wir uns aus einer Pappe einen ca. 2 cm breiten Streifen heraus. Wenn wir dann die Enden des Streifens um den Winkel $\Delta\varphi$ gegeneinander verdrehen, ja dann haben wir den Streifen tordiert. Klasse, oder?

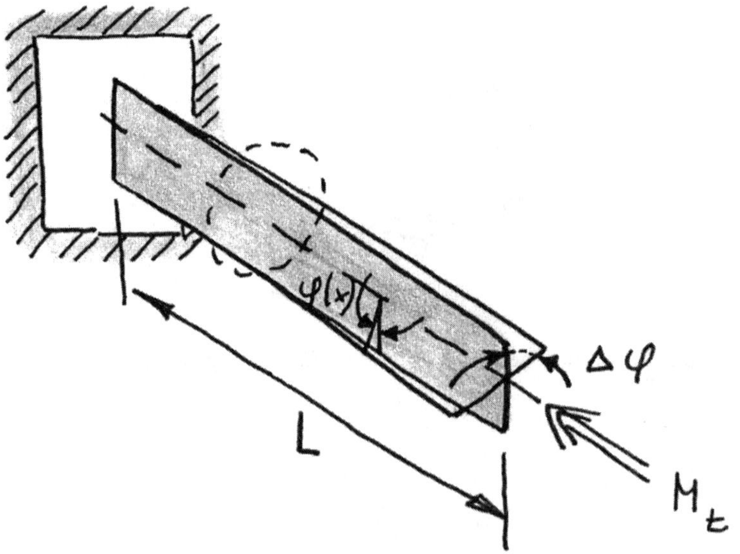


**Bild 73**: Torsion

Ähnlich wie bei dem Biegebalken wollen wir uns ein kleines Element des Pappstreifens basteln, an dem wir die Vorgänge bei der Torsion studieren können.

Man sieht schon an dieser kleinen Skizze, daß in den Querschnitten die Federn seitlich ausgelenkt werden müssen. Die Auswirkung der Torsion ist also eine Schubspannung in den Querschnitten. Diese nimmt von der neutralen

Faser ($\tau$=0) nach außen zu. Die durch ein Torsionsmoment bewirkte Verdrehung der Querschnitte hängt von den folgenden Größen ab:

- von der Steifigkeit der Federn des Modells, also einer Größe ähnlich dem Elastizitätsmodul E, nur für Schub: Schubmodul G,

- vom Abstand der Federn, also vom Abstand der Querschnittsflächen, von der neutralen Faser. Analog zum Flächenträgheitsmodul bei der Biegung können wir hier auch ein Torsionsflächenträgheitsmoment $I_t$ definieren, was auch „Polares Flächenträgheitsmoment“ genannt wird

- von der Länge des Trägers.

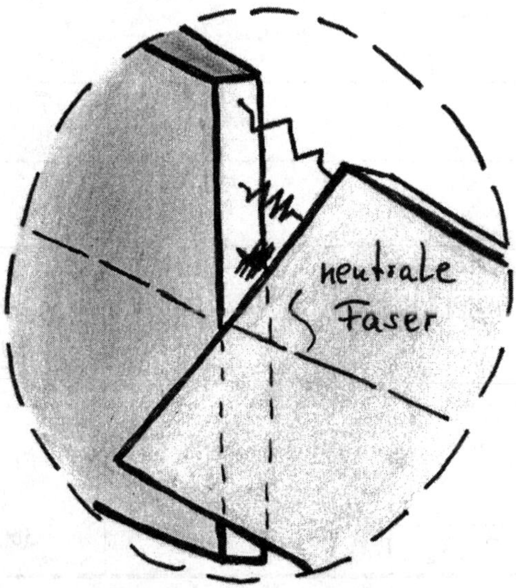


**Bild 74:** Elementmodell für Träger unter Torsionsbelastung

Man kann ja bekanntlich jede Aufgabe lösen, wenn man die richtige Formel hat und der Benutzer richtig mit dieser umgehen kann.

Hier einige Formeln zur Torsion:

| | Kreisprofil (exakte Lösung) | geschlossenes dünnwandiges Profil (Näherungslösung) | offenes dünnwandiges Profil (Näherungslösung) |
|---|---|---|---|
| Beispiel mit zugehöriger Spannungsverteilung | 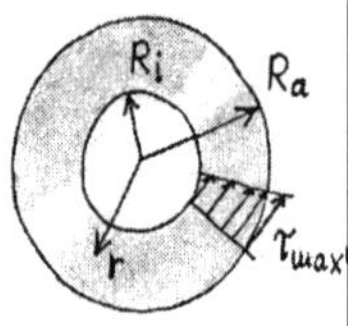  | 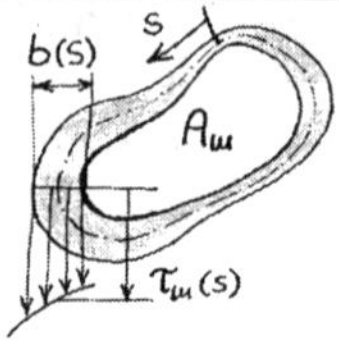  (n stückweise konst. Wandstärken) | 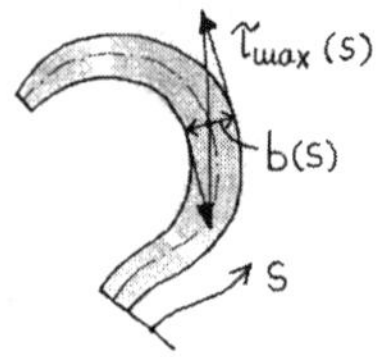  (n stückweise konst. Wandstärken) |
| maximale Schubspannung | $\tau_{max} = \frac{M_t}{W_t}$ | | |
| bei | $r = R_a$ | $b(s) ==> min.$ | bei $b(s) ==> max.$ |
| Verdrillung $\vartheta$ | $\vartheta = \frac{d\varphi}{dx} = \frac{M_t}{GI_t}$ | | |
| Verdrehung $\Delta\varphi$ | $\Delta\varphi = \int_0^L \vartheta(x)dx$ | | |
| Querschnitte, $M_t$, G=konst. | $\Delta\varphi = \frac{M_t L}{GI_t}$ | | |
| Flächenträgheitsmoment $I_t$ | $I_t = \frac{\pi}{2}(R_a^4 - R_i^4)$ | $I_t = \frac{4A_m^2}{\sum_{i=1}^{n} \frac{s_i}{b_i}}$ (2. Bredtsche Formel) | $I_t = \frac{1}{3}\sum_{i=1}^{n} b_i^3 s_i$ |
| Widerstandsmoment $W_t$ | $W_t = \frac{I_t}{R_a} = \frac{\pi}{2R_a(R_a^4 - R_i^4)}$ | $W_t = 2\,A_m\,b_{min}$ (1. Bredtsche Formel) | $W_t = I_t / b_{max} = \frac{1}{3b_{max}}\sum_{i=1}^{n} b_i^3 s_i$ |

Flächenträgheitsmomente und Widerstandsmomente

In dieser Tabelle finden wir alles, was das Herz (bezüglich Torsion) begehrt. Da das wohl nicht so ganz selbsterklärend ist, hierzu jeweils ein Beispiel:

Der fest eingespannte Träger mit kreisförmigem Querschnitt (Länge L, Schubmodul G, Radius r) wird durch ein Torsionsmoment $M_t$ belastet. Man bestimme die Verdrehung $\Delta\varphi$ des Balkenendes.

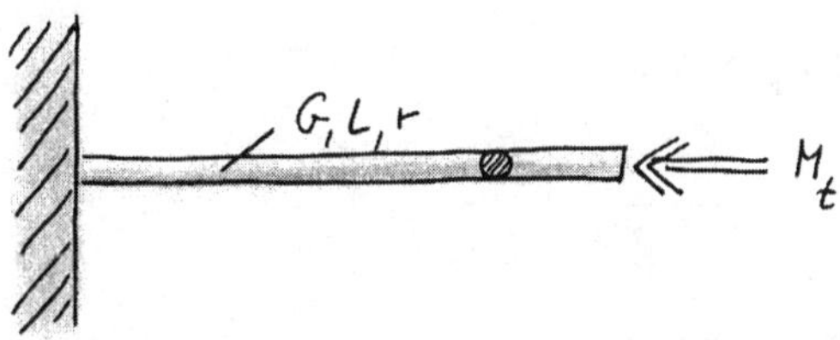


**Bild 75**: Torsion eines Trägers. Gegeben: L, G, $M_t$, r.

Zunächst müssen wir das Torsionsflächenträgheitsmoment $I_t$ bestimmen:

$$I_t = \pi\, r^4/2 \quad .$$

Die Verdrehung ergibt sich dann gemäß

$$\Delta\varphi = \frac{M_t L}{G I_t} = \frac{2 M_t L}{G \pi r^4} \quad .$$

Nun dasselbe nochmal für den skizzierten dünnwandigen Kastenträger mit rechteckigem Querschnitt (Breite B, Höhe H, Wandstärke $t_B$, $t_H$):

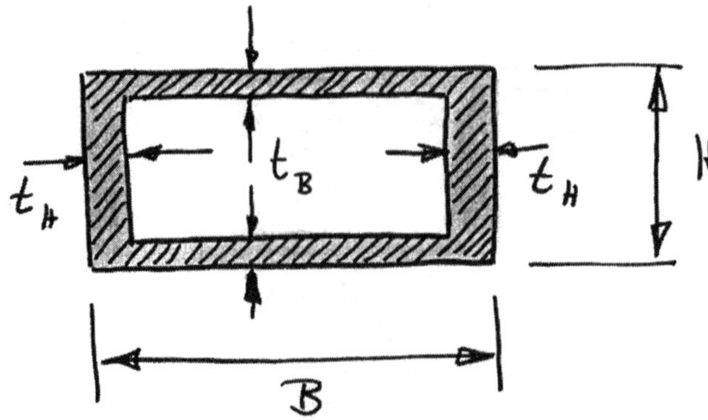


Bild 76: Rechteck-Hohlprofil

Hier benutzen wir „das zweite Brett“! Für das Torsionsflächenträgheitsmoment ergibt sich

$$I_t = 4A_m{}^2 / \sum_{i=1}^{4} \frac{s}{a} = \frac{4\,(BH)^2}{2\left(\frac{B}{t_B}\right) + 2\left(\frac{H}{t_H}\right)} \quad .$$

Die Verdrehung ergibt dann

$$\Delta\varphi = \frac{M_t L}{2B^2H^2}\left[\left(\frac{B}{t_B}\right) + \left(\frac{H}{t_H}\right)\right] \quad .$$

Nun zu einem dritten Profil: Ein dünnwandiges Kreisprofil, welches im Fall a) ungeschlitzt ist und im Fall b) geschlitzt ist. Nun die Preisfrage: Welches Profil wird infolge des Torsionsmomentes mehr verdreht?

Die Praktiker unter Euch werden wohl vermuten, daß das geschlitzte Profil ein „weicheres Verhalten“ zeigt. Mal sehen:

Für das geschlossene dünnwandige Rohr ergibt sich aus der Tabelle

$$I_{t,a} = \frac{4(\pi R_M^2)^2}{\frac{2\pi R_M}{t}} = 2\pi t R_M{}^3 \quad ,$$

das geschlitzte Rohr führt auf

$$I_{t,b} = \frac{1}{3} t^3 2\pi R_M \quad .$$

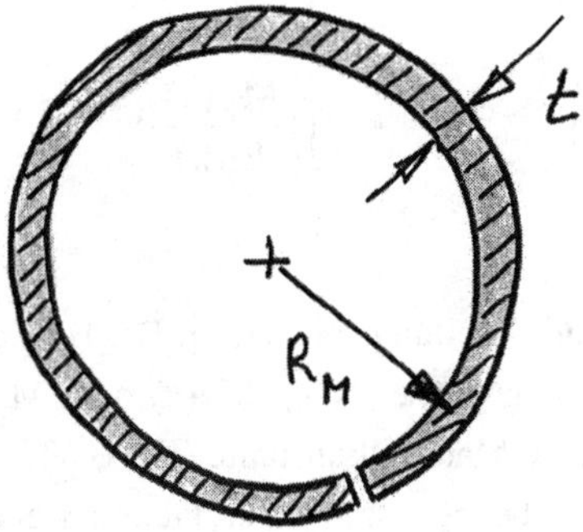


**Bild 77**: Geschlitztes Kreisprofil

Die Verdrehung ergibt sich also zu

$$\Delta\varphi_a = \frac{M_t L}{2\pi G t R_M^3} \quad \text{bzw.} \quad \Delta\varphi_b = \frac{3 M_t L}{2\pi G t^3 R_M} \quad .$$

Interessant ist dann das Ergebnis für das Verhältnis der Verschiebungen:

$$\frac{\Delta\varphi_a}{\Delta\varphi_b} = \frac{t^2}{3R_M^2} \ll 1, \qquad \text{da dünnwandiges Profil, } t \ll R_M.$$

Unsere Berechnungen bestätigen also die oben angeführte Erfahrung der Praktiker. Das soll's dann aber auch gewesen sein bezüglich der Torsion!

Nach diesem erschöpfenden Aufsteig über das schroffe Gelände zu den Höhen der Festigkeitslehre möchten wir nun ein wenig verweilen – wobei Herr Dr. Hinrichs die Zeit nicht ungenutzt verstreichen lassen möchte, sondern den Blick noch einmal über das Erreichte schweifen läßt. Dabei bietet sich ihm das folgende überwältigende Panorama:

$$\text{Dehnung:} \qquad \Delta L = \int \frac{N(x)}{EA(x)} dx$$

$$\text{Torsion:} \qquad \Delta\varphi = \int \frac{M_T(x)}{GI_T(x)}\,dx$$

$$\text{Biegung:} \qquad w' = \int \frac{M_B(x)}{EI(x)}\,dx$$

$$w = \iint \frac{M_B(x)}{EI(x)}\,dx$$

In der so übergeordneten Stellung fällt Herrn Dr. Hinrichs auf, daß im Zähler immer die Beanspruchungsgröße (N(x), $M_T(x)$ oder $M_B(x)$) zu finden ist. Im Nenner taucht zuerst eine Materialkonstante (E, G) auf, dicht gefolgt von einer Kenngröße (A, I, $I_T$), die etwas mit der Geometrie des Querschnittes des malträtierten Seiles, Stabes oder Balkens zu tun hat.

Damit wollen wir es aber zuerst mal bewenden lassen und uns einem Stabilitätsproblem zuwenden:

## 2.8 Kannste Knicken

Man nehme: unser elastische Lineal, stelle es mit der kürzesten Seite auf den Tisch und belaste die gegenüberliegende Seite mit dem Finger.
Wenn das Lineal hundertprozentig genau gefertigt worden ist, der Tisch ideal glatt und eben ist und wir die Kraft hundertfünfprozentig genau in Richtung der Linealachse einleiten ... dann können wir das Lineal drücken, bis wir es unangespitzt in den Tisch pressen.

Die Erfahrung zeigt aber in der Regel, daß zuvor das Lineal nach außen „ausbeult". Ist das Lineal bei kleiner Last noch gerade, dann können wir mit dem Schnippen des Fingers in der Mitte des Lineals ohne Veränderung der Last das Lineal in die ausgeknickte Lage bringen. Aus der ausgeknickten Lage gelingt es uns in der Regel nicht, durch leichtes Schnippen die gerade Ursprungslage des Lineals wiederherzustellen. Der alte Mechanikfuchs sprich hier auch von einem Stabilitätsproblem. Wir haben drei mögliche Positionen des Lineals unter Last:

- das gerade Lineal unter Druckbelastung. Dieser Zustand ist instabil, wie wir durch leichtes Schnippen mit dem Finger feststellen können.
- das seitlich (nach rechts oder links) durchgebogene Lineal.

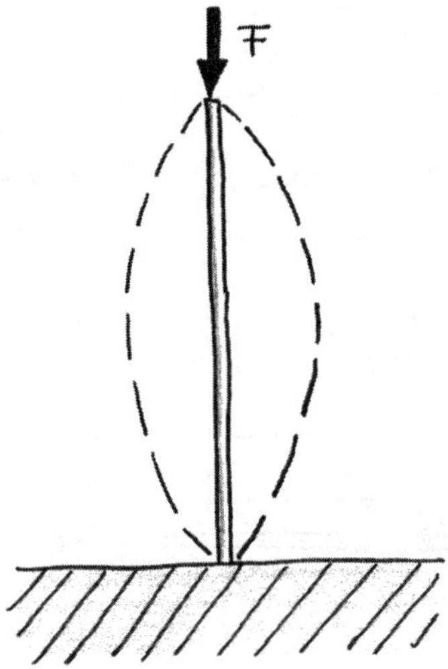


**Bild 78**: Knickung

Diese Zustände bezeichnet man auch als stabil, da sich auch nach einer Störung des Zustandes (leichtes Schnippen mit dem Finger) dieser Zustand erneut einstellt.

Bei der Dimensionierung eines derart beanspruchten Trägers will man in der Regel den etwas unschönen ausgeknickten Zustand vermeiden. Mit der Berechnung dieses Phänomens haben sich schon vor geraumer Zeit die Mechaniker beschäftigt. Die folgende Tabelle ist das Ergebnis ihrer schlaflosen Nächte und alles, was man zum Knicken braucht. Die Schwierigkeit beim Lösen der Aufgaben bzgl. Knickung ist allerdings, den richtigen Lastfall herauszupicken. Kleine Kontrolle: Welcher Lastfall liegt denn bei dem Stuhlbein des Stuhles vor, auf dem Ihr sitzt? Tja, da geht's schon los. Wir haben uns zunächst einmal für den Fall 3 entschieden. Zur Vereinfachung stellen wir uns ein sehr weiches Stuhlbein aus Gummi vor. Der Aufstandspunkt des Stuhlbeines auf dem Boden ist das Loslager, solange das Stuhlbein beim Ausknicken an der ursprünglichen Position haften bleibt!

<table>
<tr><th></th><th>Belastungsfall</th><th>Knicklast $F_{krit}$</th></tr>
<tr><td>1</td><td>
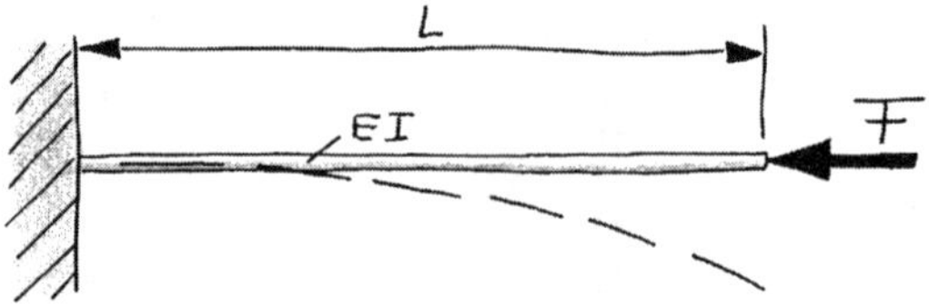

</td><td>$\frac{EI\pi^2}{4L^2}$</td></tr>
<tr><td>2</td><td>
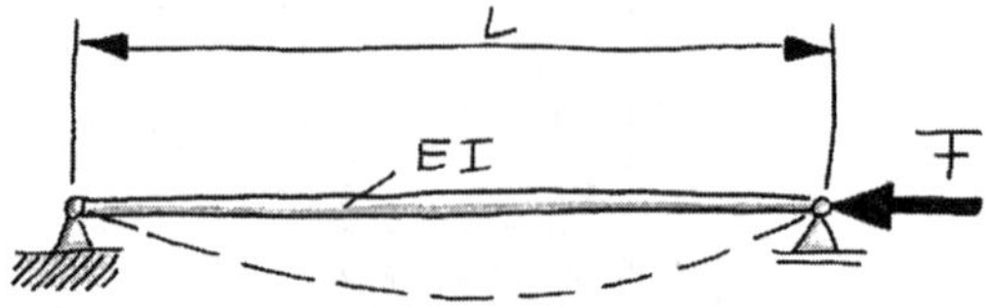

</td><td>$\frac{EI\pi^2}{L^2}$</td></tr>
<tr><td>3</td><td>
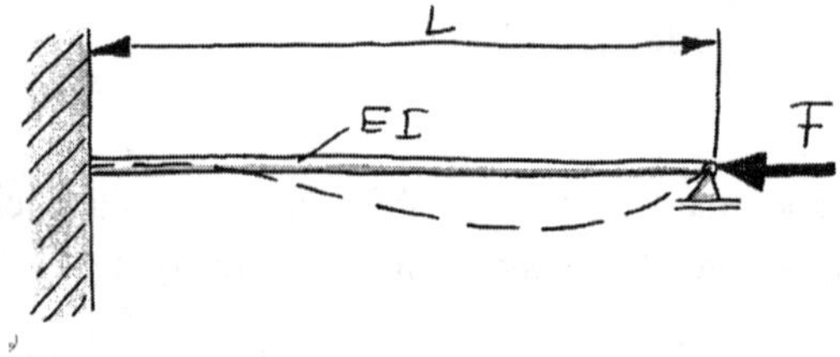

</td><td>$2.0457\frac{EI\pi^2}{L^2}$</td></tr>
<tr><td>4</td><td>
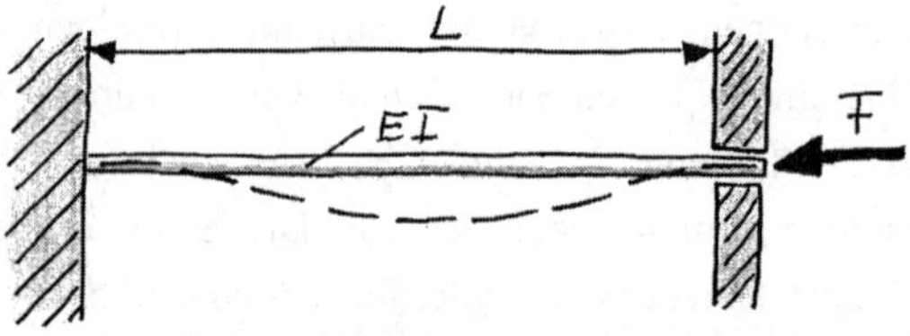

</td><td>$4\frac{EI\pi^2}{L^2}$</td></tr>
</table>

Die Verschieblichkeit des Loslagers deutet an, daß bei der Verformung der Abstand zwischen Sitzfläche und Boden kleiner wird. Rutscht das Stuhlbein bei fehlender Reibung mit dem Boden, z.B. frisch gebohnert, seitlich weg oder verschiebt sich die Sitzfläche horizontal bei festem Berührpunkt des Stuhlbeines mit dem Boden, liegt Fall 1 vor. Das Stuhlbein ist an der Sitzfläche fest eingespannt, d. h. das Stuhlbein kommt auch beim Ausknicken des Beines senkrecht aus der Unterseite der Sitzfläche heraus. Wir hoffen aber, daß bei Euch momentan nirgendwo ein Knickfall vorliegt und daß die Beine Eures Stuhles, Sofas oder Bettes noch mindestens solange halten, bis Ihr auch das letzte Kapitel vor den Aufgaben gelesen habt. Im folgenden wird es dynamisch! Die Dinge fangen an, sich zu bewegen, sich zu drehen, zu gleiten und zu rollen ohne zu rutschen bis auch sie sich in langweiligen Gleichungen verlieren, ohne daß die Autoren etwas dafür können... oder doch?... wir werden sehen...

# 3. Alles in Bewegung: Kinematik und Kinetik

„Je mehr man weiß, desto mehr weiß man auch, was man nicht weiß!“ [frei nach Konfuzius]

Der schon ziemlich schlaue Leser der Kapitel 1und 2 kann nun schon so dolle Dinge wie die Kräfte in starren Körpern berechnen, die sich mit konstanter Geschwindigkeit bewegen. Und den Verformungszustand, der sich irgendwann nach dem Aufbringen einer Last einstellen sollte – natürlich nur im linearen, elastischen Bereich.

Um unser gigantisches Weltverständnis noch weiter aufzublasen, wollen wir uns im folgenden nun auch noch den Bewegungsvorgängen zuwenden. Um die Allgemeingültigkeit nicht zu übertreiben: wir betrachten nur die gleichförmigen, beschleunigten oder verzögerten Bewegungen starrer Körper.

Als Beispiel picken wir uns die Fahrt mit einer Achterbahn heraus (Herr Dr. Romberg kennt sich hier besonders gut aus: immer wieder des nächtens nach ausgiebigem Biergenuß in den „eigenen“ vier Wänden):

Die rasende Fahrt beginnt (1) mit der Anfangssteigung, auf der die Bahn mitsamt ihren Insassen auf die maximale Höhe hinaufgezogen wird. Dann kommt das Spannendste der ganzen Fahrt: Es geht rapide bergab, der Puls steigt, Herr Dr. Hinrichs vor uns beginnt zu kreischen ... fast freier Fall (2)! Dann geht es direkt in den Looping (3). Zuletzt schließen wir die Augen und warten, bis die Bahn auf der Schlußgeraden langsam ausrollt (4). Jetzt kommt der Clou: wir werden jetzt nicht sagen: „Huiii..., super..., gleich nochmal, Schatz?“. Nein,

nein, nein – wir werden uns derartige Gefühlsausbrüche ersparen und statt dessen versuchen, die Fahrt mit unseren wundervollen Formeln auszuwerten. Oh yeah! „That´s pretty cool! Kehä Kehähä“ [Butthead]

## 3.1 Kinematik

(Das kommt von Kino: **K**eine **I**ntelligenten **N**ormalverbraucher, **o**der so ähnlich...)

Zunächst müssen wir die jeweilige Position auf der Achterbahn festlegen. Der Volksmund benutzt dabei unterschiedliche Beschreibungen:

„Kreiiiiiiisch, huuaaaaah“

Hier wird der Wissenschaftler die Höhe H über dem Kassiererhäuschen als Koordinate wählen.

Eine weitere Positionsbestimmung könnte etwa so lauten:

„Ich könnte bereits kotzen, aber wir haben erst die Hälfte geschafft...“

Hier wählen wir die Bahnkoordinate s, also die zurückgelegte Strecke. Oder meint der Leidende die Hälfte der Fahrtzeit? Egal – auch diese können wir zur Beschreibung nutzen. Wir nennen sie t wie tiet (Zeit auf plattdeutsch).

In der Kurve können wir dann – ganz umständlich – den Winkel $\varphi$ zum Mittelpunkt der Kurve als Koordinate wählen. Die unterschiedlichen Beschreibungsformen und die verwendeten Variablen sind ineinander überführbar: der zurückgelegte Kreisbogen s läßt sich beispielsweise über $s = \varphi R$ berechnen. Hat sich also z. B. ein Fahrradreifen (Radius R) dreimal gedreht ($3 \times 360° \cong 3 \times 2\pi$), dann haben wir die Strecke $3 \times 2\pi \times R$ zurückgelegt.

Zur weiteren Verkomplizierung wird dann oft noch wie wild gemixt zwischen den einzelnen Koordinaten a, H, $\varphi$, s, t und den Zeitableitungen, z. B. die Geschwindigkeit $v = \dot{s}$ und die Beschleunigung $a = \ddot{s}$. Dieses naheliegende Vorgehen, nämlich die Position mit Hilfe einer beliebigen Koordinate zu bezeichnen, wird geheimnisvoll auch als Kinematik bezeichnet. Offiziellere Definitionen lauten dann etwa so:

Die Kinematik ist die Lehre vom geometrischen und zeitlichen Bewegungsablauf

Wichtig hierbei ist, daß für alle Überlegungen zur Kinematik keine Kenntnisse über die Kräfte nötig sind. Also, hier können alle Statik- und Festigkeitslehre-Aussteiger ein rauschendes Comeback versuchen!!!!

Ganz gewiefte Mechaniker steigen in waaghalsigen Manövern noch auf Polar- oder Zylinderkoordinaten um – angeblich vereinfacht das die Sache ungemein.

Zunächst einmal wollen wir aber die unterschiedlichen Beschreibungsgrößen festlegen:

### 3.1.1. Das „Huh is Huh“ der Kinematik: Variablen zur Beschreibung

Keine Probleme bereitet uns die Höhe H – damit weiß eigentlich jedermann gut umzugehen (nur Herr Dr. Romberg ist manchmal nicht so ganz auf der Höhe). Ähnlich verwenden wir die Strecke x, die wir zur Beschreibung der zurückgelegten Entfernung einer geradlinigen Bewegung verwenden wollen. Also sozusagen „Luftlinie“. Eine derartige Bewegung nennen wir dann auch *translatorisch.*

Dann brauchen wir noch das Gegenstück zur translatorischen Bewegung: eine Rotation. Wir sprechen dann auch von einer *rotatorischen* Bewegung, ist eigentlich ganz logisch, oder? Zur Beschreibung verwenden wir dann einen Drehwinkel φ.[29]

Zur Beschreibung einer allgemeinen Bewegung brauchen wir also Koordinaten für die Translation (x, y, H, s, ...) sowie zur Beschreibung der Rotation (Punkt / Mittelachse, um den gedreht wird, Drehwinkel φ und Radius R).

Reicht das, um die Bewegung eindeutig zu beschreiben?

Hier möchten wir uns einmal kurz in ein Gespräch von zwei muskelbepackten, sonnengebräunten Typen an der Theke einklinken:

„Mein Schlitten ist in 17,5 Minuten 58,3 Kilometer gefahren!“ „Dann warst Du also das Verkehrshindernis ... Ich habe in 2 Stunden und 11 Minuten 436,6 Kilometer zurückgelegt“ Da fragt Mann sich doch sofort ... wer war denn eigentlich schneller? Und richtig, das Gespräch läuft normalerweise auch anders:

---

[29] Herr Dr. Hinrichs besteht an dieser Stelle darauf, den Hinweis zu geben, daß man jede geradlinige Bewegung als Rotation um einen Punkt auffassen kann, der in unendlicher Entfernung im Weltall liegt - wir danken Ihm ausdrücklich für diesen wichtigen Hinweis!

„Meine Kiste fährt 200 Kilometer pro Stunde" „Ach, meine auch. Dann hast Du also auch den neuen *Audi* ?" (Herr Dr. Hinrichs, das bringt Kohle... !) Man verwendet also eine bezogene Größe – die zurückgelegte Strecke pro Zeit–, die Geschwindigkeit v, Einheit m/s (den Buchstaben v müßt ihr mal ungefähr 10 Sekunden lang gedehnt aussprechen, dann wißt ihr, warum er für die Geschwindigkeit verwendet wird!). ((Für Herrn Dr. Romberg hört sich das eher nach einem verzweifelten motorisierten Versuch einer Geschwindigkeitsänderung von v = 0 nach v > 0 an: "vauhvauhvauhvauhvauh-vauh... hä?"))

Und dann kann Mann noch damit prahlen, was MännIn kürzlich an der Ampel doch für einen heißen Reifen gefahren ist. „In fünf Sekunden war ich auf achtzig Sachen" hört man dann beispielsweise. Wenn Mann dann selber etwas nachrüsten möchte, liest man in den Autokatalogen leider nur die Zeiten für die Beschleunigung von 0 auf 100 Kilometer pro Stunde (wofür eigentlich: an der Ampel? Auf der Autobahn nach Auflösung des Staus?). Die wissenschaftliche Lösung in diesem Dilemma liefert hier die Beschleunigung a, die als bezogene Größe die Geschwindigkeitsänderung pro Zeit darstellt, Einheit $\Delta v/t = m/s^2$ (der Buchstabe ahh beschreibt die bewundernden Aussprüche der beobachtenden Fußgänger bei einem der beschriebenen Anfahrvorgänge).

Ähnliches gilt natürlich auch für den Drehwinkel... Hier gibt es analog die Winkelgeschwindigkeit $\dot{\varphi} = \omega$ oder $\Omega$ (beides ein griechisches w, das letzte Zeichen wird ja in der Antike auch für das tragische Ende gewählt, welches viele Studenten in der Mechanik finden) und die Winkelbeschleunigung $\ddot{\varphi}$.

### 3.1.2 Einige Beispiele für die Kinematik

Das Herstellen der Beziehungen zwischen den einzelnen Koordinaten (und ihren Ableitungen) können wir am Besten an einigen ganz verzwickten Beispielen üben:

1) ein Zylinder, der auf einer ortsfesten Unterlage rollt, ohne zu rutschen (gewählte Koordinaten: Bewegung x des Schwerpunktes und Drehwinkel $\varphi$ des Zylinders)

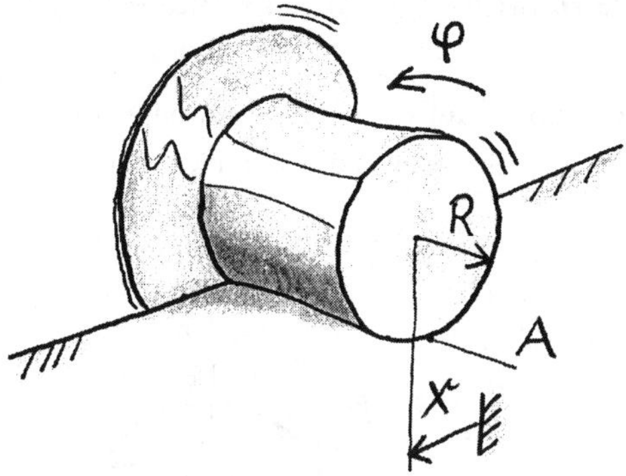


**Bild 79**: Rollender Zylinder

Hier stecken schon einige hinterhältige Überlegungen drin. Der Zylinder berührt ja die feste Unterlage auf der Linie A. Wenn der Zylinder an der Unterlage haftet – also rollt, ohne zu rutschen, dann muß der Zylinder im Berührpunkt die Geschwindigkeit Null besitzen. Tricky, oder?

Wenn wir also zu einem beliebigen Zeitpunkt einen Schnappschuß des rollenden, nicht rutschenden Zylinders angucken, dann bewegt sich der Zylinder also um diesen Punkt A. Der Schwerpunkt bewegt sich dann für den betrachteten Zeitpunkt auf einer Kreisbahn um den Punkt A! Wer das nicht glauben möchte, der sollte noch einmal zu 1), s.o., zurückkehren oder einfach den folgenden Satz auswendig lernen:

**Wenn ein Körper rollt, ohne zu rutschen, dann ist der Berührpunkt des Körpers mit der (unbewegten) Unterlage in Ruhe und der Mittelpunkt des Körpers bewegt sich (für diesen Moment) auf einer Kreisbahn um den Berührpunkt!**

Das gilt natürlich *nur genau für den Moment* unserer Betrachtung. Ganz allgemein gilt aber, daß der Abrollweg und damit die zurückgelegte Strecke des Zylinders $x = R\ \varphi$ ist. Und dann ist $x = R\ \varphi$ auch der Kreisbogen durch den Körpermittelpunkt und den Berührpunkt. Natürlich gilt auch entsprechend $\dot{x} = R\dot{\varphi}$. Für die ~~ganz Doofen:~~ Neulinge: der Punkt über einer Koordinate die zeitliche Ableitung. Also nochmal:

**Abrollweg(=x) = Abrollwinkel(=φ) × Abrollradius(=R) .**

2) der rollende Zylinder auf dem Band (gewählte Koordinaten: Bewegung x des Schwerpunktes, Drehwinkel φ des Zylinders und Bewegung y des Bandes)

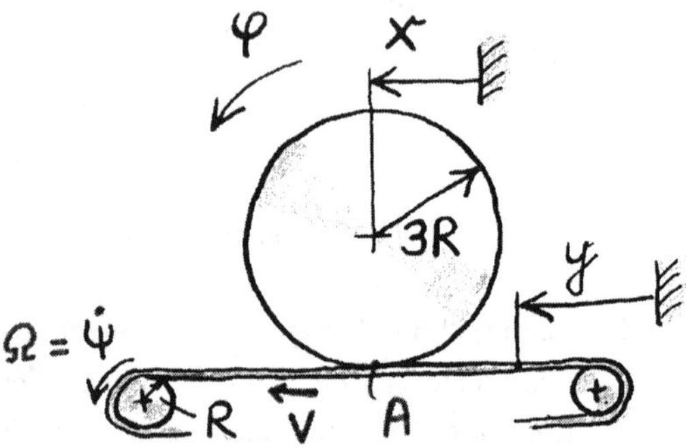


**Bild 80**: Rollender Zylinder auf Band

Bei den antreibenden Rädern haben wir die Rotation ja durch ein ω für die Winkelgeschwindigkeit angedeutet. Fangen wir aber zunächst mit dem Drehwinkel ψ an. Drehen wir das Antriebsrad um den Winkel ψ, dann wird sich das Band um y = ψR verschieben. Bilden wir dann die Zeitableitung dieser Beziehung, ergibt sich $\dot{y} = R\dot{\psi}$. Die Ableitung des Drehwinkels ergibt aber gerade die Winkelgeschwindigkeit, $\dot{\psi} = \Omega$, so daß $\dot{y} = R\Omega$ folgt. Um jetzt noch den rollenden Zylinder ins Spiel zu bringen, benutzt man am Besten einen Trick: wir betrachten zuerst zwei Sonderfälle, in denen wir die ja offensichtlichen unterschiedlichen Bewegungen trennen:

a) Der Zylinder soll mit dem Band mitfahren, also sich nicht drehen ($\varphi = \dot{\varphi} = 0$). Für diesen Sonderfall sieht man sofort, daß für die Geschwindigkeiten $\dot{x} = \dot{y} = R\Omega$ gelten muß.

b) Das Band steht still, aber der Zylinder rollt ($\dot{y} = R\Omega = 0,\ \dot{\varphi} \neq 0$). Das ist aber der Fall, den wir schon aus Beispiel 1) kennen. Es ergibt sich $\dot{x} = 3R\dot{\varphi}$. Beide Fälle zusammen ergeben dann ... $\dot{x} = \dot{y} + 3R\dot{\varphi} = R(\Omega + 3\dot{\varphi})$

3) der Seilzug:

An der Seilrolle (Bild 81) hängt ein Klotz, Masse m. Die Seilenden werden um x und y verschoben. Bestimmen Sie φ und z!

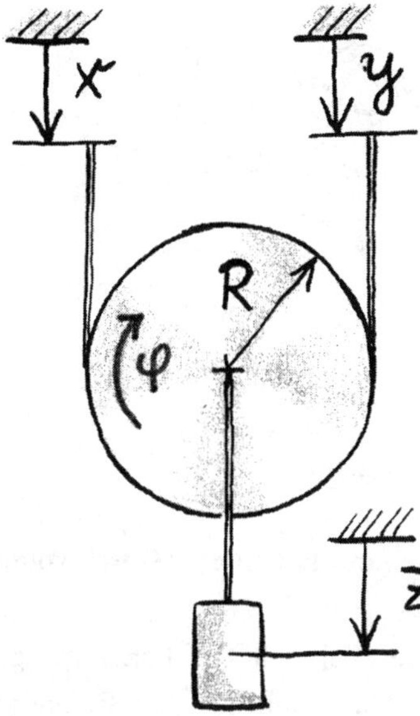


**Bild 81**: Seilzug

Vielleicht seht ihr ja sofort eine kinematische Beziehung: $z = (x+y)/2$. Wir wollen hier aber einen etwas formaleren Weg einschlagen: Wir teilen die Bewegung wieder in zwei Sonderfälle auf:

a) $x = 0$. Nun haben wir aber eigentlich wieder den Fall eines rollenden Rades. Die Rolle rollt ohne zu rutschen auf dem Faden x ab. Es gilt also $z = R\varphi$, $y = 2R\varphi$, also $z=y/2$.

b) $y=0$. Nun das Ganze umgekehrt. $z = -R\varphi$, $x = -2R\varphi$, also $z = x/2$.

Die Überlagerung der beiden Bewegungsformen zeigt dann $z = (x+y)/2$ und $\varphi = (y-x)/2R$. So hinterhältig kann die Kinematik sein!

### 3.1.3 Spezielle Bewegungen:

#### 3.1.3.1. Kreisbewegung mit konstanter Geschwindigkeit

Hier wählen wir als Beispiel nicht den Lernvorgang, bei dem man sich ja oft auch im Kreise dreht (Das kennt Herr Dr. Romberg zur Genüge – Herr Dr. Hinrichs ist nach eigener Aussage ein Anhänger des translatorischen Lernens).

Wir kehren zu unserer Achterbahn zurück und betrachten mal den abgebildeten Looping. Wir machen hier etwas ganz neues: Wir treffen zuerst mal eine Annahme, die mit der Realität nichts zu tun hat. Wir nehmen an, daß wir mit konstanter Geschwindigkeit v durch den Looping fahren. Im Beschleunigungsrausch einer Luxusachterbahn mit mehreren Loopings werdet Ihr beobachten, daß bei gleicher Anfangsgeschwindigkeit das Durchfahren des größeren Loopings sehr viel länger dauert als das des kleineren. In beiden Fällen muß um den Mittelpunkt des Loopings ein Winkel von 360° umfahren werden. Ergo ist die Winkelgeschwindigkeit $\omega$ für den größeren Looping kleiner, oder? Diesen Zusammenhang fassen wir mittels folgender Formel zusammen:

$$v = \omega R \quad .$$

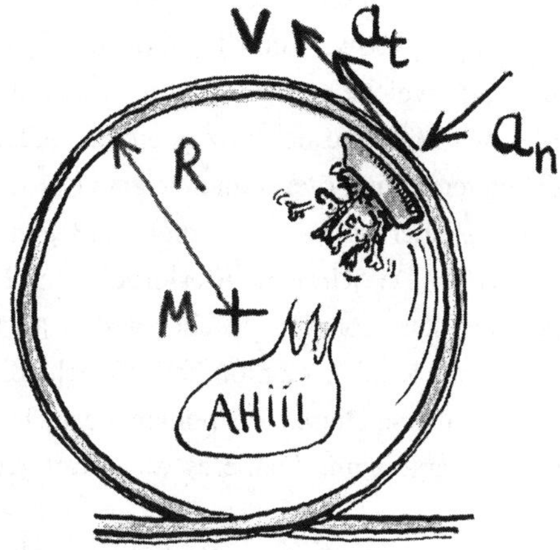


**Bild 82**: Beschleunigung bei Kreisfahrt

Wenn wir – ohne selbst Insassen des Wagens zu sein – mal ein Schienenstück des Loopings entfernen, dann wird natürlich die nächste Fuhre eine leicht geänderte Fahrtroute durchlaufen: ohne das Schienenstück wird der Wagen nicht dem Looping folgen, sondern tangential aus der Kurve herausgeschossen.

Umgekehrt kann man natürlich aus dieser rein akademischen (!) Überlegung heraus schließen, daß beim Vorhandensein einer Schiene die Bahn des Wagens durch die Schiene in Richtung der Kreisbahn „umgebogen" werden muß. Anders gesagt hat die Bahngeschwindigkeit des Wagens in jedem Punkt des Loopings eine andere Richtung. Die Richtung des Geschwindigkeitsvektors, der immer tangential an die Kreisbewegung ausgerichtet ist, wird also dauernd geändert. Und dieses „Umbiegen" führt zu jedem Zeitpunkt zu einer *radialen Geschwindigkeitsänderung* $a_n$, die auch „Zentripetalbeschleunigung" genannt wird. *Zu jedem Zeitpunkt ändert sich die radiale Geschwindigkeitskomponente des Wagens in Richtung des Kreismittelpunktes* mit der Geschwindigkeitsänderung (Beschleuniung) $a_n$. Diese Zentripetalbeschleunigung beträgt

$$a_n = \frac{v^2}{R} = R\omega^2 \quad ,$$

ist also quadratisch von der Geschwindigkeit abhängig, mit der der Looping durchfahren wird.

Da drängt sich einem aber gleich die Frage nach der Zentrifugalbeschleunigung bzw. Zentrifugalkraft auf. Damit bezeichnet der Volksmund die Kraft, welche uns im Looping auf den Sitz preßt. Streng genommen werden wir nicht auf den Sitz gepreßt, sondern der Sitz wird unter unserem „Gesäß" unverschämterweise in eine andere Richtung gelenkt. Unsere Masse möchte aber lieber ruhen bzw. hier eine gleichförmige Bewegung ausführen. *Sie ist träge.* Das Umlenken erfordert eine Kraft, die wir spüren. Wenn der Wagen aus dem Looping geschleudert wird, also geradeaus fliegt, dann verschwindet diese Kraft ganz plötzlich. Ursache dieser Kraft ist also die Trägheit unseres Kadavers. Dieses Phänomen bezeichnet Herr Dr. Hinrichs gerne als Jahrmarkt-Paradoxon. (Näheres zu derartigen Trägheitskräften s. Kap. 3.3)

Das ist dann auch schon alles zur gleichförmigen Kreisbewegung ... aber ihr werdet jetzt natürlich sofort meckern, daß der Wagen im Looping ja nicht angetrieben wird und aus bis zu dieser Seite unerklärlichen Gründen ja wohl mit zunehmender Höhe im Looping langsamer wird. Richtig, richtig! Wir kommen also zur allgemeinen Kreisbewegung:

### 3.1.3.2 Kreisbewegung mit veränderlicher Geschwindigkeit

Im Fall der Kreisbewegung mit veränderlicher Geschwindigkeit muß natürlich der Wagen immer noch in Richtung des Kreismittelpunktes beschleunigt werden, damit er nicht aus der Bahn ausbricht. Es gilt also immer noch

$$v = \omega R, \qquad a_n = \frac{v^2}{R} = R\omega^2 .$$

Wenn sich die Geschwindigkeit des Wagens ändert, hat dies aber auch eine Änderung der Winkelgeschwindigkeit $\omega$ zur Folge. Tangential zu Kreisbahn wird der Wagen also zusätzlich noch beschleunigt oder gebremst. Die Tangentialbeschleunigung $a_t$ beträgt

$$a_t = \dot{v} = R\,\ddot{\varphi} = R\,\dot{\omega} \quad .$$

Diese beiden Beschleunigungskomponenten können genau wie die Kraft vektoriell addiert werden und geben damit eine resultierende Beschleunigung a:

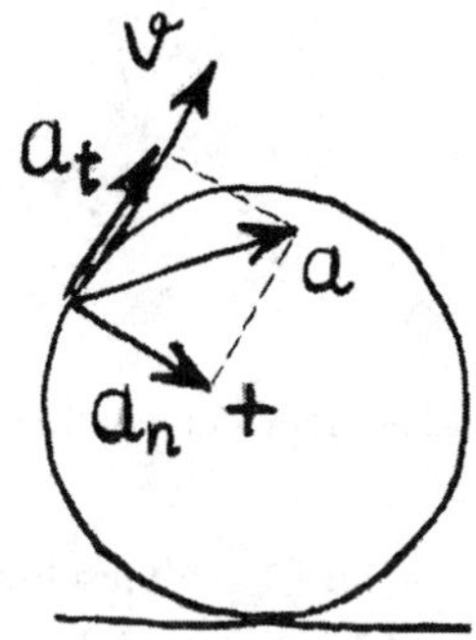


**Bild 83**: Beschleunigung bei Kreisfahrt

### 3.1.4 Der Momentanpol

Für unser Fahrvergnügen ist es ziemlich egal, ob wir uns im Wagen durch den Looping bewegen oder ob wir den Wagen an einem Riesenrad mit dem Radius des Loopings anschweißen und das Riesenrad mit der berechneten Winkelgeschwindigkeit ω antreiben. Man kann also die Bewegung im Looping als eine Rotation um die Achse des Riesenrades oder den Mittelpunkt des Loopings betrachten. Dies läßt sich auf beliebige Bewegungen verallgemeinern:

*Jede Bewegung läßt sich als Rotation um einen Punkt auffassen.*

Natürlich ist bei der skizzierten allgemeinen Bewegung der Mittelpunkt nicht raumfest wie beim Riesenrad, sondern wandert entlang einer Kurve. Auch der passende Radius R(t) ist eine Funktion der Zeit. Wie zuvor beschrieben, ergibt sich zu dem betrachteten Zeitpunkt dieselbe Bewegung, wenn wir den bewegten Körper am Rand einer Kreisscheibe mit dem Radius R und dem Mittelpunkt M verschweißen. Die Geschwindigkeit eines Kreiselements nimmt aber wie skizziert in Richtung des Kreismittelpunktes linear ab.

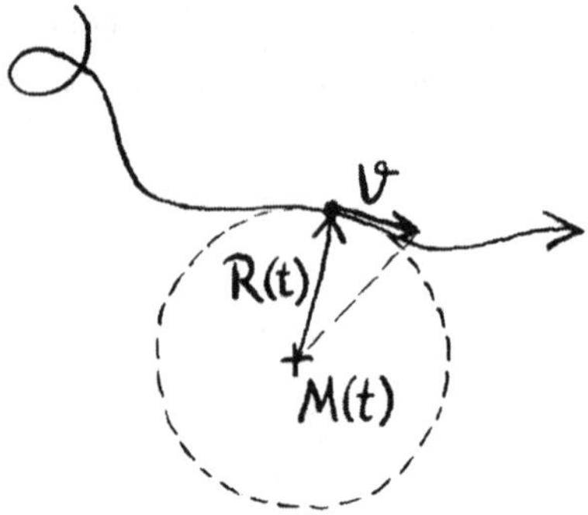


**Bild 84**: Bahnkurve mit Momentanpol

Im Mittelpunkt der Kreisscheibe ist die Geschwindigkeit Null. Diesen Punkt nennen wir im folgenden den Momentanpol der Bewegung!

**Ein Momentanpol einer Bewegung ist der Punkt eines Körpers, der für den Zeitpunkt unserer Betrachtung in Ruhe ist und um den der Körper zu diesem Zeitpunkt rotiert.**

Wie in unserem Beispiel mit der Achterbahn muß dieser Momentanpol nicht ein Punkt innerhalb des bewegten Körpers sein.
Betrachten wir nun einmal einen beliebigen Körper, der um seinen Momentanpol Q rotiert:

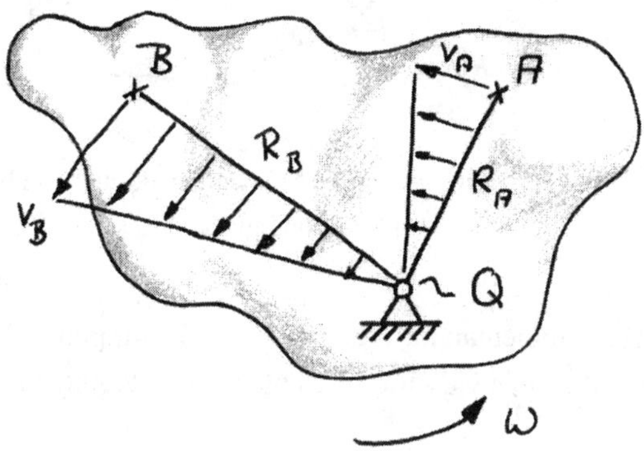


**Bild 85**: Geschwindigkeitsprofil eines rotierenden starren Körpers

Von der Kreisbewegung wissen wir, daß sich die Geschwindigkeiten der Körperpunkte A und B wie folgt ergeben:

$$v_A = R_A\,\omega, \qquad v_B = R_B\,\omega \quad .$$

Auffällig ist außerdem, daß alle Geschwindigkeiten des Körpers senkrecht auf der Verbindungsgeraden AQ bzw. BQ stehen. Das muß auch so sein, da sich – wenn dies nicht so wäre – der Abstand von A und Q ändern würde. Das würde aber bedeuten, daß der Körper auseinanderreißt.
Oftmals ist aber die Aufgabenstellung umgekehrt: Für eine vorgegebene Bahn, also z.B. unsere Achterbahn, ist der Momentanpol Q(t) gesucht.

Wir basteln uns aus den bisherigen Überlegungen einige Kochrezepte zusammen:

Konstruktion des Momentanpols aus

a) zwei gegebenen Körperpunkten A und B mit den Geschwindigkeitsrichtungen:

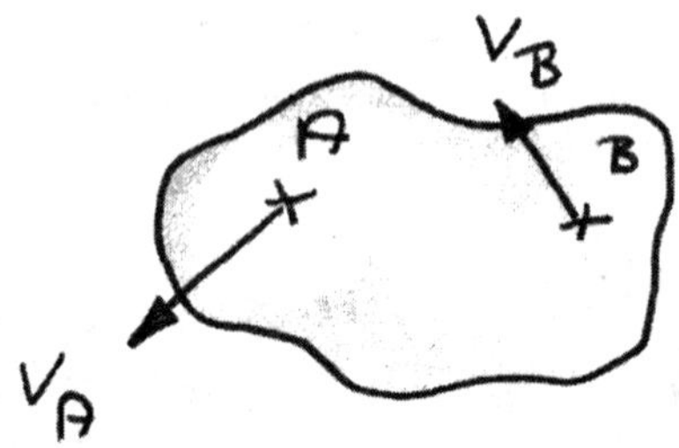


**Bild 86**: Bestimmung des Momentanpols aus zwei bekannten Geschwindigkeiten

- Der Momentanpol ergibt sich als Schnittpunkt der Geraden senkrecht zu den Geschwindigkeiten in den Punkten A und B:

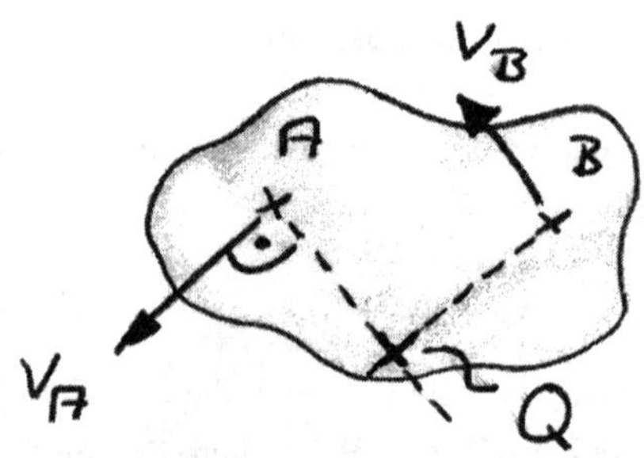


**Bild 87**: Bestimmung des Momentanpols aus zwei bekannten Geschwindigkeiten

Hierbei gibt es einen Sonderfall: die Geraden sind parallel, d.h. die Geraden schneiden sich im Unendlichen. Das bedeutet aber, das für diesen Grenzfall keine Rotation, sondern eben eine Translation vorliegt.

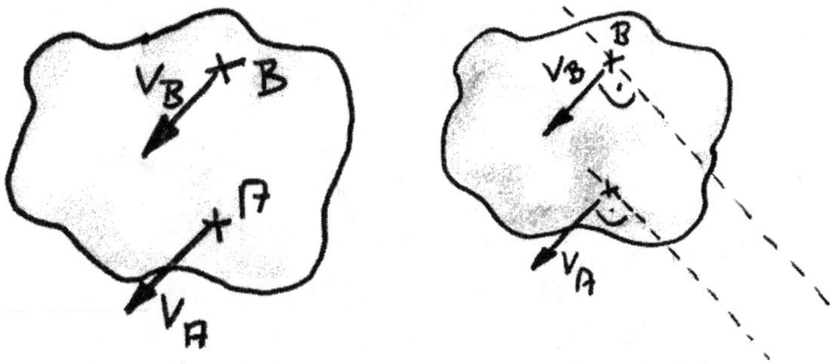


**Bild 88**: Momentanpol bei translatorischer Bewegung

b) aus den Beträgen von zwei Geschwindigkeiten $v_A$ und $v_B$, wenn diese beide senkrecht auf der Verbindungslinie der zugehörigen Punkte A und B stehen.

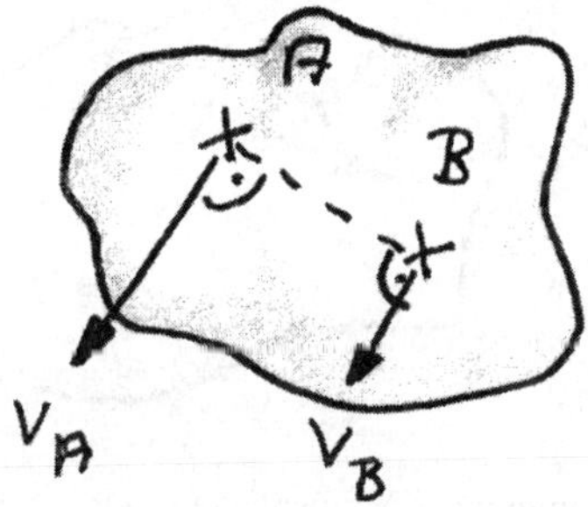


**Bild 89**: Bestimmung des Momentanpolsaus zwei bekannten Geschwindigkeitsbeträgen

- Der Momentanpol ergibt sich als Schnittpunkt der Verbindungsgeraden der Punkte A und B und der Spitzen der Geschwindigkeitspfeile.

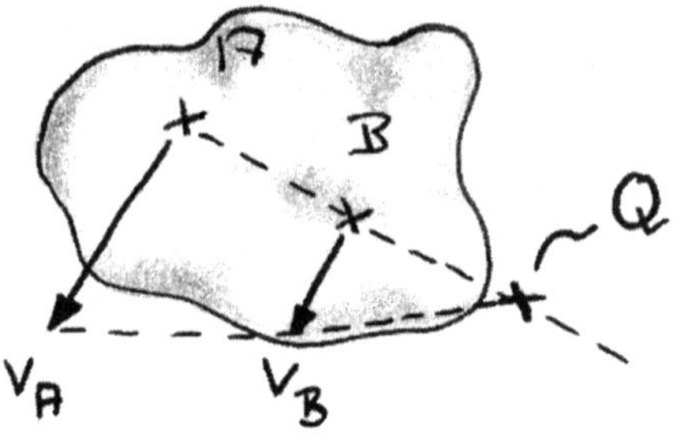


**Bild 90**: Bestimmung des Momentanpols aus zwei bekannten Geschwindigkeitsbeträgen

c) aus der gegebenen Geschwindigkeit $v_A$ und der Winkelgeschwindigkeit ω im Körperpunkt A.

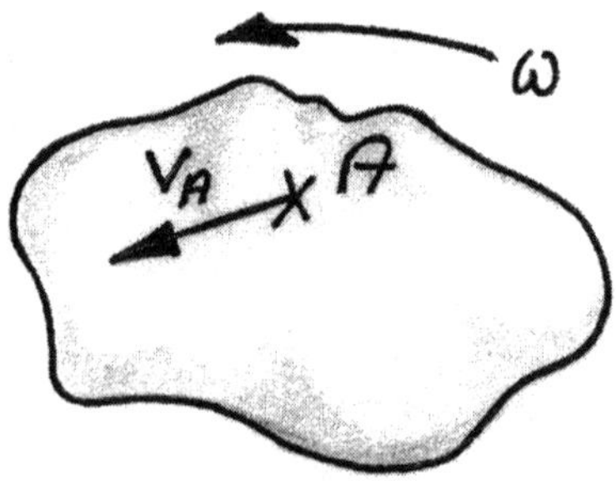


**Bild 91**: Bestimmung des Momentanpols aus einer Geschwindigkeit und der Winkelgeschwindigkeit

- Der Momentanpol liegt auf der Senkrechten zum Geschwindigkeitsvektor durch den Punkt A, der Abstand R ergibt sich über $R=v/\omega$

Hinweis: die Richtung, in der wir uns von A auf der Senkrechten bewegen müssen, ergibt sich eindeutig aus dem gegebenen ω!

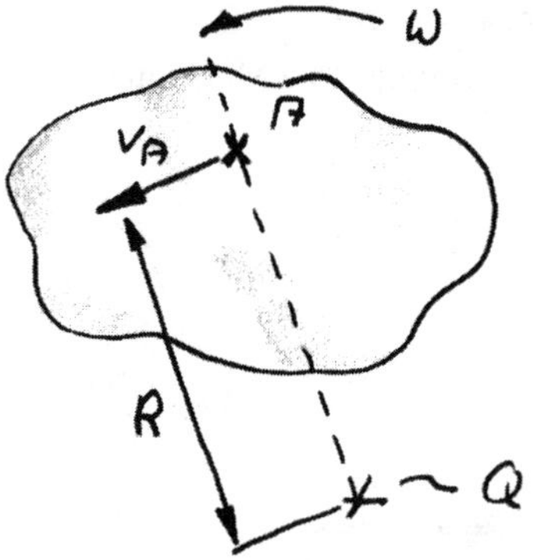


Bild 92: Bestimmung des Momentanpols aus einer Geschwindigkeit und der Winkelgeschwindigkeit

*Dazu gleich ein Beispiel:*

Die skizzierte Antriebskurbel 1 dreht sich in der skizzierten Stellung mit der Winkelgeschwindigkeit Ω.

a) Bestimmen Sie die Momentanpole der Stäbe 1 bis 3! (das ist ein Befehl)

b) Können Sie die Winkelgeschwindigkeiten der Stäbe 2 und 3 in der skizzierten Stellung bestimmen?

(Nein!, und damit habe ich die Frage *völlig korrekt* beantwortet...)

c) Für welche Stellung sind die Winkelgeschwindigkeiten der Stäbe 2 und 3 gleich groß?

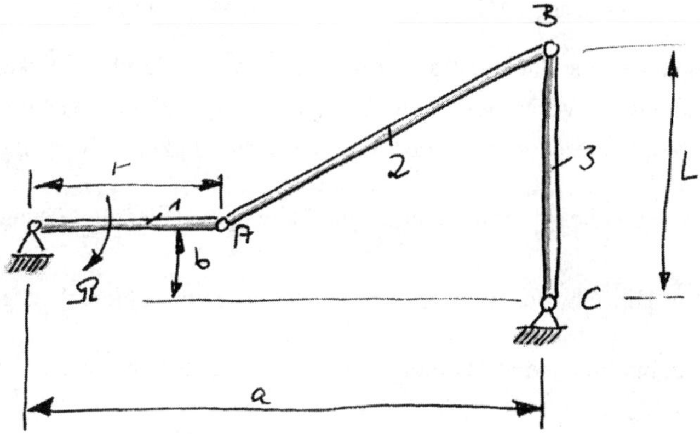

Gegeben: $\Omega$, c, L= 4c, a=10c, b=2c, r=3c.

a) Aus den Regeln a) – c) folgen die Momentanpole $Q_1$, $Q_2$ und $Q_3$:

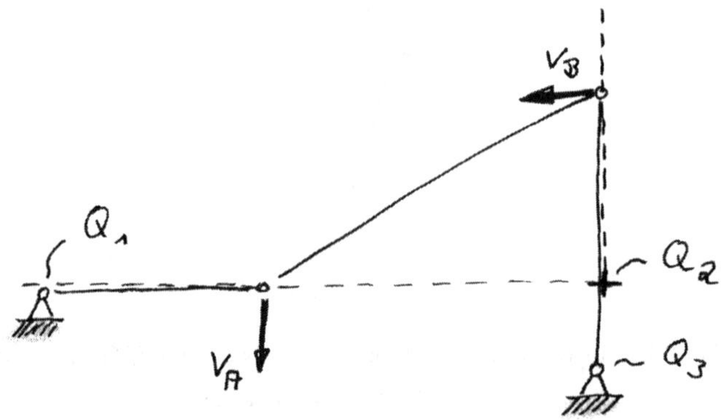


b) Für die Geschwindigkeit $v_A$ und Stab 1 gilt: $v_A = \Omega\ r$, dasselbe muß natürlich auch für Stab 2 gelten, wenn das Gelenk nicht auseinanderfliegen soll:

$$v_A = \omega_2\ (a-r)$$

$$=> \qquad \omega_2 = r\ \Omega/(a-r) = 3\Omega/7.$$

Macht man dasselbe für Stab 3, so ergibt sich:

$$v_B = L\ \omega_3 = (L-B)\ \omega_2\ , \qquad => \qquad \omega_3 \quad = \quad 3\ \Omega/14$$

Der Clou bei der Sache ist also oft, daß man die Geschwindigkeiten zweier Bauteile an den Verbindungsgelenken gleichsetzt und auf zwei Wegen mittels zweier Winkelgeschwindigkeiten diese Geschwindigkeiten berechnet!

c) Tja, ein bißchen rumprobieren ... und Schwups: Da ist die Lösung...

(Herr Dr. Hinrichs postuliert, daß es auch ohne „rumprobieren" zu gehen hat...)

Was wir bis hier jedoch komplett vernachlässigt haben, ist die Abhängigkeit der Variablen x, v, a, H, $\varphi$, $\dot{\varphi}$, $\ddot{\varphi}$ ... von der Zeit.

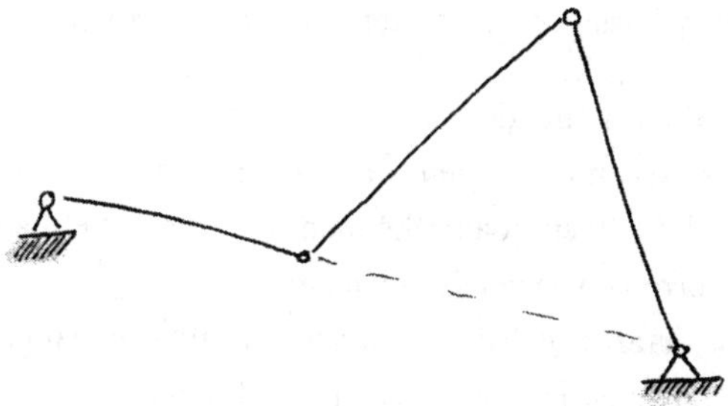

Um das noch etwas klarer zu sagen: Alle Überlegungen des dicken Stapels von Seiten, die Ihr schon durchgearbeitet habt, bezieht sich nur auf einen Zeitpunkt – eine Momentanaufnahme. Nun geht es aber los. Wir wollen uns der Bewegung innerhalb eines längeren Zeitraumes zuwenden. Und als Fernziel auch die Kräfte berücksichtigen, die zu den Bewegungen führen bzw. diese beeinflussen. Und damit kommen wir zur

KINETIK!

## 3.2 Kinetik

### 3.2.1 Der Energiesatz

Der Energiesatz ist eigentlich auch nur eine Volksweisheit in wissenschaftlicher Verpackung: Alles, was irgendwie reingeht, kommt auch wieder raus. Das kennt jeder von seinem ~~Portmonä~~ ~~Portmoney~~ ~~Portemonnee~~ ~~Portmonai~~ von seiner Geldbörse...

Dieselbe Bilanz können wir auch mit unserer Nahrungsaufnahme aufstellen: Alles, was wir so im Laufe einer Woche so zu uns nehmen, wird

a) in Energie, d.h. Sport oder einfach Wärme, umgewandelt[30]
b) unsere Taille erweitern[31]

[30] Herr Dr. Hinrichs wirft ein, daß es sich hier nicht unbedingt um Sport handeln müsse.
[31] Herr Dr. Hinrichs wirft ein, daß sich nicht nur die Taille erweitert.

c) oder in flüssiger oder fester Form wieder abgesondert.[32]

Wenn wir also die Energie der aufgenommenen Nahrung wie bei einer Diät mit den KiloJoules zusammenzählen, und einmal die unter c) angeführte Menge wiegen oder abschätzen, dann können wir eigentlich ausrechnen, wieviel Arbeit wir in Form von a) geleistet haben!

Mit einer derartigen Bilanz können wir also für längere Zeiten ... na ja, bilanzieren! Und es ist ja jedem bekannt, daß man, um abzunehmen, entweder weniger essen muß, mehr Sport treiben muß (nicht gerade Herr Dr. Rombergs Hobby) oder sich das Fett absaugen lassen muß (Hobby der gelifteten Damen, mit denen Herr Dr. Hinrichs ab und zu in El Arenal gesehen wird).

Nun zu den Bewegungsvorgängen: Alles, was in unsere bewegten Körper reingeht, muß auch irgendwo bleiben oder wieder rauskommen. Ein Beispiel: Werfen wir einen Ball in einen Sandsack, dann wird die Wurfenergie voll in die Verformung des Sandsackes umgewandelt. Wenn der Ball aber beim Sportfest nach 20 Metern über den Rasen kullert, dann wird die Wurfenergie erstmal einen kleinen Krater verursachen. Die Restenergie wird dann durch die Reibung und die Verformung der Grashalme beim Rollen über den Rasen verbraucht. Die Summe aus der Verformungsenergie (Krater, Grashalme) und der verbrauchten Energie bei den Reibvorgängen beim Rollen ergibt die anfängliche Wurfenergie (Herr Dr. Hinrichs weist noch auf den Luftwiderstand hin).

Also, die Gesamtenergie bleibt während des gesamten Bewegungsvorganges konstant. Dem Krater ist es allerdings völlig egal, ob er durch den Fall des Balles von einem Turm der Höhe H (also infolge einer sogenannten potentiellen Energie im Schwerefeld der Erde), durch den Abschuß des Balles mit einer Zwille (potentielle Energie einer Feder) oder durch die Anfangsgeschwindigkeit des Wurfes (kinetische Energie) entstanden ist.

Um mit einer derartige Bilanz überhaupt rumrechnen zu können, muß man somit zunächst eine Tabelle mit den Energien in den verschiedensten Formen erstellen (ähnlich wie die Diättabelle, in der für jedes Nahrungsmittel die Zahl der Jauls angegeben ist, die der Diätirrende von sich gibt). Voilá, hier ist sie:

[32]Herr Dr. Romberg wirft ein, daß einige Absonderungen auch gasförmig sein können.

| Klasse | Ursache | | Symbol | Berechnung |
|---|---|---|---|---|
| | allgemein | | 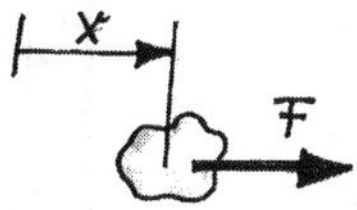 | $E = W = \int F dx$ |
| Potentielle Energie: $E_{pot} = U$ | Sonderfälle | Schwerefeld hier: geignetes Bezgsniveau ($E_{pot} = 0$) wählen! | 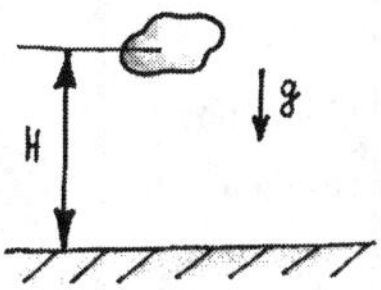 | $E_{pot} = U = mgH$ |
| | | Feder, elastische Verformungen | 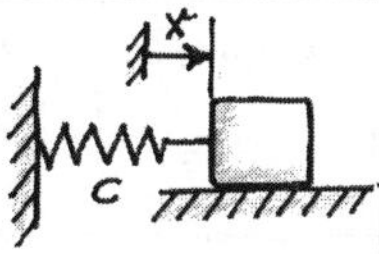<br>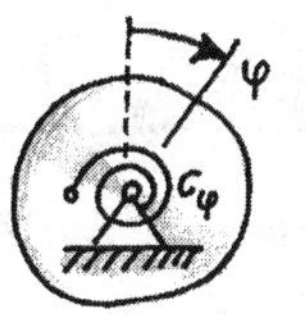 | $E_{pot} = U = \frac{1}{2} c\, x^2$,<br>Drehfeder:<br>$E_{pot} = U = \frac{1}{2} c_{\varphi}\, \varphi^2$ |
| | | Gravitation | 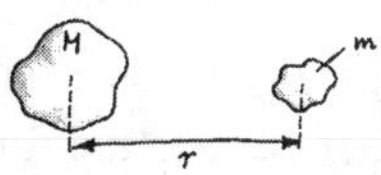 | $E_{pot} = U = \Gamma \frac{Mm}{r}$<br>mit $\Gamma = 6{,}672 \cdot 10^{-11}$ [m³/(kg s²)] |
| kinetische Energie: $E_{kin} = T$ | reine Translation (geradlinige Bewegung) | | 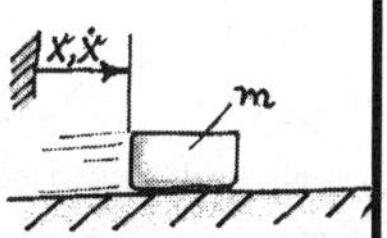 | $E_{kin} = T = \frac{1}{2} m\, \dot{x}^2$ |
| | reine Rotation | | 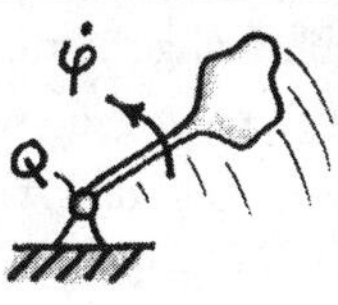 | $E_{kin} = T$<br>$= \frac{1}{2} J^Q\, \dot{\varphi}^2$ |

| | | | | |
|---|---|---|---|---|
| | Translation und Rotation | | 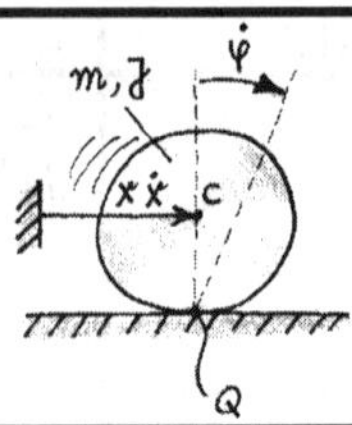 | $E_{kin} = T = \frac{1}{2} J^{Q} \dot{\varphi}^2$ **oder** $E_{kin} =$ $\frac{1}{2} J^{C} \dot{\varphi}^2 + \frac{1}{2} m\dot{x}^2$ |
| verbrauchte (dissipierte) Energie: $E_{diss} < 0$ | Kräfte entgegengesetzt zur Bewegungs richtung | F=konst., z. B. Coulombsche Reibung mit $F = \mu F_N$ | 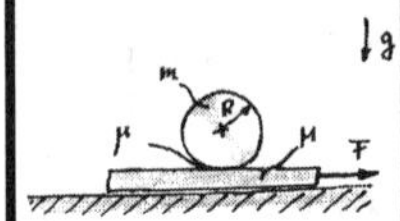 | $E_{diss} = F s$ |
| | | plastische Verformungen, $F = f(x)$ | | $E_{diss} = \int F dx$ |
| zugeführte Energie: $E_{zu} > 0$ | Kräfte in Bewegungsrichtung | | | $E_{zu} = \int F dx$ |

Der Energie(erhaltungs)satz für den Zustand 1 und einen späteren Zustand 2 lautet dann:

$$E_{pot,1} + E_{kin,1} + [\, E_{diss} + E_{zu} \,] = E_{pot,2} + E_{kin,2} \ .$$

In der eckigen Klammer stehen die Energieänderungen infolge wirkender Kräfte während der Bewegung von 1 nach 2. Die Energien zu den Zeitpunkten 1 und 2 setzen sich in der Regel aus der potentiellen und der kinetischen Energie zusammen.

Die Höllenformel liest sich dann etwa so: Die Energie zum Zeitpunkt 2 (Index 2) entspricht der Energie zum Zeitpunkt 1 vergrößert um die während der Bewegung von 1 nach 2 zugeführte Energie. Man bemerke, daß durch die Reibung immer Energie entzogen wird, d.h. $E_{diss} \leq 0$. Viele Aufgabenstellungen gehen davon aus, daß während einer Bewegung keine Energie verbraucht und zugeführt wird – eine Annahme, die dafür sprechen würde, daß es ein perpetuum mobile gibt!!!

Wer nachdenkt, der weiß, daß es so etwas nicht gibt. Derartige Systeme nennt man dann auch „konservativ“ (lat.: „nicht nachdenken“). In solchen Fällen kann man die folgende Vereinfachung des Energiesatzes verwenden:

$$E_{pot,1} + E_{kin,1} = E_{pot,2} + E_{kin,2} = E_{ges} = \text{konst} \quad .$$

Man schreibt dann auch oft einfach:

$$T_1 + U_1 = T_2 + U_2 \quad ,$$

wobei die T's eben die kinetische und die U's die potentielle Energie darstellen. Die Indizes beziehen sich auch hier auf vorher (1) und nachher (2). *Bei der potentiellen Energie ist es ganz wichtig, ein geeignetes Nullniveau zu wählen.* Hier ist es meistens sinnvoll, einen der beiden potentiellen Energieausdrücke (U) „auf Null zu setzen“.

Obwohl wir fast alle wissen (bis auf Herrn Dr. Romberg, der die Forschungen noch nicht abgeschlossen hat), daß es kein „perpetuum mobile“ gibt, liegt nach Auffassung führender Mechaniker ein solches vor, da der kleine Zusatz „reibungsfrei“ oder ungedämpft in der Aufgabenstellung zu finden ist. Für diesen Sonderfall ist die Gesamtenergie des Systems $E_{ges}$ konstant. Nun wollen wir uns einem typischen Anwendungsfall zuwenden:

#### 3.2.1.1 Nominativ, Genitiv, Dativ, Akkusativ... und ...der freie Fall

Stellen wir uns das Traumschiff Enterprise vor, wie es mit Warp 23 durch die Galaxis fliegt. Es benötigt infolge der Schwerelosigkeit und des Vakuums keinen Antrieb mehr, wenn die „Reisegeschwindigkeit“ einmal erreicht ist und Captain James T. Kirk keinen bremsenden Meteoritenhagel (Herr Dr. Romberg weist darauf hin, daß hier auch die Gefahr eines Wurmloches besteht) ins Logbuch eintragen muß. Die Fahrt würde bis ans Ende aller Zeiten mehr oder weniger geradeaus ins Nirwana führen (Weitere Anmerkung von Herrn Dr. Romberg: nach seiner Auffassung – von der sich Herr Dr. Hinrichs an dieser

Stelle bis zum Beweis des Gegenteils ausdrücklich distanzieren möchte – ist der Raum zeitlich gekrümmt).[33]

Anders sieht es aus, wenn man in irdischen Gefilden einen Körper mit einer Anfangsgeschwindigkeit $v_1$ aus der Höhe $y = y_1$ in Richtung Boden oder Himmel wegwirft (Zustand 1). Bekanntlich detonieren in der Regel diese Flugkörper nach endlicher Zeit mit einer Geschwindigkeit $v_2$ wieder auf dem Erdboden (Höhe $y_2 = 0$, Zustand 2). Eine derartige Flugbewegung wollen wir einmal näher unter die Lupe nehmen: Sehr schnell können wir unserer Energietabelle die für diese Bewegung auftretenden Energien entnehmen: Beim Abwurf (Zustand 1) liegt kinetische Energie infolge der Anfangsgeschwindigkeit und potentielle Energie durch das Schwerefeld der Erde vor. Aus dem Energieerhaltungssatz folgt:

$$\begin{aligned} E_{ges} &= E_{pot,1} + E_{kin,1} = m\,g\,y_1 + \frac{1}{2}m\,v_1{}^2 = E_{kin,2} \\ &= m\,g\,y_2 + \frac{1}{2}m\,v_2^2 = \frac{1}{2}m\,v_2^2. \end{aligned}$$

Diese Formel gilt unabhängig davon, ob der Flugkörper nach oben oder unten geworfen wird! Warum eigentlich? Weil – wenn nach oben geworfen – der Flugkörper irgendwann auch wieder nach unten kommen muß ... und wegen der Energieerhaltung kommt er dann an der Abwurfstelle mit derselben Geschwindigkeit vorbei, mit der er abgeworfen wurde.

Wir können also zu jeder Abwurfhöhe $y_1$ über dem Boden die zugehörige Geschwindigkeit oder die maximale Flughöhe ausrechnen: Am höchsten Punkt der Flugbahn ist die Geschwindigkeit Null – sonst würde der Körper ja noch weiterfliegen. Wir verlegen also einfach den Zustand 2 auf den höchsten Punkt der Flugbahn, so daß $\dot{y}_2 = 0$ gilt. Aus der obigen Formel folgt daher für den Sonderfall $y_1 = 0$ (d.h. wir lassen die y-Koordinate an der Stelle des Abwurfes loszählen):

$$y_2 = y_{max} = H = \frac{v_1^2}{2g} \quad .$$

[33] Hier scheinen die Autoren einen wunden Punkt in der Vergangenheit des Lektors erwischt zu haben: O-Ton: „Der Beweis wird heute schon von jedem angewendet, der eine GPS-Uhr benutzt. Bei den Satelliten muß die Zeitdilatation aufgrund der Erdmasse(!) berücksichtigt werden, sonst wird der Ort falsch berechnet.“ Antwort Dr. Romberg: „Sehen Sie Herr Dr. Hinrichs! ...aber warum kommt bei der Erdmasse die Fakultät ins Spiel?“

Und bei der Silvesterrakete wird jeder kleine Bubi die schlaue Mami oder den schlauen Papi mit der Frage nerven, wie lange denn die Rakete braucht, bis sie am höchsten Punkt angekommen ist. Um das zu beantworten, müssen wir uns kurz zurückziehen (Hustenkrampf oder Toilette vortäuschen) und ein paar kleine Rechnungen machen (hier eine kleine Warnung: das ist nicht so ganz ohne, also lieber den kleinen Bubi draußenlassen!)

*Fragt ein kleines Mädchen ihren Papa, einen Dr.-Ing. (Maschinenbau):*
*„Du Papa, warum hat Beethoven seine letzte Sinfonie nicht zu Ende geschrieben?"*
*„Äh.... weiß ich nicht, Du..."*
*„Du Papa, was machen eigentlich Soziologen?"*
*„Äh ... mal überlegen ... Du, das weiß ich nicht, ich kenne keinen..."*
*„Du Papa, warum gibt es in Afrika manchmal so schrecklich viele Heuschrecken und manchmal nicht?"*
*„Ähm...äh... davon hab' ich gehört ... weiß nicht... aber ich muß schon sagen: Du stellst sehr gute Fragen. Frag' ruhig weiter, denn aus Fragen kann man lernen!"*

Wir wissen ja, daß die Gesamtenergie während des Fluges konstant bleibt:

$$E_{ges} = m\,g\,y + \frac{1}{2} m\,\dot{y}^2 \quad .$$

Wenn wir diese Gleichung aber nach der Zeit ableiten (holla!), dann folgt

$$\frac{d}{dt} E_{ges} = 0 = m\,g\,\dot{y} + \frac{1}{2} 2\,m\,\dot{y}\,\ddot{y} \quad \text{(Kettenregel Differentiation).}$$

Dies teilen wir noch durch $\dot{y}$ und stellen um:

$$\ddot{y} = -g \quad .$$

Is' ja Wahnsinn! Wir haben rausgefunden, daß auf den Körper im freien Fall (hier besser: im „freien Steigen") nur die Erdbeschleunigung g (In der Regel reicht: $g = 10\ m/s^2$, für Herrn Dr. Hinrichs: $g = 9.81\ m/s^2$ (abhängig vom Ort auf der Erde und vom Abstand zum Erdmittelpunkt)) wirkt. Na Klasse. Bevor wir nun den schreienden und an der Tür kratzenden Youngster wieder ins Zimmer lassen können, müssen wir aus der Beschleunigung $\ddot{y}$ noch die Geschwindigkeit $\dot{y}$ und die Höhenkoordinate y in Abhängigkeit von der Zeit berechnen:

$$\dot{y}(t) = \int_0^t \ddot{y}(t)\, dt = -\, g\, t + v_0$$

mit $v_0$:= Anfangsgeschwindigkeit für t=0

und $$y(t) = \int_0^t \dot{y}(t)\, dt = -\frac{1}{2}\, g\, t^2 + v_0\, t + y_0$$

mit $y_0$:= Abwurfhöhe für t=0 .

Oder wie treffend formulieren es die antiken Helden der Mechanik [8]:

> Wird ein Körper aufwärts geworfen, so flösst ihm die gleichförmige Schwere Kräfte ein, und nimmt ihm den Zeiten proportionale Geschwindigkeiten. Die Zeit des Aufsteigens zur größten Höhe verhält sich wie die fortzunehmenden Geschwindigkeiten und jene Höhen, wie die Geschwindigkeiten und Zeiten zusammen, oder sie stehen im doppelten Verhältniss der Geschwindigkeiten. Die Bewegung eines längs einer geraden Linie geworfenenen Körpers, welche aus dem Wurfe hervorgehen muss, wird mit der Bewegung zusammengesetzt, die aus der Schwere entspringt.

Alles klar?

Für die Berechnung der Flugzeit $t_{max}$ bis zur Höhe $y_{max}$ ergibt sich mit $\dot{y}(t_{max}) = 0$

$$t_{max} = \frac{v_0}{g} \quad .$$

Also denn, laßt den jungen Burschen mal rein ... (Wenn er dann natürlich nach der Anfangsgeschwindigkeit der Rakete fragt, herzliches Beileid. Und überhaupt, die Rakete wird ja am Anfang immer schneller, es wirkt also eine beschleunigende Kraft, blödes Beispiel!). An dieser Stelle zeigt Herr Dr. Romberg gern seine Narben und plaudert aus seiner Kindheit, in der er eine Stufenrakete aus zwei zusammengeschraubten und über eine Lunte miteinander verbundenen Sylvesterraketen entwickelt hat – leider hat die zweite Stufe erst *nach* dem oberen Umkehrpunkt gezündet...

*Nun ein Beispiel zum Energiesatz:*
In einem Schacht der Höhe H fällt ein Stein senkrecht nach unten. Nach der Zeit T hört man am Schachteingang einen kurzen erstickten Schrei (Schallgeschwindigkeit c).
a) Bestimmen Sie die Höhe H !
b) Wie groß ist der relative Fehler ΔH/H, wenn man die Zeit T als reine Fallzeit deutet?
Gegeben: T = 15 s, g = 9.81 m/s², c = 330 m/s.

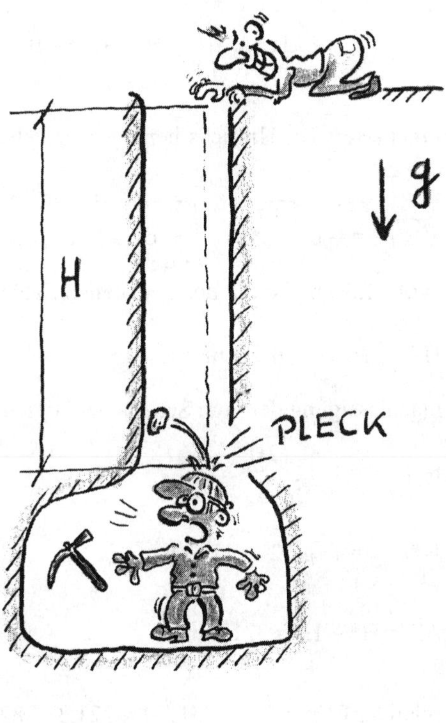


a) Die Formel für die Wurfbewegung ergibt

$$x(t_{Fall}) = H = \frac{1}{2}\, g\, t^2 + v_0\, t + x_0$$

mit $v_0 = 0$ und $x_0=0$

$$\Longrightarrow \qquad t_{Fall} = \sqrt{\frac{2H}{g}} \quad .$$

Der Schall breitet sich mit $x(t) = -c\,t$ von der Auftreffläche aus, also

$$t_{Schall} = \frac{H}{c} \quad .$$

Die Gesamtzeit T ergibt sich aus der Summe der beiden Zeiten:

$$T = t_{Fall} + t_{Schall} \quad .$$

$$\Longrightarrow \qquad 15 = \sqrt{\frac{2H}{g}} + \frac{H}{c} \quad ,$$

$$\Longrightarrow \qquad H + c\sqrt{\frac{2}{g}}\,\sqrt{H} - 15\,c = 0 \quad .$$

Mit der p-q-Formel (Herr Dr. Hinrichs benutzt hier lieber den Satz von Vieta) ergibt sich

$$\sqrt{H}_{1,2} = -\,c\sqrt{\frac{1}{2g}} \pm \sqrt{\frac{1}{2g}c^2 + 15\,c} \quad ,$$

die einzige sinnvolle Lösung ist mit den gegebenen Zahlenwerten:

$$H = 782{,}3 \text{ m} \quad .$$

b) Die Vernachlässigung der vom Schalls benötigten Zeit führt auf

$$t_{Fall} = T = \sqrt{\frac{2H}{g}} \quad ,$$

also $H^* = T^2\,g / 2 = 1103{,}6$ m

$$\Delta H = H^* - H = 321{,}3 \text{ m}$$

$\Longrightarrow$ relativer Fehler: $\Delta H / H = 321{,}3 / 782{,}3 = 0.41$ .

(Jeder, der einen anderen relativen Fehler ausgerechnet hat, muß in seiner Lösung nach einem absoluten Fehler suchen.)

FEHLERSUCHE

Als Grundannahme für alles Vorhergehende haben wir Euch untergejubelt, daß der Wurf bzw. der freie Fall unseres Flugkörpers immer schön in Richtung der Erdbeschleunigung erfolgt. Das ist natürlich für alle möglichen Wurfbewegungen eine so unzulässige Einschränkung wie wenn man den Zoo nur für Ameisenbären öffnen würde. Daher nun den allgemeineren Fall, den sogenannten schiefen Wurf.

### 3.2.1.2 Schiefer Wurf

Mit der Problematik einer weiteren Sonderform einer Wurfbewegung, einem horizontalen Abwurf, haben sich schon berühmte Köpfe auseinandergesetzt [8]:

> Könnte der Körper A, vermöge der Wurfbewegung allein, in einer gegebenen Zeit die gerade Linie AB beschrieben und vermöge der Fallbewegung allein, in derselben Zeit die Höhe AC zurücklegen, so wird er sich, wenn man das Parallelogramm ABDC vollendet, bei zusammengesetzter Bewegung, am Ende jener Zeit im Punkte D befinden. Die Kurve AED, welche er beschreibt, ist eine Parabel.

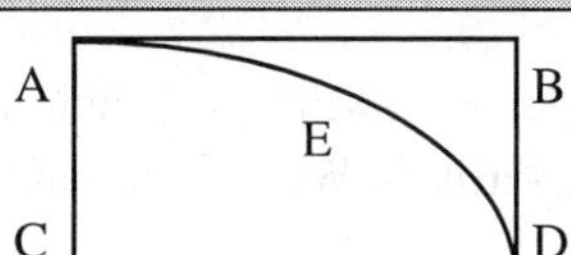

Obwohl hier der Sachverhalt auf den Punkt gebracht ist, einige zusätzliche Erläuterungen:

Bei einem waagerechten Wurf vom Punkt A wird der geworfene Gegenstand genauso schnell im Punkt D auf dem Boden aufkommen, wie wenn er vom Punkt A fallengelassen wird und im Punkt C aufschlägt. Die allgemeine Wurfparabel ist daher eine Überlagerung der Bewegungen:

- horizontale Bewegung mit gonsdander (← Gemnitz) Geschwindigkeit $v_x$:

$$a_x = 0, \qquad v_x = \text{konst}, \qquad x = v_x\, t$$

- vertikale Bewegung mit Beschleunigung infolge der Erdbeschleunigung:

$$a_y = -g, \qquad v_y = -g\, t\,, \qquad y = -\,\frac{1}{2} g\, t^2\,.$$

Easy, oder? Der horizontale Wurf wird also durch die gleichen Gleichungen gleich beschrieben wie der vertikale Wurf – nur durch Hinzunahme der Bewegung in horizontaler Richtung. Das Ganze kann man sich also ungefähr so vorstellen, wie in den „Tom und Jerry“- Zeichentrickfilmen, in denen Jerry mit dem wütenden Tom im Nacken über die Klippe hinaus geradeausläuft, in der Luft zum Stehen kommt, einen Blick nach unten wagt und dann – mit Entsetzen in den Augen senkrecht nach unten fällt: die Realität ist zwar anders, das Resultat aber dasselbe (Herr Dr. Romberg fände hier das Paar Kojote und Roadrunner (beep! beep!) passender).

Un nu zum schiefen Wurf[34]:

DER SCHIEFE WURF

Im folgenden beschäftigen wir uns mit einer beliebten Freizeitbeschäftigung der Mechaniker: Kirschkerntennis. Angenommen, man wolle spuckender Weise einen Kirschkern aus der Höhe H in ein Ziel in der Entfernung L in der Höhe h befördern: wie tun, wieviel Speed und welche Rotzneigung $\alpha$?

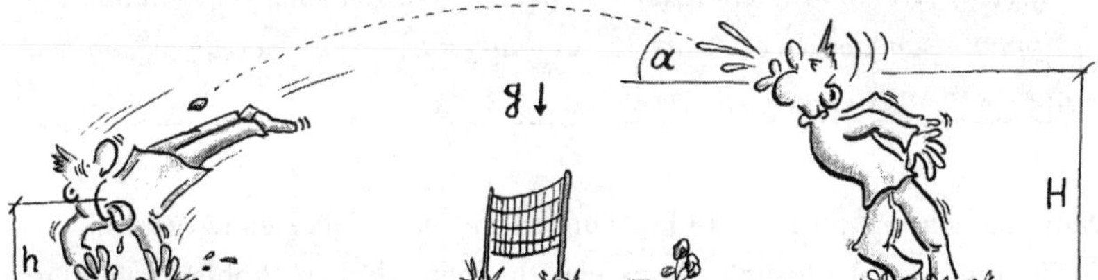


Auch hier können wir die zwei Bewegungen zunächst einmal zerlegen:

Die Anfangsgeschwindigkeit beträgt:

[34]O-Ton Herr Dr. Romberg: „Guck mal, sieht doch aus wie von Dürer, oder?“

$$v_x = v_0 \cos\alpha \quad ,$$

$$v_y = v_0 \sin\alpha \quad .$$

Mit diesen Geschwindigkeitskomponenten können wir aber in bekannter Manier für die x- und y-Richtungen getrennt weiterrechnen:

$$x(t) = v_x\, t = v_0 \cos\alpha\, t \quad ,$$

$$y(t) = v_y\, t - 0.5\, g\, t^2 + H = v_0 \sin\alpha\, t - 0.5\, g\, t^2 + H \, .$$

Zum Zeitpunkt t* soll der Kirschkern im Ziel auftreffen. Es gilt:

$$x(t^*) = L = v_0 \cos\alpha\, t^*,$$

$$y(t^*) = h = v_0 \sin\alpha\, t^* - 0.5\, g\, t^{*2} + H.$$

*Ein Praktiker wird für eine Woche mit einer Dose Fisch in einer Höhle eingesperrt – nach der Woche ist die gesamte Wand durch die Würfe des Handwerkers demoliert – Dose auf, Praktiker lebt!*

*Danach wird ein Ingenieur derselben Prozedur ausgesetzt– nach der Woche ist die ganze Wand mit Gleichungen vollgeschrieben (Wurfparabel!), eine Stelle der Wandung beschädigt, Dose an berechneter Stelle geöffnet, Ingenieur lebt.*

*Und dann der Mathematiker: Nach der Woche ist die ganze Höhle vollgeschrieben, Mathematiker tot mit einem zufriedenen Lächeln auf den Lippen – an der Decke steht: „Annahme: Die Dose sei offen und ich hätte keinen Hunger".*

Damit stehen uns aber zwei Gleichungen mit den Unbekannten $\alpha$ und $v_0$ zur Verfügung. Die Auflösung dieses eher mathematischen Problems überlassen wir den Freiwilligen unter Euch, die Herrn Dr. Hinrichs nacheifern wollen. Und an die Heißdüsen mit den ersten an uns eingesendeten richtigen Lösungen verlosen wir einen Asbestanzug für die Angehörigen. Für alle anderen: wichtig ist hier das Prinzip der Überlagerung – hat man das verstanden ist der Rest ein Klacks!

Und nun noch ein wichtiger Trick: Die Wahl der Nullage der Koordinaten ist jedem frei überlassen. Das gilt beispielsweise für die Nullagen von x, y und t. Mit der richtigen Wahl derselben kann man sich aber eine Menge Arbeit in Form seitenweiser algebraischer Umformungen ersparen. So macht es keinen Sinn, die Zeitachse mit Herrn Dr. Rombergs Entjungferung beginnen zu lassen, wer weiß schon wann das war (oder mit der von Herrn Dr. Hinrichs, wer weiß schon, wann das sein wird). Ebensowenig erfreut es den Fragenden, wenn wir bei der Wegbeschreibung zum Bäcker am Nordpol beginnen – obwohl wir damit alle notwendigen Infos zur Verfügung stellen würden. ~~Und genausowenig erscheinen einige Leerbücher geeignet, einen direkten Zugang zur Mechanik zu finden. Man kann zwar theoretisch mit diesen Werken zum Ziel kommen , aber ....~~

*Also unbedingt beachten:*
*Immer an den Start - oder Zielzustand*
*den Nullpunkt der Koordinaten legen!*

Für das letzte Beispiel heißt dies beispielsweise:
Die Zeit zählt mit $t = 0$ los, wenn der Kirschkern den Mund verläßt. Die Koordinaten $x(t=0) = 0$ und $y(t=0) = H - h$ beschreiben die Abrotzposition. Eine derartige Wahl der Nullage der y-Koordinate hat den Vorteil, daß sich am Ziel $y(t^*) = 0$ ergibt !!!

By the way – in den Gleichungen taucht keine Masse auf. Das berechnete Ergebnis ist also unabhängig davon, aus welchem Material der gerotzte Gegenstand besteht. Wenn also gerade kein Kirschkern zur Hand ist ...

### 3.2.1.3 Energiesatz bei Rotation

Nun noch ein paar Takte zur Rotation: Bisher hatten wir ja nur die kinetische Energie für die translatorische (zur Erinnerung: drehfreie) Bewegung mit $E_{kin} = 0.5\ m\dot{x}^2$ berechnet (Wer nicht weiß, woher die 0.5 kommt: andere Schreibweise für $\frac{1}{2}$ [oder auch ein-Zweitel]).

Leider kann es aber auch vorkommen, daß ein Körper rollt. Hierbei rotiert der Körper nicht nur – dann würde er ja an demselben Ort bleiben. Das Rollen, beispielsweise eines Zylinders, bedeutet vielmehr eine translatorische Bewegung des Schwerpunktes und zusätzliche Rotation. Beginnen wir zunächst mit der reinen Rotation.

*Folgendes Beipiel:*

Herr Dr. Romberg (Masse $m_R$: 1,45 Zentner + 0.05 Zentner Notfall-Spirituosen) sitzt im Abstand r von der Drehachse auf einem Kinderkarussell. Nach mühsamer Antriebsarbeit von Herrn Dr. Hinrichs (Herr Dr. Romberg betätigt sich nur in Ausnahmefällen sportlich) bringt dieser das Karussell auf eine Winkelgeschwindigkeit $\omega_{R,1}$.

Herr Dr. Romberg lehnt sich genüßlich zurück, um mit einer Flasche Bier im Abstand r (Karusselradius) vom Drehpunkt allein zu sein. Seine kinetische Energie (Index R) beträgt:

$$E_R = \frac{1}{2} m_R v_R^2 = \frac{1}{2} m_R \omega_{R,1}^2 r^2 ,$$

Herr Dr. Hinrichs kann's wieder mal nicht lassen und fummelt ein wenig an dieser Gleichung herum:

$$E_R = \frac{1}{2} m_R \omega_{R,1}^{\,2} r^2 = \frac{1}{2} m_R r^2 \omega_{R,1}^{\,2} = \frac{1}{2} J_R \omega_{R,1}^{\,2} \quad ,$$

Hierdurch stößt er auf eine neue Größe, nämlich $J_R$, welches auch Massenträgheitsmoment genannt wird. Eine gewisse Analogie mit der Masse bei der Translation ist nicht zu verkennen. So wie die Masse eine Art Widerstand gegen Bewegung darstellt, so stellt das Massenträgheitsmoment eine Art Widerstand gegen Drehung dar. Das Ergebnis der Fummelarbeit von Herrn Dr. Hinrichs, nämlich

$$J_R = m_R r^2$$

zeigt in voller Schönheit, worauf es beim Massenträgheitsmoment ankommt, nämlich erstens auf die Masse selbst (sonst gäbe es ja keine Trägheit) und zweitens auf den Abstand der Masse von der Drehachse. Letzteres zeigt aber noch etwas anderes: Das Massenträgheitsmoment ist offensichtlich vom Bezugspunkt abhängig!

Die Energie $E_R$ berechnet man nun gemäß

$$E_R = \frac{1}{2} J_R \omega_{R,1}^{\,2} \ ,$$

*wenn man einmal die Masse des Karussells vernachlässigt!!!* Diese Formel ist eigentlich ähnlich aufgebaut wie die für die translatorische Bewegung.

1) Der Masse m für die translatorische Bewegung entspricht also bei der Rotation das J, welches auch das Massenträgheitsmoment genannt wird. Herr Dr. Hinrichs wird nun sagen, daß in dem Beispiel des Herrn Dr. Romberg die Trägheit unendlich groß sein wird[35].

Für die Energiebetrachtung ist es von entscheidender Bedeutung, wo der Genießer Platz genommen hat: sitzt er auf der Drehachse, so ist er sehr leicht in Rotation zu versetzen (=> Trägheit(smoment) J klein, Energie klein). Hängt er aber im Sessel im Abstand r = 1 km von der Drehachse, dann ist das Karussell nur mit großem Energieaufwand zu beschleunigen ( =>

[35]Herr Dr. Hinrichs behauptet andererseits auch, Herr Dr. Romberg sei das einzige Objekt im Universum, das ein bißchen Masse, aber keine Energie besitzt.

Trägheitsmoment J groß, Energie groß). Das Massemträgheitsmoment hängt natürlich dann auch vom Ort des Drehpunktes ab. *Die gleiche Masse kann also verschiedene Trägheitsmomente verursachen.* Das Massenträgheitsmoment $J_R$ hängt – entsprechend dem Flächenträgheitsmoment – quadratisch vom Radius r ab:

$$J_R = (m_R + m_{Spirituosen})\, r^2 \quad .$$

2) Der Geschwindigkeit für die translatorische Bewegung entspricht für die Rotation die Winkelgeschwindigkeit $\dot{\varphi} = \omega$ . Diese geht – entsprechend der Geschwindigkeit bei der translatorischen Energie – quadratisch in die Berechnung der Energie ein. Mit der Formel kann Herr Dr. Hinrichs nebenbei also die Energie berechnen, die er Herrn Dr. Romberg zugeführt hat.

Nach dieser Rechenzeit von ungefähr fünfzehn Sekunden steigt Herr Dr. Hinrichs (Masse M = 1,95 Zentner + 0.05 Zentner wissenschaftliche Literatur) aus der Ruhe ebenfalls auf das Karussell im Abstand r, weil er sich – selbstverständlich aus wissenschaftlichen Gründen – dem Lebensgefühl eines zentripetal beschleunigten Körpers aussetzen möchte. Was passiert dabei?

Klar – das Karussell wird langsamer. Der Grund hierfür ist, daß die Energie des Herrn Dr. Romberg nun von beiden Personen genutzt wird (Man könnte auch sagen: Herr Dr. Hinrichs schmarotzt). Die Energie $E_1$ teilt sich also auf in $E_R$ (Romberg) und $E_H$ (Hinrichs):

$$\begin{aligned} E_1 &= E_2 = E_R + E_H \\ &= \tfrac{1}{2}\, J_R\, (\omega_{R,2})^2 + \tfrac{1}{2}\, J_H\, (\omega_{H,2})^2 \quad . \end{aligned}$$

Als Zwangsbedingung dafür, daß beide auf demselben Karussell sitzen, gilt weiterhin

$$\omega_{R,2} = \omega_{H,2} = \omega_2 \, .$$

Während Herr Dr. Romberg sich noch intensiver mit seiner nächsten Bierflasche beschäftigt, berechnet Herr Dr. Hinrichs, inwieweit sich die Geschwindigkeit des Karussels verringert hat.

Und nun eine kleine Alternative: Man kann natürlich als *Theoretiker* auch davon ausgehen, daß die beiden akademischen Körper auch zu einem Körper – natürlich nur theoretisch – miteinander verschmelzen. Man tut also nur so, als ob die Körper miteinander eins werden, die Realität ist natürlich anders. In diesem Fall können wir die Energie $E_2$ etwas einfacher schreiben:

$$E_2 = \frac{1}{2} J_G \omega_2^2 \qquad .$$

Für das Gesamtmassenträgheitsmoment der verschmolzenen Körper gilt dabei:

$$J_G = (m_R + m_H + m_S + m_L)\, r^2$$

Noch eine kleine, wichtige Anmerkung: Für die Energiebetrachtung ist es völlig unerheblich, ob:

a) die Doctorissimi Romberg[36] und Hinrichs auf einem Sitz des Karussells oder auf gegenüberliegenden Sitzen hocken,

b) Dr. Hinrichs aufrecht im Abstand r von der Drehachse sitzt oder in einem Kreisbogen mit Radius r im Abstand von der Drehachse liegt.

Im folgenden ereignet sich für Herrn Dr. Romberg eine persönliche Tragödie: Infolge seines zunehmend fahrigeren Händlings verliert er eine volle Bierflasche in radialer Richtung. Während Herr Dr. Romberg den Tränen nahe ist und sich mit der letzten verbliebenen Bierflasche tröstet, geht Herr Dr. Hinrichs der „Mechanik der Tragödie" auf den Grund. Besonders interessiert ihn hierbei, was mit der Winkelgeschwindigkeit des Karussells *kurz* nach dem „Wegfall" der Flasche passiert. Wird die Winkelgeschwindigkeit des Karussells kleiner, weil ja Energie mit der wegfliegenden Flasche weggenommen wird ?

Von der Kreisbewegung wissen wir ja schon, daß die Umfangsgeschwindigkeit $v = \omega R$ beträgt. Mit dieser Geschwindigkeit v wird der Körper also

[36] Kenner vermuten, daß sich Herr Dr. Romberg seinen Titel bei Konsul Beyer „erarbeitet" hat

tangential aus der Kreisbahn geschossen. Vor dem inneren Auge des Dr. Hinrichs laufen nun die Gleichungen für die Energiebilanz ab:

$$E_2 \quad = \quad E_3$$

$$\tfrac{1}{2}\, J_G\, \omega_2^{\,2} \quad = \quad \tfrac{1}{2}(J_G - m_{Bierflasche}\, R^2\,)\, \omega_3^{\,2} + \tfrac{1}{2}\, m_{Bierflasche}\, v^2.$$

Und wenn Herr Dr. Hinrichs dann die Gleichungen noch durchkoffert, dann stellt sich komischerweise heraus, daß $\omega_2 = \omega_3$ ist. Aber das ist ja auch von der Anschauung klar:

Für den vorliegenden Bewegungszustand ist es egal, ob die Bierflasche im Zustand 2, also vor der Tragödie, in Verbindung mit dem Mund von Herrn Dr. Romberg steht – oder ohne Verbindung mit dem Karussell an einer unsichtbaren Stange (im Radius R mit der Winkelgeschwindigkeit $\omega_2$ ) um die Drehachse vor der roten Nase von Herrn Dr. Romberg schwebt. Dann muß sich aber auch die Bewegung des Karussells nicht ändern, wenn sich irgendwann die Flasche von der Stange löst und auf dem Erdboden zerschellt.

Oder andersrum: Herrn Dr. Hinrichs ist *aus der Ruhe* auf das Karussell aufgestiegen, mußte also durch das Karussell mit Energie versehen werden, während die Bierflasche den Bewegungszustand und damit die Energie nicht ändert.

Dies ist also wieder einmal ein Beispiel für die unterschiedliche Wahl der (Bezugs-)Systeme: Zunächst hatten wir Herrn Dr. Romberg und Herrn Dr. Hinrichs als separate Systeme betrachtet, dann die Verschmelzung der beiden und zuletzt die Verschmelzung ohne Bierflasche als ein System und die Bierflasche als zweites System.

Nun aber noch einmal zurück zum Massenträgheitsmoment. Der Abstand der Masse von der Drehachse muß für die Rotationsenergie eine entscheidende Rolle spielen. Diese Abhängigkeit (und der gewählte Buchstabe J) erinnern aber stark an das Flächenträgheitsmoment in Kapitel 2.

Im folgenden bezeichnen wir mit $J^Q$ das Massenträgheitsmoment des Körpers bezüglich eines (ortsfesten) Drehpunktes Q. Der Drehpunkt steht im folgenden also stets oben beim J rechts in der Ecke und die Indizes rechts unten bezeichnen die Drehachse. Die Einheit des Massenträgheitsmomentes ist [kg $m^2$].

Auch das Massenträgheitsmoment ist natürlich für einige Standardkörper als Tabelle gegeben, vgl. untenstehende Tablette – das Karussell mit Bierflasche sucht man hier allerdings vergeblich.

**Die wichtigsten Massenträgheitsmomente:**

| | | |
|---|---|---|
| Zylinder & Kreisscheibe: (kurzer Vollzylinder, h=0, r=0)<br>Kreisring: (kurzer Hohlzylinder, h=0, r=R) | 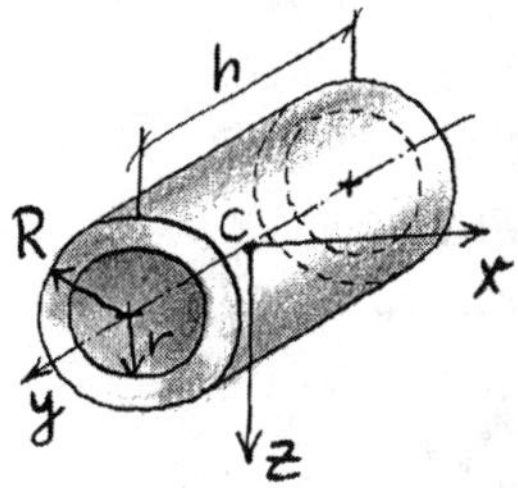 | $J_{xx} = J_{zz} = \frac{m}{4}\left(R^2 + r^2 + \frac{h^2}{3}\right)$<br>$J_{yy} = \frac{1}{2} mR^2$<br>Sonderfall: rollender Zylinder auf ruhender Unterlage:<br>$J_{yy}^{Q} = \frac{3}{2} mR^2$, Q: Auflage'punkt' |
| Dünner Stab | 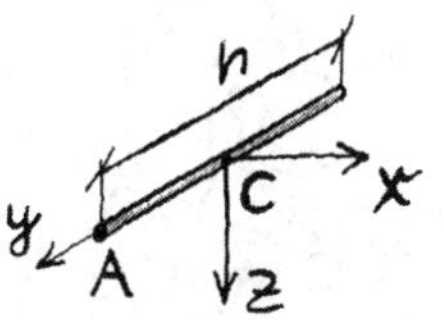 | $J_{xx}^{C} = J_{zz}^{C} = \frac{1}{12} m L^2$,<br>$J_{yy} = 0$,<br>$J_{xx}^{A} = J_{zz}^{A} = \frac{1}{3} m L^2$ |
| Quader | 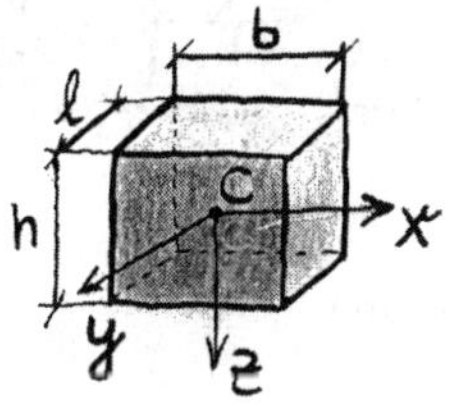 | $J_{xx}^{C} = \frac{1}{12} m (h^2 + l^2)$<br>($J_{yy}^{C}$ und $J_{zz}^{C}$ berechnen sich analog) |

Und wenn ein Körper komisch durch die Gegend eiert, also z.B. rollt, dann können wir immer den Momentanpol des Körpers ermitteln und dann die kinetische Energie für *reine Rotation* um den Momentanpol bestimmen:

$$E_{kin} = \frac{1}{2} J^{Q} \omega^2 \quad .$$

Aber oh weh! Wie rechnen wir den gegebenen Massenträgheitsmomenten die Massenträgheitsmomente um einen um den Abstand d verschobenen Punkt aus? (Beispielsweise das Massenträgheitsmoment eines rollenden Zylinders bezüglich seines Auflagepunktes , also seines Momentanpols?)

Wie beim Flächenträgheitsmoment hilft uns da der Satz von Steiner!

$$J_{xx}^{Q} = J_{xx}^{C} + m\,d^2 \quad .$$

Für den rollenden Zylinder ergibt sich dann

$$J_{yy}^{Q} = J_{yy}^{C} + m\,R^2 = \frac{3}{2}\,m\,R^2 .$$

(Zur Übung verifiziere man das Ergebnis in der Tabelle für den rollenden Zylinder und den um A und C kippenden Stab!)

Zur Übung ***sollst auch Du*** das Ergebnis in der Tabelle für den rollenden Zylinder und den um A und C rotierenden Stab ***verifizieren!!!***

Puh, that was hard stuff! Aus pädagogisch - didaktischen Gründen erachtet es Herr Dr. Hinrichs als sehr wertvoll, an dieser Stelle gleich mit einem schönen Beispiel aufzuwarten. O-Ton: „Das rundet die Sache unglaublich ab!“

Die Aufgabe stammt aus der Vergangenheit des Herrn Dr. Romberg (keine Angst, mit den ganz finsteren Kapiteln wollen wir uns auch an dieser

Stelle nicht beschäftigen). Gegenstand der Untersuchung wird das Friesenabitur, bei dem Herr Dr. Romberg größere Erfolge erringen konnte als bei anderen Abituranläufen. Disziplin: Teebeutelweitwurf...

**Bild 93**: Teebeutelweitwurf

Gesucht ist die Wurfweite $x_{max}$ bei gegebenem R = 1 [m], ω = 1 [1/s], Abwurfhöhe H = 1.5 R, Abwurfwinkel α = 45°, g = 10 [m/s²].

Zunächst stellen wir den Energieerhaltungssatz für die Zeitpunkte direkt vor und nach dem Abwurf des Teebeutels auf, um die Abwurfgeschwindigkeit rauszukriegen:

$$E_{ges} = \frac{1}{2} J \dot{\varphi}^2 + mgH = \frac{1}{2} mR^2 \omega^2 + mgH_{\text{(vorher)}} =_{\text{(nachher)}} \frac{1}{2} mv^2 + mgH \quad .$$

Nach umfangreichen Umformungen erhalten wir v = Rω =1 [m/s]. Na klasse! Das wußten wir auch schon von der Kreisbewegung. Also viel Rauch um nichts.

Nun noch schnell die Wurfgleichungen abgeschrieben (Nullpunkt der y-Koordinate: Ziel Boden, Nullpunkt x-Koordinate: Abwurfstelle, Nullpunkt Zeitachse: Abwurf, Ankunft Boden t*):

$$x(t^*) = v_x\, t^* = v \cos\alpha\, t^* = x_{max} \quad ,$$

$$y(t^*) = v\, t^* - 0.5\, g\, t^{*2} + H = v \sin\alpha\, t^* - 0.5\, g\, t^{*2} + H = 0 \quad .$$

Auflösen ergibt dann ... $t^* = 0.623$ [s] und $x_{max} = 0.4405$ [m].[37]

Als nächstes wollen wir uns nun doch etwas mehr den Kräften zuwenden. Und damit kommen wir zu den Gesetzmäßigkeiten des erlauchten Sir Isaac Newton:

## 3.3 Gesetze der Bewegung

In der Statik waren wir ja davon ausgegangen, daß ein Körper „statisch" ist, also in Ruhe ist oder sich mit konstanter Geschwindigkeit bewegt, wenn die Summe der auf ihn wirkenden Kräfte identisch Null ist. Klar ist wohl auch, daß – bei einem Ungleichgewicht der Kräfte, also einem „Kräfteüberschuß", eine Bewegungsänderung eintritt. Wie diese Bewegungsänderung quantifiziert werden kann, hat schon der alte Newton erkannt:

**Die Änderung der Bewegung ist der Einwirkung der bewegenden Kraft proportional und geschieht nach der Richtung derjenigen geraden Linie, an welcher jene Kraft wirkt.**

Bitte Auswendiglernen und nie wieder vergessen:

$$\Sigma F = m\,a = m\,\ddot{x} \text{ oder } m\,\ddot{y} \quad .$$ **(Newtonsches Axiom)**[38]

Und noch ein wichtiger Tip des Praktikers:

*Obacht bei den Vorzeichen! Immer erst die Koordinaten x, y mit Richtungen festlegen, dann die Kräfte in diese Richtung mit positivem Vorzeichen und die gegen diese Richtungen mit negativem Vorzeichen einsammeln und aufsummieren. Erhält man als Ergebnis eine positive Summe, erfolgt eine Beschleunigung in positive Koordinatenrichtung und umgekehrt!*

---

[37] Kommentar Herr Dr. Romberg: „Ich hab damals bei meinem Abi weiter geworfen. Wahrscheinlich hatte mein Teebeutel eine kleinere Masse."

***Au weia!!!!!!!!*** Mit Bitte an die Leser, diese unqualifizierte Bemerkung nicht abzuspeichern: Die Masse spielt doch keine Rolle, Herr Dr. Romberg !!!!!!!!!!!!!!!!!!!!!!!!!!!! (← ja, ja, reicht) Herr Dr. Romberg insistiert: „Lieber Herr Dr. Hinrichs! Es ist doch wohl ganz klar, daß man eine Kaffeetasse weiter werfen kann als einen Tresor!"

Replik Herr Dr. Hinrichs: „ Aber, aber Herr Dr. Romberg! Wir wollen mal nicht die Grundannahme eines in beiden Fällen als gleich anzunehmenden $v_0$ ´s vergessen!!!

[38] Einige behaupten ja: „Newton und Leibniz haben mit den Naturwissenschaften die Religionen überholt" - mit diesem Buch sind nach Auffassung von Herrn Dr. Romberg auch die Naturwissenschaften überholt!

Das Newtonsche Axiom gibt als Sonderfall die Statik wieder: da hier die Beschleunigung $a = 0$ ist, folgt $\Sigma F = 0$. Oder wir lesen die Gleichung umgekehrt: ist die Summe der Kräfte gleich Null, ist die Beschleunigung auch Null! Ist hingegen die Summe der Kräfte ungleich Null, können wir auf der rechten Seite der Gleichung die Beschleunigung berechnen.

Streng genommen haben wir die durch eine wirkende Kraft verursachte Bewegungsänderung ja schon erfolgreich untersucht: Beim freien Fall wirkt auf einen Körper ja einzig die Gewichtskraft $G = mg$. Bei den Gleichungen zur Beschreibung der Bewegung im freien Fall erhielten wir als Ergebnis der Beschleunigung $a(t) = \ddot{y}(t) = -g$. Dies hatten wir aber etwas umständlich aus dem Energiesatz hergeleitet.

*Als Beispiel nochmal unser Kirschkern im freien Fall:*

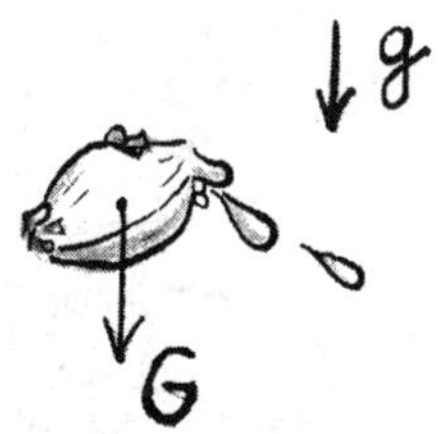


**Bild 94**: Freikörperbild des Kirschkerns mit Rotze

Wenn Ihr nicht wie Herr Dr. Romberg mittlerweile die gesamten Statikkenntnisse wieder mit gängigen $C_2H_5OH$-Programmen gelöscht habt, könnt Ihr nun mit Hilfe der neuen Gleichung sofort die Beschleunigung des Kirschkerns bestimmen, wobei die y-Koordinate nach oben zeigt. Also, *alle* Kräfte in Koordinatenrichtung (hier y) aufsummieren:

$$\Sigma F = -G = -mg = ma = m\ddot{y}, \qquad \Longrightarrow \qquad \ddot{y} = -g \quad .$$

Auch wenn Herr Dr. Hinrichs es abstreitet: So geht es um einiges einfacher als in Kapitel 3.2.1.1! Das Vorgehen bei derart beschleunigten oder verzögerten Bewegungen besteht also zunächst aus der Anwendung der Freischneidekünste wie in der Statik. Es kommt ein sehr grundlegendes Vorgehen der Mechanik zum Einsatz: die Freischneidemethode. Wir müssen also den Kirschkern freischneiden. Über das Freischneiden erhalten wir ein Freikörperbild. Ohne Freischneiden geht es an dieser Stelle nicht weiter, so daß dem Freischneiden auch hier eine besondere Bedeutung zukommt.

**Die „Beschleunigungskraft" (m $\ddot{y}$) wird**
*n i c h t* **in das Freikörperbild eingetragen!**

Wir schneiden als nächstes also frei. Andere nennen ein derartiges Vorgehen auch das erstellen eines Freikörperbildes. Hieran anschließend wenden wir das sogenannten Newtonschen Axioms an.

*Dazu gleich noch ein Beispiel:*

Aus irgendwelchen Gründen ist die abgebildete Hose plötzlich schwerer geworden.[39, 40] Fraglich ist nun, wann die rutschende Hose unten angekommen ist. Kleiner Tip:. Länge der Beine: 1 [m], Masse der Hose: M = 1 [kg], Normalkraft zwischen Hose und Beinen durch Gummizug: $F_N$ = 10 [N], gemittelter Reibkoeffizient zwischen Hose und Gebein: $\mu = 0.25$ (zusätzlich auftretende Gleiteffekte werden vernachlässigt). Also: das Freikörperbild und Anwendung des Newtonschen Axioms nach folgendem **Kochrezept** (So sollte man immer vorgehen, um die Vorzeichenprobleme zu vermeiden):

---

[39] Ähnlichkeiten der dargestellten Person mit Herrn Dr. Romberg sind von diesem beim Zeichnen absichtlich retouschiert worden.

[40] Über den „Humor" von Herrn Dr. Hinrichs muß auch an dieser Stelle großzügig hinweggesehen werden

**Erst wird der „Beschleunigungsterm" (hier M$\ddot{y}$) auf die *linke* Seite des Gleicheitszeichens geschrieben. Auf der *rechten* Seite werden dann die Kräfte aufsummiert, wobei diejenigen, die in Koordinatenrichtug zeigen *positiv* gezählt werden!**

Also, (y zeigt nach oben):

$$M\,\ddot{y} = \Sigma F = -M\,g + \mu\,F_N = -1 \cdot 10 + 0.25 \cdot 10\ [\text{kg m/s}^2]\quad M\,\ddot{y}$$

$$\Longrightarrow \quad \ddot{y} = -7.5\ [\text{m/s}^2]$$

$$\Longrightarrow \quad y = -0.5 \cdot 10 \cdot t^2 + 1\ [\text{m}] \qquad \text{mit } y(t^*) = 0$$

$$\Longrightarrow \quad t^* = \sqrt{\tfrac{1}{5}}\ [\text{s}] \quad = 0.4472\ \text{s}$$

Man kann also manchmal schneller dumm dastehen, als man denkt!

Leider gilt die Turboformel „Newtonsches Axiom“, mit der wir schon eine Menge erschlagen können, nur für translatorische Bewegungen – was aber tun, wenn wir eine rotatorische Bewegung beschreiben wollen?

Auch in diesem Fall gilt in der Kinetik eine Erweiterung der Gleichungen der Statik – von der Statik ist uns ja noch bekannt, daß die Summe der Momente gleich Null sein muß. Ist dies nicht der Fall, verlassen wir die Statik und es setzt eine Bewegung ein: In diesem Fall eine Rotation. Während für die Translation die Summe der Kräfte proportional der Beschleunigung war (und immer noch ist, mit dem Proportionalitätsfaktor Masse m), ist die Summe der Momente proportional zur Winkelbeschleunigungs $\ddot{\varphi}$. Proportionalitätsfaktor ist in diesem Fall das Massenträgheitsmoment J, welches wir ja schon aus der Energiebetrachtung kennen (und im Falle des Herrn Dr. Hinrichs auch lieben) und den Tabellen entnehmen können.

Der sogenannte Drallsatz lautet somit – bitte Auswendiglernen und nie wieder vergessen:

$$J^P \ddot{\varphi} = \Sigma M^P \qquad \text{(Drallsatz)}$$

Hierzu wichtige Tips des Praktikers:

1) Es muß für beide Seiten der Gleichung derselbe Beugspunkt P gelten!!! Obacht bei den Vorzeichen! Immer erst die Koordinaten x, y, $\varphi$ mit Richtungen festlegen, dann den $J\ddot{\varphi}$-Term links hinmalen (analog Translation), anschließend auf die rechte Seite die Momente in diese (Dreh)richtung mit positivem Vorzeichen und die gegen diese Richtung mit negativem Vorzeichen aufsummieren. Erhält man als Ergebnis eine positive Summe, erfolgt eine Drehbeschleunigung in positive Koordinatenrichtung und umgekehrt!

2) Diese Formel ist mit GROSSER VORSICHT zu genießen, da Sie nur unter bestimmten Voraussetzungen anwendbar ist. Entscheidende Bedeutung kommt bei der Anwendung die Wahl des Bezugspunktes für den Drallsatz zu (hiervon hängt das J ab und die Summe der Momente). Nichts falsch kann man auch ohne höhere Erkenntnisse machen, wenn man:

☺) als Bezugspunkt den Schwerpunkt des Körpers wählt

☺☺) als Bezugspunkt einen Punkt wählt, für den die Verbindungsgerade zum Schwerpunkt senkrecht zur Beschleunigung des Schwerpunktes ist.

Die Auswahl zwischen ☺) und ☺☺) trifft man dann danach, an welchem Punkt weniger unbekannte Kräfte angreifen.
Als mögliche Punkte sind zuerst immer der Momentanpol und der Schwerpunkt zu prüfen!!!

Nun empfehlen wir, die vorhergehenden Zeilen noch mindestens 10 mal zu lesen, denn das ist die halbe Miete – der Rest ist das korrekte allseits beliebte Freischneiden.

Zum besseren Verständnis gleich ein Beispiel: das in den Keller von Herrn Dr. Romberg rollende Nachschub-Bierfaß:

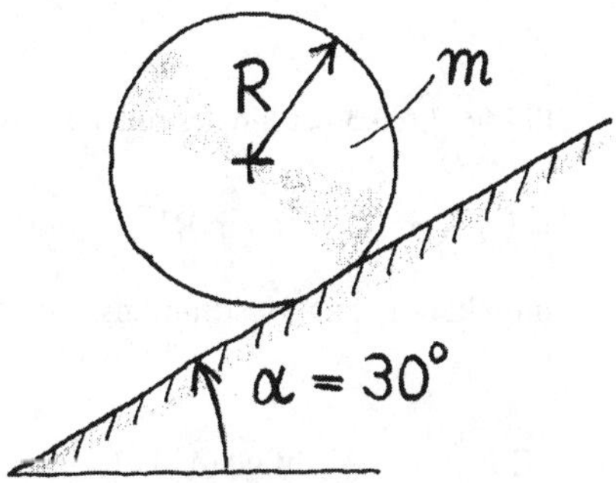


**Bild 95**: Rollendes Bierfaß

Noch eine Angabe: das Bierfaß kann als rollender, homogener Zylinder aufgefaßt werden. Erste Klippe ist hier das Freikörperbild, welche wir wohl sicher umschiffen können.

Nun aber zur Wahl des Bezugspunktes für unseren Drallsatz: Nach Regel 1) ist immer der Schwerpunkt, also der Walzenmittelpunkt geeignet – nach Regel 2) könnte ebenfalls der Aufstandspunkt des Bierfasses auf der schiefen Ebene gewählt werden (der Schwerpunkt wird wohl in Richtung der schiefen Ebene beschleunigt, die mit $a_S$ *ausnahmsweise* in das Freikörperbild eingetragen ist. Die Verbindungsgerade vom Bezugspunkt nach 2) zum

Schwerpunkt ist also senkrecht zur Beschleunigung $a_S$). Wir beginnen entgegen unserer Regel, also wider besseren Wissens, mit dem Schwerpunkt als Bezugspunkt:

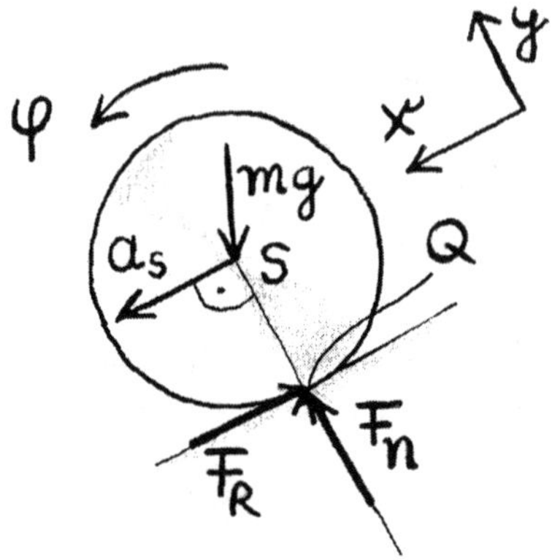


**Bild 96**: Freikörperbild des rollenden Bierfasses

$$J^S \ddot{\varphi} = \Sigma M^S = F_R R \text{ mit } J^S = 0.5 \text{ m } R^2 \qquad \text{(aus Tabelle abgelesen).}$$

Leider ist $F_R$ noch unbekannt, zur Bestimmung der Unbekannten hilft uns wieder Newton:

$$m \ddot{x} = \Sigma F_x = -F_R + m g \sin 30° \quad .$$

Leider ist $\ddot{x}$ noch unbekannt, also Kinematik:

$$\ddot{x} = R\ddot{\varphi} \; .$$

Nun müssen wir die drei Gleichungen mit den drei Unbekannten $F_R$, $\ddot{x}$ und $\ddot{\varphi}$ zusammenbraten ... Es ergibt sich folgendes Ergebnis:

$$\ddot{\varphi} = \frac{g}{3R} \qquad .$$

Wird aber entsprechend unserer Empfehlungen die Wahl zwischen Bezugspunkt nach ☺) und ☹) danach getroffen, wo mehr unbekannten Kräfte angreifen, fällt die Wahl auf den Aufstandspunkt des Bierfasses auf der Ebene,

da an diesem zwei unbekannte Kräfte $F_N$, $F_R$ angreifen. Der Aufstandspunkt ist gleichzeitig Momentanpol des Bierfasses – daher mit Q bezeichnet.
Nun geht die Rechnerei los: Der Drallsatz lautet in diesem Fall

$$J^Q \ddot{\varphi} = \Sigma M^Q = m g R \sin 30°$$

mit $J^Q = 0.5\, m R^2 \quad + \quad m R^2$
(aus Tabelle abgelesen + Steineranteil)

$$\Longrightarrow \quad \ddot{\varphi} = \frac{g}{3R} \quad .$$

Das war`s. Bei der Wahl des richtigen Bezugspunkts kann man sich also eine Menge Arbeit ersparen. Wer das begriffen hat, kann die Horrorthemen Impulssatz (Newton) und Drallsatz ad acta legen. Einzig ein paar verzwickte Geometrien und Freikörperbilder, siehe hierzu die Aufgaben in Kap. 4.3, können uns jetzt noch schocken (Herr Dr. Hinrichs möchte betonen, daß ihn dies in keiner Art und Weise irgendwie im geringsten schocken würde)!

Auch hier wollen wir nach diesem beschwerlichen Aufstieg durch knüppelhartes Gelände ein wenig verweilen und das Panorama, welches sich darbietet, bestaunen. Der folgende überwältigende Anblick einer wundervollen Analogie bietet sich uns dar:

| Translation | Rotation |
|---|---|
| Weg x=s | Winkel $\varphi$ |
| Geschwindigkeit $\dot{x} = v$ | Winkelgeschwindigkeit $\dot{\varphi} = \omega$ |
| Beschleunigung $\ddot{x} = a$ | Winkelbeschleunigung $\ddot{\varphi} = \dot{\omega}$ |
| Masse m | Massenträgheitsmoment J |
| Kraft F | Moment M |
| Impulsatz $m \ddot{x} = \Sigma F_x$ | Drallsatz $J^P \ddot{\varphi} = \Sigma M^P$ |
| Kinetische Energie $E_{trans} = ½\, m\, \dot{x}^2$ | Kinetische Energie $E_{rot} = ½\, J\, \dot{\varphi}^2$ |

Nachdem der Loser wieder ein wenig zu sich gefunden hat, geht ihm der Ausspruch „So simpel ist das ..." spontan über die Lippen. But last not least kommen wir nun zu einem weiteren Thema: der Stoß!

## 3.4 Der Stoß

*Als Stoß bezeichnet man das kurzzeitige Aufeinanderprallen zweier Körper. Während der sehr kurzen Stoßdauer $\Delta t$ wirken sehr große Kräfte – andere Kräfte (z.B. Gewichtskräfte) sind dagegen vernachlässigbar – und die Lage der am Stoß beteiligten Körper ändert sich nicht. [4]*

Die wissenschaftliche Erörterung des im Bild dargestellten Sachverhaltes führt zu folgendem Ergebnis: die Faust wird in Richtung des Gesichts bewegt und übt bei dem zustandekommenden Kontakt Kräfte auf dieses aus. Infolge der Kontaktkräfte wird (ganze) Arbeit an Teilen der Visage geleistet: es kommt zu Verformungen, Umstülpprozessen, einem Herausbrechen der Zähne, .... Ist das Antlitz einem vollschlanken Herrn zugeordnet, wird dieser dennoch wohl weiterhin stehenbleiben. Ein halber Hahn hingegen wird mehr oder weniger verschoben. Unter Umständen findet sogar ein Salto rückwärts statt. Dazu gleich noch ein paar Fachausdrücke, mit denen Ihr in der Boxarena glänzen könnt: Der Salto rückwärts findet deswegen statt, weil der Schlag nicht in

Richtung des Schwerpunktes ausgeführt wird. In diesem Fall spricht man auch von einem ***exzentrischen Stoß***.[41] Dringt hingegen der Schlag tief in die Magengegend ein, wo ungefähr der Schwerpunkt liegen dürfte, spricht der Fachmann von einem ~~STRIKE~~ *zentralen Stoß* (Herr Dr. Hinrichs wirft ein: sein eigener Schwerpunkt liegt woanders).

Den Mechaniker wird sicher interessieren, wieviel des Schlages vom Kopf aufgenommen wird und mit welcher Geschwindigkeit der getroffene Körper dann (nach hinten) zu Boden geht. Hierfür bieten die Stoßgesetze geeignete Gleichungen:

Zunächst einmal müssen wir hierzu einmal das Nextonsche Axiom ummuddeln, indem wir dieses integrieren (wir sind nicht die ersten die dies getan haben, sondern schreiben dieses mal wieder ab!):

$$\int_0^{t^*} F\,dt = \int_0^{t^*} m\ddot{x}\,dt$$

$$\int_0^{t^*} F\,dt = m\,\dot{x}(t=t^*) - m\,\dot{x}(t=0)$$

$$\int_0^{t^*} F\,dt = m\,v_2 - m\,v_1\,.$$

Das Ganze kann man folgendermaßen interpretieren: mit dieser neuen Formel (sogenannter Impulssatz in integraler Form) können wir die Änderung einer Bewegungsgröße durch eine Krafteinwirkung in einem Zeitintervall von $t = 0$ bis $t = t^*$ bestimmen. Allerdings liegt diese Bewegungsgröße in bisher ungewohnter Form vor: m v. Diese Bewegungsgröße bezeichnet man auch als *Impuls.* Mit dem dargelegten Impulssatz können wir also die *Änderung des Impulses* infolge einer Kraftausübung auf einen Körper bestimmen. Weiterhin lehrt die Gleichung, daß ohne Krafteinwirkung (oder für Kräfte, die im zeitlichen Mittel Null sind!) der Impuls des Körpers erhalten bleiben muß[42]:

$$m\,v_2 = m\,v_1.$$

[41] Übrigens: Auch Herr Dr. Romberg hat einen leichten exzentrischen Stoß!

[42] O-Ton Herr Dr. Romberg: „Wir müssen diesen Teil noch etwas entlehrbuchen!“ Anmerkung Herr Dr. Hinrichs: „ Ich entlehrbuche - du entlehrbuchtest - er, sie, es wird entlehrbucht haben ....“

Die neuen Erkenntnisse können wir sogleich auf die mit dem Boxhieb demolierte Visage verwenden. Wir schneiden einen der beteiligten Körper – wahlweise die Hand oder die Visage – frei. Der Kraftverlauf auf dieses Körperteil hat dann den folgenden zeitlichen Verlauf (Bild 97):

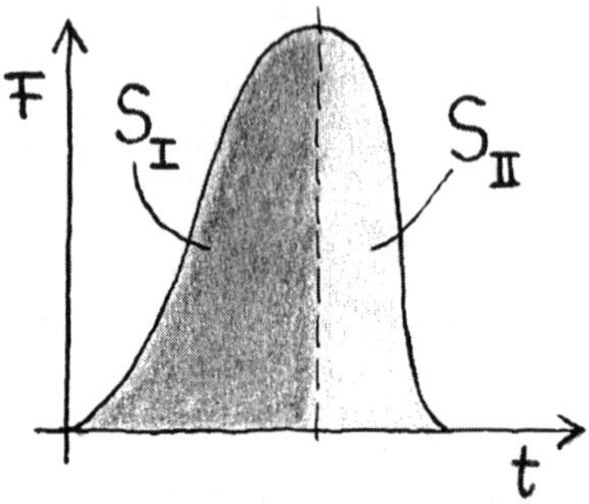


**Bild 97**: Zeitlicher Verlauf der Kraft beim Impuls

Für elastische Visage und Faust hat die Kraft in der Kontaktfläche einen symmetrischen Verlauf. Die Faust federt in die Visage ein und wieder aus dieser heraus. Auf dem Rückweg der Faust nimmt die Kontaktkraft wieder ab. Im *elastischen* Fall gilt für die Impulsänderung (dem Integral F nach der Zeit t, also der schraffierten Fläche unter der Kurve) $S_I = S_{II}$. Ist das Gesicht *vollplastisch*, als wenn es aus Knetgummi besteht, ist $S_{II} = 0$ und nach dem Stoß bleibt die Kontur der Faust im Gesicht erhalten. Für den *teilplastischen* Fall gilt $S_I > S_{II}$. Zur Erfassung der „Plastizität des Stoßes" wird nun die Stoßziffer e eingeführt:

$$S_{II} = e\, S_I \; .$$

Tja, und das bedeutet:

| | |
|---|---|
| elastischer Stoß: | $e = 1$ |
| teilplastischer Stoß: | $0 < e < 1$ |
| vollplastischer Stoß: | $e = 0$ |

Und wozu das Ganze? Man kann nun mit der Stoßzahl nicht nur den Impulssatz in integraler Form auf *einen* Körper anwenden, sondern hiermit den

Stoßvorgang zwischen zwei Körpern abbilden. In den Lehrbüchern in Anlage sind herrliche ~~V~~Herleitungen dargestellt, die für den Fall des zentralen Stoßes von zwei Körpern auf folgende Gleichungen führen:

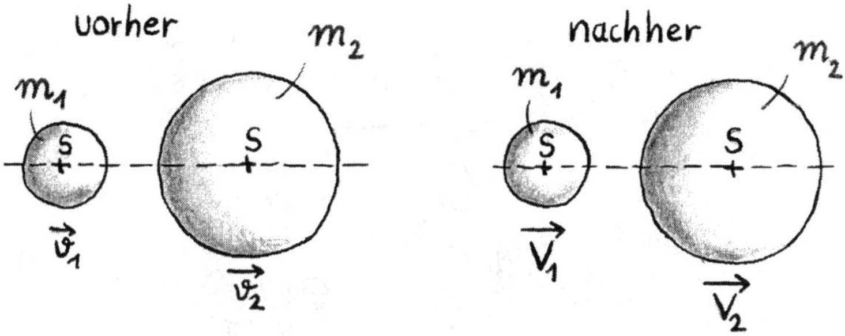


**Bild 98**: Stoß zweier elastischer Körper

Das folgende betrifft also zwei Körper mit den Massen $m_1$, $m_2$, die die Geschwindigkeiten $v_1$ und $v_2$ *vor* und die Geschwindigkeiten $V_1$ und $V_2$ *nach* dem Stoß haben. Es gilt nun – bitte einfach glauben (Herr Dr. Hinrichs raunt: „Glauben heißt nicht wissen“‘, Hilfstheologe Dr. Romberg beruhigt: „Glauben heißt vertrauen ...“):

Die Stoßzahl e kann man aus den Geschwindigkeitsdifferenzen bestimmen:

$$e = -\frac{V_1 - V_2}{v_1 - v_2} \quad .$$

Für die Geschwindigkeiten nach dem Stoß gilt:

$$V_1 = \frac{1}{m_1 + m_2}\left[(m_1 - e\,m_2)\,v_1 + (1+e)\,m_2\,v_2\right] \quad ,$$

$$V_2 = \frac{1}{m_1 + m_2}\left[(1+e)\,m_1\,v_1 + (m_2 - e\,m_1)\,v_2\right] \quad .$$

Energieverlust während des Stusses:

$$\Delta T = \frac{1-e^2}{2}\,\frac{m_1\,m_2}{m_1 + m_2}(v_1 - v_2)^2 \quad .$$

Retten können einen außerdem die vereinfachten Gleichungen für den Aufprall eines Körpers 1 gegen eine starre Wand 2 (Grenzfall $m_2 = \infty$, $v_2 = 0$):

$$V_1 = -e\,v_1 \,, \qquad \Delta T = \frac{1-e^2}{2}\,m_1 v_1^2 .$$

That was hard stuff! Andererseits ist die Anwendung dieser Gleichungen verhältnismäßig easy, da dies eigentlich nach Schema F erfolgt !

*Daher schnell zwei Beispiele:*

Zur Bestimmung der Stoßzahl e wird eine Kugel aus der Höhe H auf eine Ebene fallengelassen. Nach dem Aufprall auf der Ebene erreicht die Kugel die maximale Flughöhe h. Wie groß ist die Stoßzahl e ?

Hierzu brauchen wir ja bekanntlich die Geschwindigkeiten unmittelbar vor und nach dem Stoß. Diese sind:

$$mgH = \frac{1}{2} m\, v_1^2 \qquad \text{(Energiesatz)}$$

$$\Longrightarrow \quad v_1 = \sqrt{2gH}\text{, genauso gilt} \qquad V_1 = \sqrt{2gh} \quad ,$$

$$\text{aus } V_1 = -\, e\, v_1 \qquad \text{folgt} \quad e = \sqrt{\frac{h}{H}} \quad .$$

*Und gleich die nächste Aufgabe:*

In der Herrendusche liegt auf dem schlüpfrigen Boden ($\mu$=0) eine Seife (Masse m, $v_m$=0) im Abstand L von der Wand. Beim Seifenfußball wird eine zweite Seife (Masse M = 4 m) mit der Geschwindigkeit $v_M$ gegen die erste Seife geschossen. An welcher Stelle stoßen die Seifen zum *zweiten* Mal zusammen, wenn die Stöße zwischen den Seifen elastisch (e = 1: harte Kernseife – denn harrrrt muß sie sein) sind?

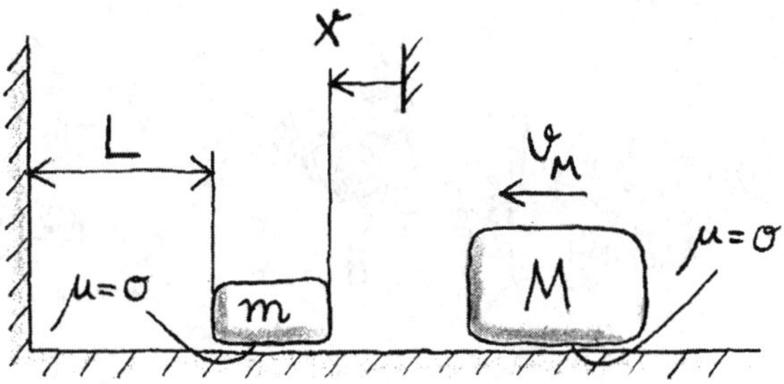


Zu den Seifengleichungen: Nach dem ersten Stoß:

$$V_M = \frac{1}{M+m}\left[(M - e\,m)\,v_M + (1+1)\,m\,0\right] = \frac{1}{5m}\left[3m\,v_M\right] = \frac{3}{5}\,v_M$$

$$V_m = \frac{1}{M+m}\left[(1+1)\,M\,v_M + (m - e\,M)\,0\right] = \frac{1}{5m}\left[8m\,v_M\right] = \frac{8}{5}\,v_M$$

Bedingung für 2. Stoß: Zurückgelegte Strecken von M bis zum nächsten Stoß bei $x_{stoß}$ = zurückgelegte Strecke von m bis zur Wand und zurück bis zu $x_{stoß}$:

$$x_M\,(t_{stoß}) = x_{stoß}$$

$$x_m\,(t_{stoß}) = L + L - x_{stoß} = 2L - x_M$$

$$V_m\,t_{stoß} = 2L - V_M\,t_{stoß}$$

$$\frac{8}{5}\,v_M\ t_{stoß} = 2L - \frac{3}{5}\,v_M\,t_{stoß} \qquad \Longrightarrow t_{stoß} = \frac{10\,L}{11\,v_M}$$

$$\Longrightarrow x_{stoß} = 6/11\ L\ .$$

*Unfaßbar ... das war' s mit der Terrorie.*

Da wir wissen, daß die Halbwertszeit des Mechanik-Wissen unter Umständen sehr kurz sein kann[43], bitte die Schweißbänder anlegen: es geht gleich an die Aufgaben!

[43] Im Fall von Herrn Dr. Romberg reicht ein einziger Abend mit den richtigen Randbedingungen für einen Blackout mit völligem Reset.

## 4. Übung macht den Loser zum Winner

Schlaue Lernpsychologen haben herausgefunden, daß der Durchschnittsloser durchschnittlich

10% durch Lesen
20% durch Hören
30% durch Sehen
50% durch Hören und Sehen
und 90% durch Anwenden

behält. Jetzt könnt Ihr also Euren Wirkungsgrad phänomenal steigern, indem Ihr das Gelesene auf die folgenden Aufgaben anwendet. Hier ist allerdings der Ärger auf Eurer Seite schon vorprogrammiert.

*„Es gibt wohl kaum ein Grundlagenfach der Ingenieurwissenschaften, bei dem man durch das Gefühl, die Theorie verstanden zu haben, so ge- und enttäuscht wird wie in der Mechanik, wenn es daran geht, praktische Aufgaben zu lösen" [23], siehe auch die Kommentare aller Loser bei der Verkündung der Prüfungsergebnisse.*

Aber bevor Ihr dieses Buch nach den ersten beiden nicht gelösten Aufgaben spontan verbrennt: Der Lernerfolg setzt ja gerade dann ein, wenn Ihr bei einer Aufgabe nicht weiterkommt (denn hättet Ihr die Aufgabe problemlos lösen können, hättet Ihr sie nicht rechnen müssen - Ihr hattet diese Aufgabe ja vorher schon drauf). Also könnt Ihr Euch immer dann riesig freuen, wenn Ihr an einer Aufgabe schier verzweifelt. Kostet also den Punkt der schieren Verzweiflung voll aus, probiert mehrere Lösungswege, die u. U. alle ins Dickicht und auf unterschiedliche Lösungen führen und laßt dann durch Lektüre und Auseinandersetzung mit der Musterlösung den Groschen fallen - das nennt man dann Lernerfolg.[44]

[44] Sicherlich werdet Ihr Euch über die zu schweren Aufgaben beschweren. Herr Dr. Hinrichs hat sich bei der Auswahl der Aufgaben von seinem Sadismus hinreißen lassen, Herr Dr. Romberg meint, daß er selber und Ihr am meisten an schweren, schier unlösbaren Aufgaben lernen könnt.

Ihr findet bei jeder Aufgabe einerseits eine Kapitelnummer. Diese besagt, bis zu welchem Kapitel (einschließlich) Ihr das Buch gelesen haben solltet, damit es überhaupt Sinn macht, sich mit der Aufgabe zu beschäftigen.

Andererseits findet Ihr vor jeder Aufgabe ein Symbol, welches den Schwierigkeitsgrad der Aufgabe charakterisiert, und zwar

☼: Die derart markierten Aufgaben sind ein absolutes Muß! Ihr solltet nach der Lektüre der jeweiligen Kapitel diese Aufgaben eigenständig zumindest ansatzweise lösen können - nach dem Studium der Lösung sollten die Fehler der eigenen Lösung einleuchtend sein.

💣: Diese Aufgaben haben es in sich - sie schlagen daher wie eine Bombe ein, teilweise mit vernichtender Wirkung.

☠: Diese Aufgaben sind ein inneres Freudenfest für Herrn Dr. Hinrichs - zugleich aber auch stark moralgefährdend, so daß vor deren Inangriffnahme gewarnt werden muß. Nach einem sicherlich fehlschlagenden, aber dennoch wichtigen eigenen Lösungsversuch sollte die Lösungsskizze nachvollzogen werden, da diese interessante mechanische Kniffe beinhaltet.

✞: Derart sind Aufgaben gekennzeichnet, die den Loser auch nach der Lektüre des Buches derart schocken, daß sie ihn umbringen können.[45]

🕮: Wir haben der Vollständigkeit halber Aufgaben hinzugefügt, die Grundlagen der Mechanik beinhalten, die nicht in dem Kapiteln 1 bis 3 dargestellt sind. Hier ist daher ein eigener Lösungsversuch sinnlos - aber das Studium der Lösung erscheint uns als erster Einstieg sinnvoller als das Studium der Sekundärliteratur, wenn Mann/Frau einfach nur mitreden können will.

Bei den unter Garantie auftretenden Problemen beim Lösen der Aufgaben solltet Ihr unterscheiden zwischen Problemen beim Aufstellen der Gleichungen (also Problemen mit der Mechanik) und Problemen beim Lösen der mühsam

[45] By the way: es gibt keine derartige Aufgabe!

gewonnenen Gleichungen (dies sind Probleme mit der Mathematik. Erstere Probleme sind gewünscht und müssen, wie bereits zuvor erwähnt, überwunden werden. Zweitere Probleme sind eigentlich unbedeutend. Naja, eigentlich auch nicht. Aber diese Probleme kriegt man auch nicht in den Griff, wenn man dieses oder andere Mechanikbücher mehrmals liest. Also, wenn Ihr auf ein etwas abenteuerliches Integral oder vier Gleichungen mit vier Unbekannten stoßt, ist die Mechanik der Aufgabe erschlagen und Ihr könnt zufrieden sein!

Und dann noch ein paar kleine Tricks mit großer Erfolgswirkung, mit denen man sich das Mechanikerleben etwas vereinfachen kann.

- In der Statik sind oftmals die Geometrie und die angreifenden Kraftgrößen unter einem Winkel φ angetragen (z.B. Klotz auf um den Winkel φ geneigter Ebene). Die Erfahrung zeigt hier, daß in der Lösung oft aus dem Sinus (Sollergebnis) ein Cosinus (Istergebnis) geworden ist. Dies läßt sich vermeiden, indem in der Skizze des Freikörperbildes kein Winkel φ in der Nähe von 45° gewählt wird (für φ=45° sind im rechtwinkligen Dreieck die gegenüberliegenden Winkel nicht zu unterscheiden), sondern ein deutlich kleinerer (oder größerer) Winkel!
- Bei der Kontrolle des erzielten Ergebnisses sollte man eine Plausibilitätsprüfung durchführen. Am Beispiel der schiefen Ebene: Hier ist es immer gut, einmal die Extremwerte (φ=0, φ=90°) einzusetzen. Wenn dann für φ=0 die ermittelte Hangabtriebskraft $F_{hab} = G \cos\varphi$ der Gewichtskraft entspricht, dann stimmt irgendetwas nicht!
- Viel Ärger am Ergebnisbrett der Grundlagenklausur Tschechische Mechanik kann man sich ersparen, wenn man am Ende einer Aufgabe für das errungene Ergebnis eine Einheitenkontrolle durchführt - und dann im Notfall noch etwas „nachbessert".
- Im richtigen Ergebnis sollten alle im Aufgabentext gegebenen Größen enthalten sein. Eine innovative Lösung mit neuen Größen wird in der Regel mit Sonderabzug belohnt.

Doch nun auf in den Kampf.

## 4.1 Aufgaben zur Statik

| Aufgabe: 1 | Kapitel: 1.4, | Schwierigkeitsgrad: ● |
|---|---|---|

Die homogene Walze W (Gewicht G) wird auf der schiefen Ebene (Neigungswinkel β) durch ein Gewicht G über ein gewichtsloses Seil in Ruhe gehalten. Wie groß ist die Normalkraft zwischen Ebene und Walze?
Gegeben: G, β=30°.

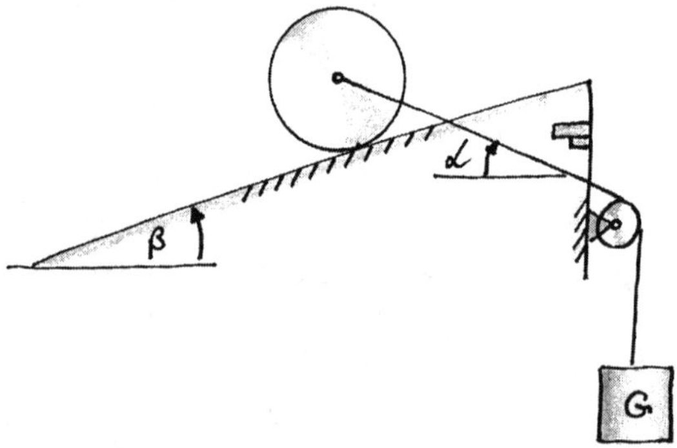


**Lösung**

Freikörperbild:

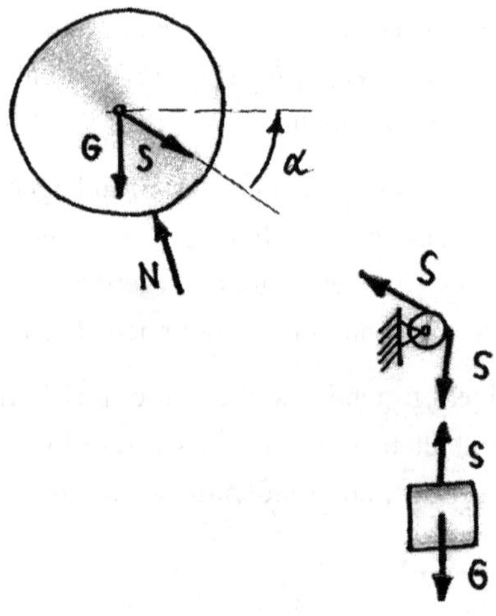

Summe der Kräfte an dem Gewicht: S = G
Kräfteplan (Krafteck) für die Walze:

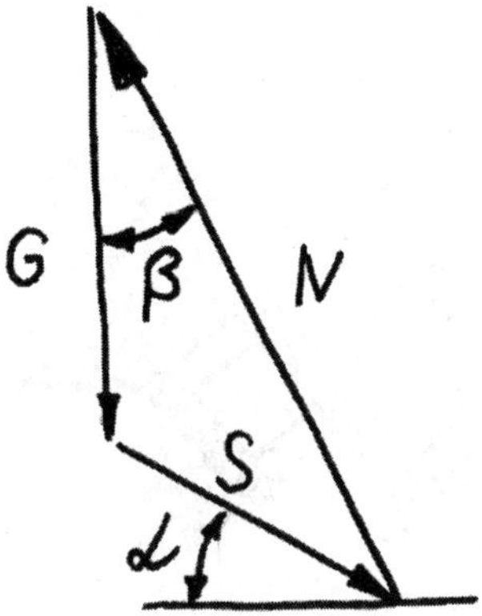


Der Rest ist reine Geometrie:

$$G \cos\alpha = N \sin\beta$$
$$G \sin\alpha = N \cos\beta - G$$
$$\cos\alpha = N \sin\beta / G = \frac{N}{2G}$$
$$\sin\alpha = N \cos\beta / G - 1 = \frac{N\sqrt{3}}{2G} - 1$$
$$\sin^2\alpha + \cos^2\alpha = 1 = \frac{N^2}{4G^2} + \frac{3N^2}{4G^2} - \frac{N\sqrt{3}}{G} + 1$$
$$\frac{N}{G}\left(\frac{N}{G} - \sqrt{3}\right) = 0$$

Lösungen: 1) $N = 0$ , nicht sinnvoll !!!
2) $N = \sqrt{3}G$

| Aufgabe: 2 | Kapitel: 1.4, Schwierigkeitsgrad: |
| --- | --- |

Das skizzierte, reibungsfreie System wird durch die Kraft F belastet.
Bestimmt die Auflagerreaktionen!
Gegeben: a, F.

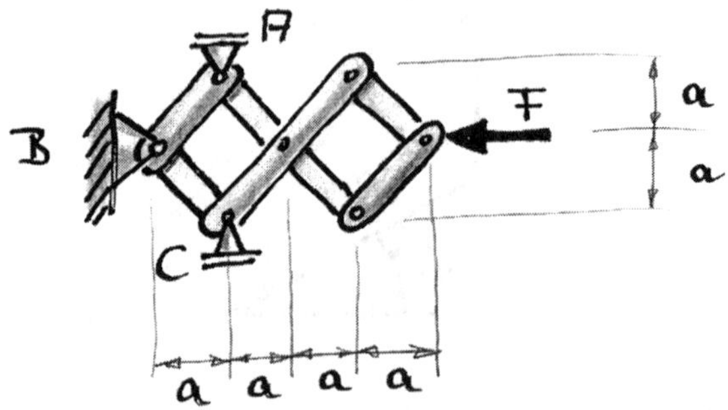


## Lösung

Freikörperbilder:

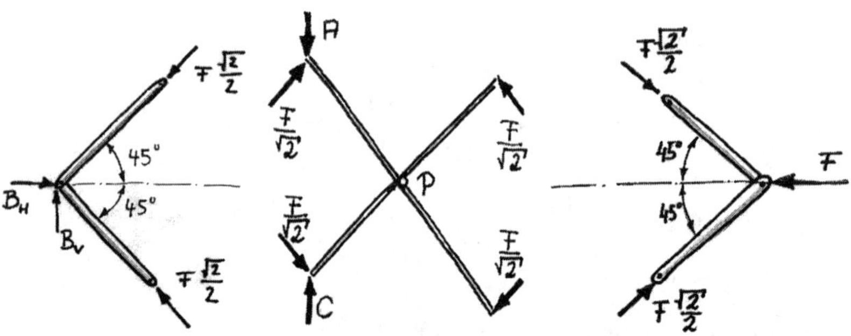

Anmerkung: Stäbe rechts und links sind Pendelstützen, können also nur Kräfte in Längsrichtung aufnehmen

Summe der horizontalen Kräfte für das Freikörperbild rechts und Berücksichtigung der Symmetrie (oben = unten) ergibt Längskraft $F\sqrt{2}/2$

Mittleres Freikörperbild:

Symmetrie: $A = C$
$\Sigma M^P$: $A = 2F$
Gesamtsystem: $\Sigma F_H = 0 \Longrightarrow B_H = F, B_V = F$

**Aufgabe: 3** **Kapitel: 1.4,** **Schwierigkeitsgrad:**

Ein Bierglas von Herrn Dr. Romberg kann als offener, kreiszylindrischer Stahlblechbehälter (Durchmesser D, Höhe H, Blechstärke s, $s \ll D$, $s \ll H$) betrachtet werden. Da das Bierglas mal wieder leer ist und der Nachschub auf sich warten läßt, vertreibt sich Herr Dr. Romberg die Langeweile mit einem wissenschaftlichen Versuch:
Das Bierglas wird am unteren Rand einseitig angehoben. Wie groß darf $h_1$ maximal werden, ohne daß der Behälter nach links umkippt?
Gegeben: G, D, s, $s \ll D$, $s \ll H$.

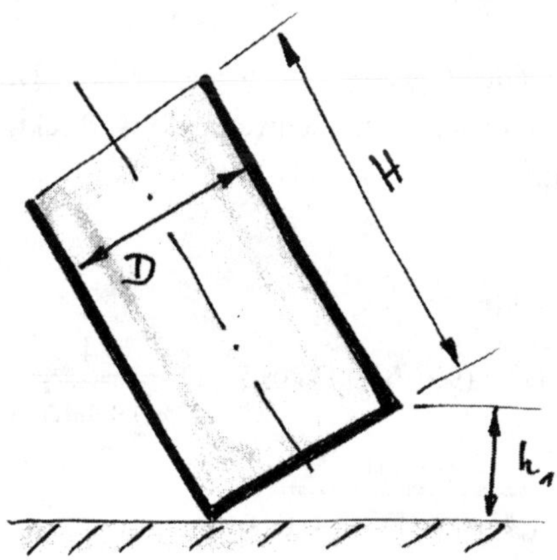

## Lösung

Schwerpunkt im x-y-Koordinatensystem:

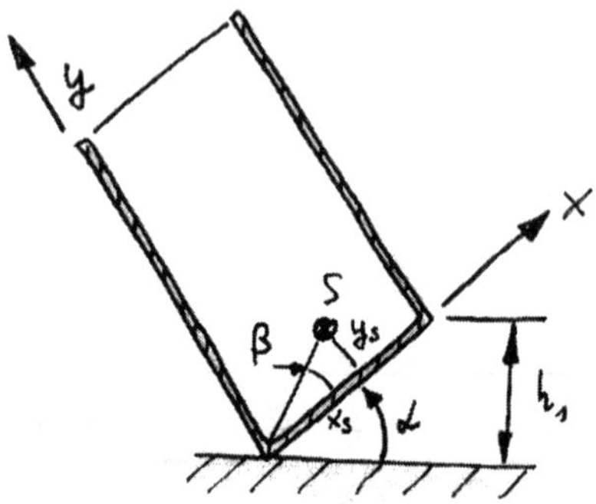


$$x_S \quad = D/2 \qquad \text{(Symmetrie)}$$

$$y_S \quad = \frac{\frac{s}{2}\frac{\pi}{4}(D-2s)^2 s + \frac{H}{2}\frac{\pi}{4}(D-(D-2s)^2)H}{\frac{\pi}{4}(D-2s)^2 s + \frac{\pi}{4}(D-(D-2s)^2)H}$$

$$= \frac{H/2 \quad \pi DHs + 0}{\pi D^2 s/4 + \pi DHs} = \frac{2H^2}{D+4H}$$

$$\tan\beta = x_S/y_S = \frac{D^2 + 4HD}{4H^2}$$

Labiles Gleichgewicht („gerade noch vor dem Umkippen“ und/oder „Umkippen fängt gerade an“): Der Schwerpunkt ist direkt, d.h. senkrecht, über dem Aufstandspunkt:

$$\alpha + \beta = 90°$$

$$h_1 = D\sin(90°-\beta) = D\cos\beta = D\,\frac{1}{\sqrt{1+\tan^2\beta}}$$

$$h_1 = \frac{2H}{\sqrt{4H^2 + (D^2 + 4HD)^2}}$$

| Aufgabe: 4 | Kapitel: 1.4, | Schwierigkeitsgrad: 💣 |
|---|---|---|

In einer Vertiefung (Breite a, Tiefe a) ruht wie skizziert ein homogener Balken konstanten Querschnitts vom Gewicht G. Das System ist reibungsfrei.
Welche Länge L darf der Balken maximal haben, wenn er nicht aus der Vertiefung herausrutschen soll?
Gegeben: a, G.

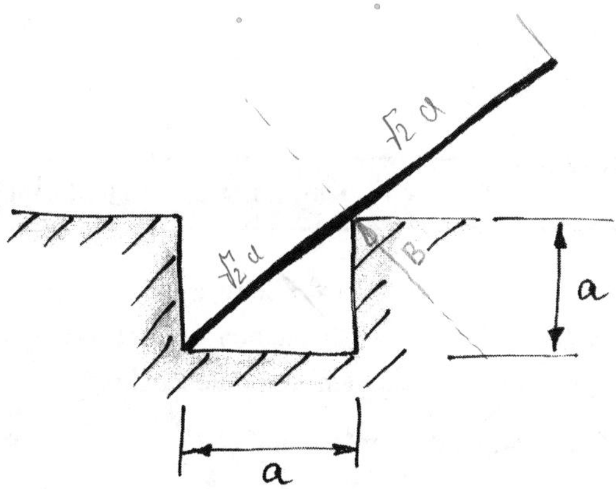


**Lösung**

Freikörperbild:

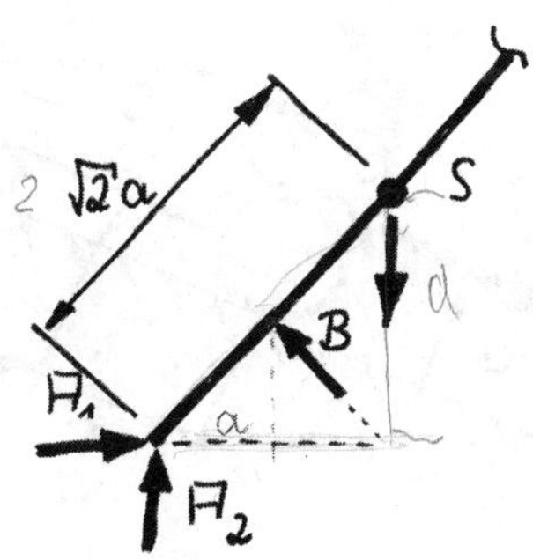

| | |
|---|---|
| Beginn des Rutschens mit $A_2 = 0$: | Zentrales Kräftesystem |
| Vorgehen: | 1) Konstruktion des Schnittpunktes $A_1$ - B |
| | 2) zentrales Kräftesystem für Schwerpunkt senkrecht über dem Schnittpunkt (nur dann ist die Summe der Momente um den Schnittpunkt Null!) |
| ===> | $L = 4\sqrt{2}\,a$ |

**Aufgabe: 5 Kapitel: 1.4, Schwierigkeitsgrad: ☼**

Ein Traktor (Gewicht einschl. Fahrer G, Schwerpunkt S) fährt ohne Rutschen der hinteren Antriebsräder mit konstanter Geschwindigkeit den Hang (Steigungswinkel $\alpha$) hinauf. Zusätzlich wirkt die Zugkraft F.

a) Bei welcher Kraft F kippt der Traktor um?

b) Wie groß muß der Reibwert zwischen den Antriebsrädern und der Ebene mindestens sein, damit der Traktor nicht rutscht bevor er kippt?

Gegeben: a, G, $\alpha$.

## Lösung

Bedingung für Beginn des Kippens: Normalkraft zwischen Vorderrad und Ebene ist Null!

a) Freikörperbild:

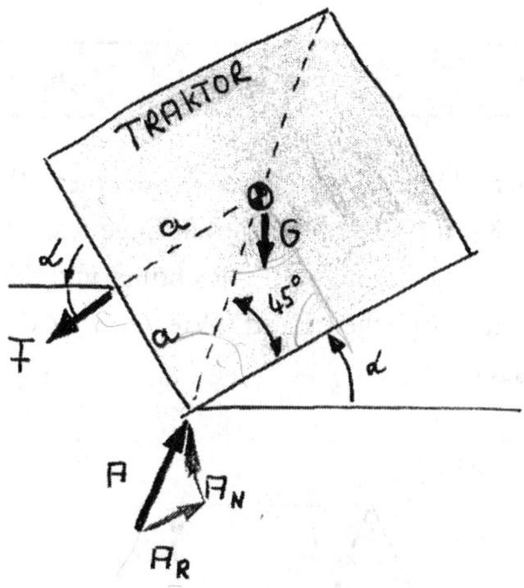


Summe der Momente um A: - Fa + Ga $(\cos\alpha - \sin\alpha)$ ==> $F = G(\cos\alpha - \sin\alpha)$

Alternative Lösung: zentrales Kräftesystem:

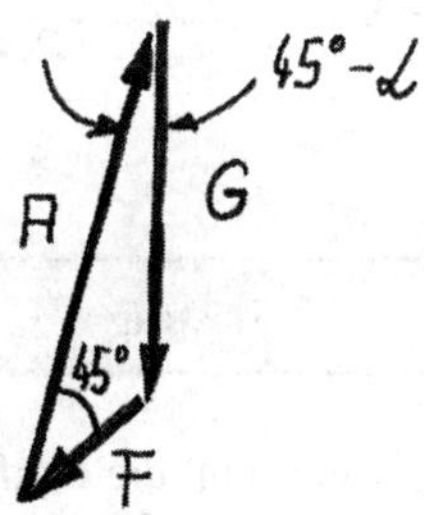

$$\Longrightarrow \quad F = G\,\frac{\sin(45°-\alpha)}{\sin 45°} = \sqrt{2}\ G \sin(45°-\alpha)$$

(das ist dasselbe wie die erste Lösung!!!)

b) $$\mu \geq \frac{A_R}{A_N} = \tan 45° = 1$$

| **Aufgabe: 6** | **Kapitel: 1.4,** | **Schwierigkeitsgrad:** |
|---|---|---|

Der skizzierte Körper (dünnes homogenes dreieckiges Blech mit masselosem Stab) soll durch eine Kraft F in der skizzierten Lage festgehalten werden.
Man ermittle den Kraftangriffspunkt, die Richtung und den Betrag der Kraft F für den Fall des kleinstmöglichen Kraft. Wie groß ist dann die resultierende Lagerreaktion im Lager A?
Gegeben: G, a.

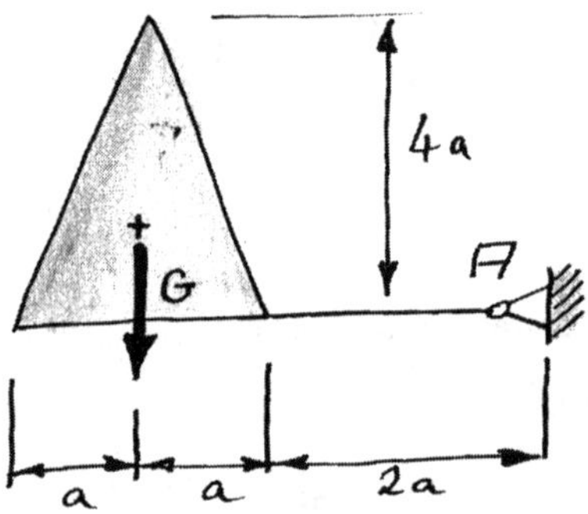


**Lösung**

Überlegung: - zur Minimierung muß die Kraft senkrecht auf dem Hebelarm stehen
- Hebelarm muß maximal sein
- Zur Richtung:

F muß an der oberen Ecke des Dreiecks angreifen und senkrecht auf der Verbindungslinie der Spitze und des Lagers A stehen - in diesem Fall ist der Hebelarm der Kraft maximal!

Betrag der Kraft: $\Sigma M^A$: $3\,G\,a - \sqrt{16a^2 + 9a^2}\;F = 0$

$\Longrightarrow \quad F = \frac{3}{5}\,G$

Krafteck mit Kräften F, A und G: $A = \frac{4}{5}\,G$

**Aufgabe: 7 Kapitel: 1.8, Schwierigkeitsgrad:**

Ein ~~Ingenieurkopf~~ Hohlwürfel konstanter Wandstärke (Innenkantenlänge a) hängt an einem Seil, das an einer Ecke des Würfels befestigt ist. In seinem Innenraum liegt reibungsfrei eine Kugel (Gewicht G, Durchmesser d<a).
Wie groß sind die auf die Kugel wirkenden Stützkräfte nach Betrag und Neigung gegenüber der Vertikalen!
Gegeben: a, d, G.

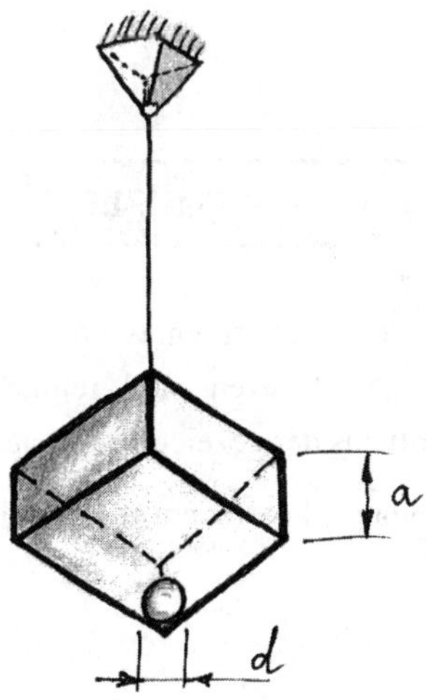

## Lösung

1. Lösungsweg: Koordinatensystem in Richtung der Würfelkanten:

$$\begin{bmatrix} N \\ 0 \\ 0 \end{bmatrix} + \begin{bmatrix} 0 \\ N \\ 0 \end{bmatrix} + \begin{bmatrix} 0 \\ 0 \\ N \end{bmatrix} = G\frac{1}{\sqrt{3}}\begin{bmatrix} 1 \\ 1 \\ 1 \end{bmatrix}$$

$$==> \quad N = \frac{G}{\sqrt{3}}$$

2. Lösungsweg: Winkel φ zwischen der Würfeldiagonalen und Kante:

$$\cos\varphi = \frac{a}{\sqrt{a^2 + a^2 + a^2}} = \frac{1}{\sqrt{3}}$$

Jede Wand trägt 1/3 der Gewichtskraft:

$$N\cos\varphi = \frac{G}{3}$$

$$=> \quad N = \frac{G}{\sqrt{3}}$$

**Aufgabe: 8 Kapitel: 1.9, Schwierigkeitsgrad:**

Eine Dampfwalze (Gewicht G) besitzt eine vordere Walze (Radius r) und zwei hintere Antriebswalzen. Die Walzen sind reibungsfrei auf ihren Achsen gelagert. Das Fahrzeug soll aus der gezeichneten Lage über die Stufe rollen.

Wie groß muß der Haftreibungskoeffizient $\mu_0$ zwischen der Fahrbahn und den Walzen mindestens sein?

Gegeben: L, r, G, α.

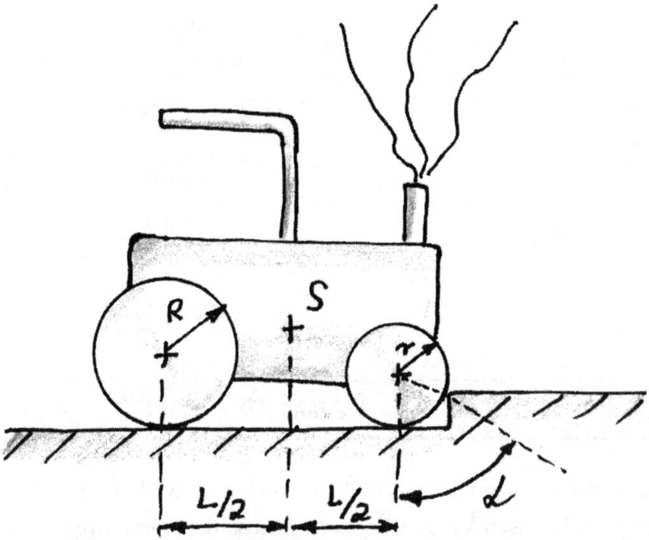


**Lösung**

Freikörperbild:

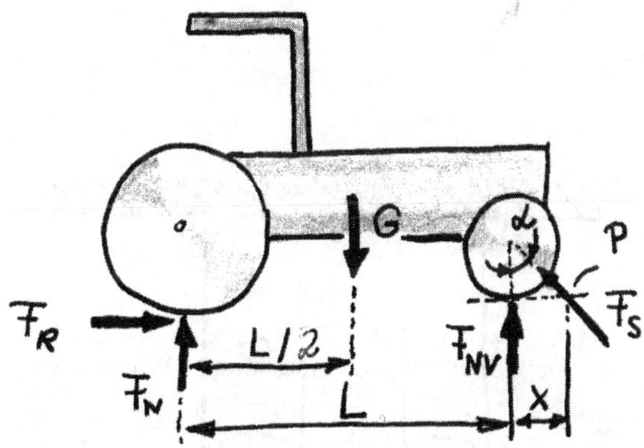


Beginn der Bewegung: $F_{NV} = 0$

Normalkraft: $\Sigma M^P$: $F_N (L+x) - G (L/2 + x) = 0$ mit $x = r \tan \alpha$

$$F_N = G\,\frac{L/2 + r\tan\alpha}{L + r\tan\alpha}$$

Reibkraft: $\Sigma F_H$: $F_R = F_{SV}\tan\alpha = (G - F_N)\tan\alpha$

$$= G\tan\alpha\,\frac{L/2}{L + r\tan\alpha}$$

Reibungskoeffizient: $\mu_0 \geq \frac{F_R}{F_N} = \frac{\tan\alpha}{1 + 2r\tan\alpha / L}$

**Aufgabe: 9 Kapitel: 1.9, Schwierigkeitsgrad:**

Ein Körper, der aus zwei Kreisscheiben (Gewicht jeweils G, Durchmesser D) und einer gewichtslosen Verbindungsstange zusammengeschweißt ist, wird mit zwei gleichen Seilwinden W mit konstanter Geschwindigkeit auf den Boden abgelassen.

Wie groß ist das Biegemoment in der Mitte der Verbindungsstange, wenn zwischen den Kreisscheiben und Seilen jeweils der Reibungskoeffizient $\mu$ wirkt.

Gegeben: G, D, $\mu$.

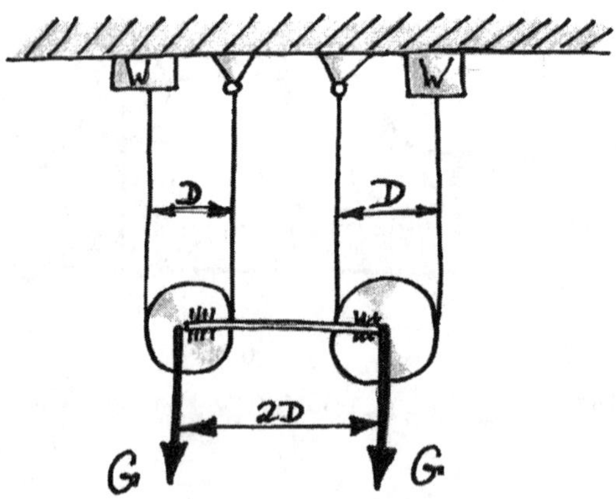

**Lösung**

Freikörperbild linke Scheibe:

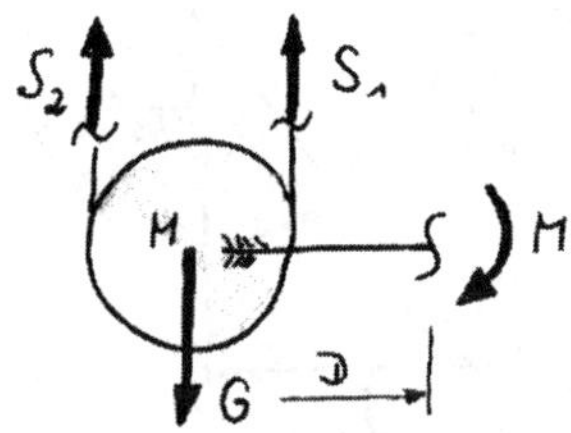


(Aus der Symmetrie ergibt sich, daß im Verbindungsträger der beiden Kreisscheiben keine Normalkraft und keine Querkraft wirkt!!!)

Seilreibung: $$\frac{S_1}{S_2} = e^{\mu\pi}$$

$\Sigma F_V$: $$S_1 + S_2 = G$$

$$\Longrightarrow \quad S_2 = \frac{G}{1+e^{\mu\pi}} = G\frac{e^{\mu\pi}}{1+e^{\mu\pi}}$$

$\Sigma M^M$: $$M = \frac{D}{2}(S_1 - S_2) = \frac{GD}{2}\left(\frac{e^{\mu\pi}-1}{e^{\mu\pi}+1}\right)$$

**Aufgabe: 10 Kapitel: 1.9, Schwierigkeitsgrad:**

Ein Riementrieb (Reibungskoeffizient $\mu$) wird mit der skizzierten Vorrichtung durch ein Gewicht G vorgespannt. Welches Abtriebsmoment $M_{ab}$ kann maximal übertragen werden, ohne daß der Riemen auf einer der beiden Riemenscheiben rutscht?

Gegeben: d, D=4d, L=3d, $\mu$, G.

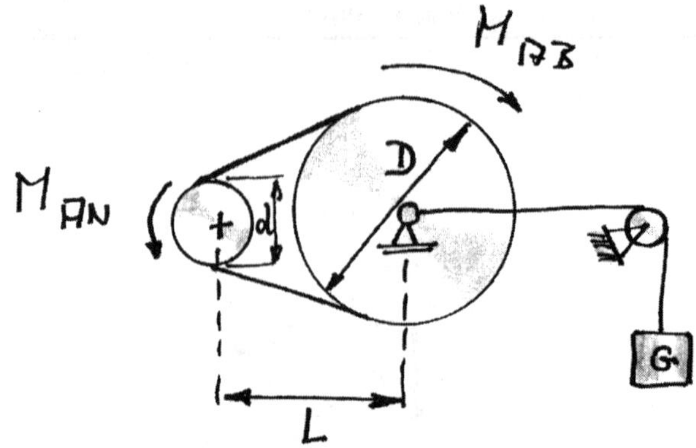


## Lösung

Geometrie:

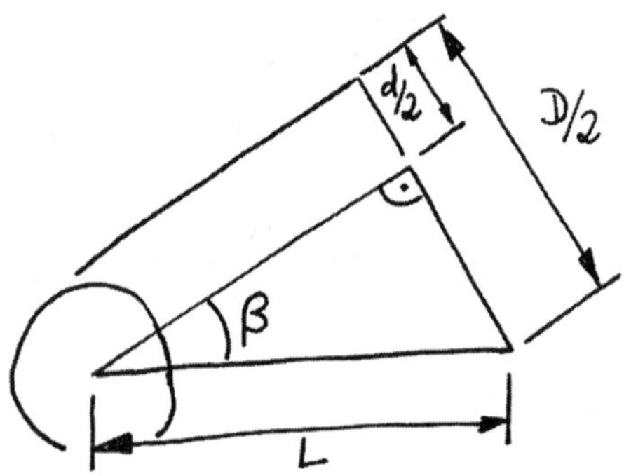


$$\sin\beta = \frac{D-d}{2L} = 0.5$$

==> $\beta = 30°\ (\pi/6)$

minimaler Umschlingungswinkel: $\alpha_{min} = \pi - 2\arcsin\beta = \frac{2}{3}\pi$

Freikörperbild Abtriebsscheibe:

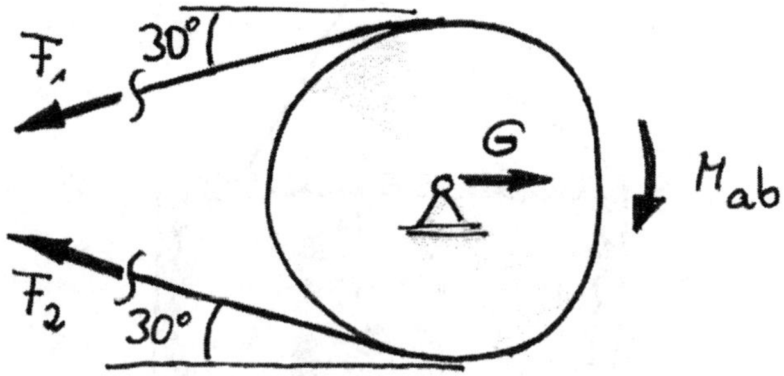


$$F_1 + F_2 = \frac{G}{\cos 30°} = \frac{2}{\sqrt{3}} G$$

$$F_1 - F_2 = \frac{2}{D} M_{ab}$$

$$F_{1max} = F_2\, e^{\mu\alpha} = F_2 e^{\frac{2}{3}\mu\pi}$$

$$\Longrightarrow \qquad M_{ab} = \frac{GD}{\sqrt{3}} \frac{e^{\frac{2}{3}\mu\pi} - 1}{e^{\frac{2}{3}\mu\pi} + 1}$$

**Aufgabe: 11 Kapitel: 1.9, Schwierigkeitsgrad:**

Ein Bilderrahmen (Gewicht G) hängt mittels eines Fadens wie skizziert an einem Nagel.

Wie groß muß der Reibungskoeffizient μ zwischen dem Nagel und dem Faden mindestens sein, damit das Bild waagerecht hängt, wenn die Aufhängepunkte am Rahmen unterschiedliche Abstände a und b vom Schwerpunkt des Bildes haben.

Hinweise: Der Durchmesser des Nagels ist gegenüber a und b zu vernachlässigen, ebenso die Reibung des Bildes an der Wand!

Gegeben: a, b, a>b, G.

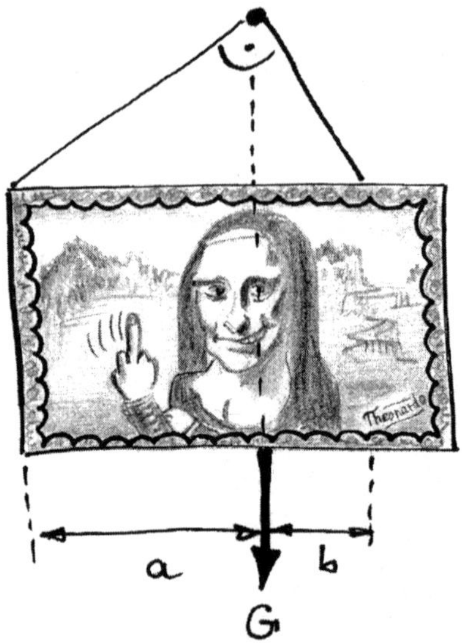


**Lösung**

Freikörperbild, Geometrie:

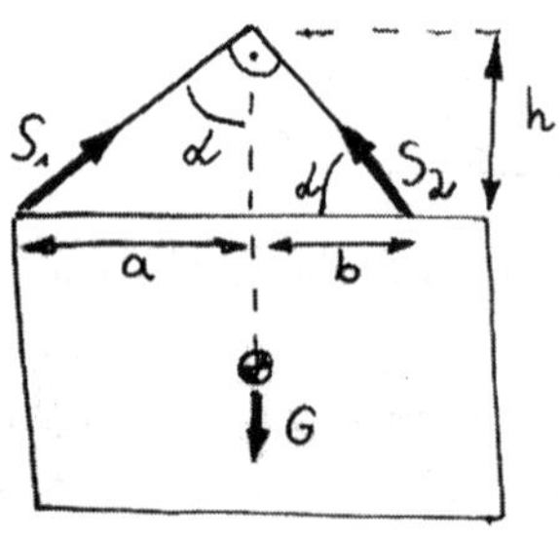


$\Sigma F_H$: $S_1 \sin\alpha = S_2 \cos\alpha$

==> $\tan\alpha = S_2 / S_1$ (I)

Geometrie: $\tan\alpha = a/h = h/b$ ==> $\tan^2\alpha = a/b$ (II)

I u. II: $\frac{S_2}{S_1} = \sqrt{\frac{a}{b}} > 1$

Seilreibung: $\frac{S_2}{S_1} = e^{\mu\frac{\pi}{2}} = \sqrt{\frac{a}{b}}$

==> $\mu \geq \frac{1}{\pi} \ln \frac{a}{b}$

| Aufgabe: 12 | Kapitel: 1.10, Schwierigkeitsgrad: 💣 |
|---|---|

Das nebenstehende Tragwerk besteht aus gewichtslosen Stäben und einer homogenen Dreiecksscheibe konstanter Dicke vom Gewicht G.

Wie groß sind die Kräfte in den Stäben 1 bis 3? Handelt es sich um Zug- oder Druckstäbe?

Gegeben: a, G, F=G.

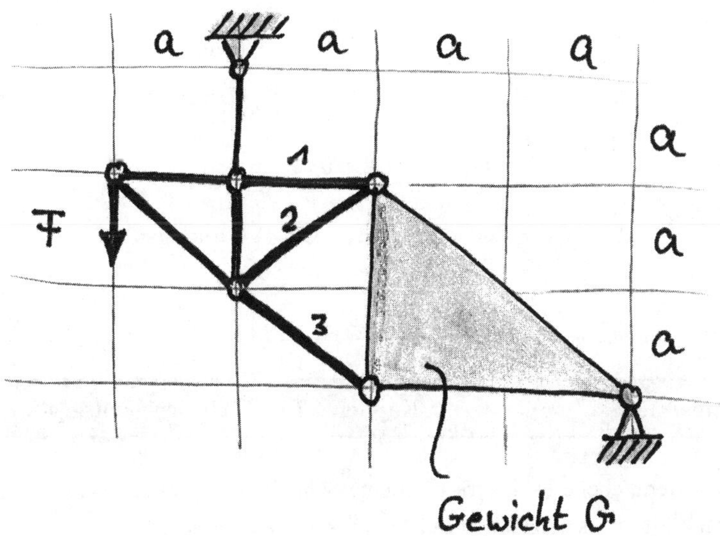

## Lösung

Summe der Momente um das rechte Lager:

$$G\,a\,(2 + 2/3) = A\,a\,2/3$$

$$\Longrightarrow \quad A = \frac{16}{9}\,G$$

Ritterschnitt:

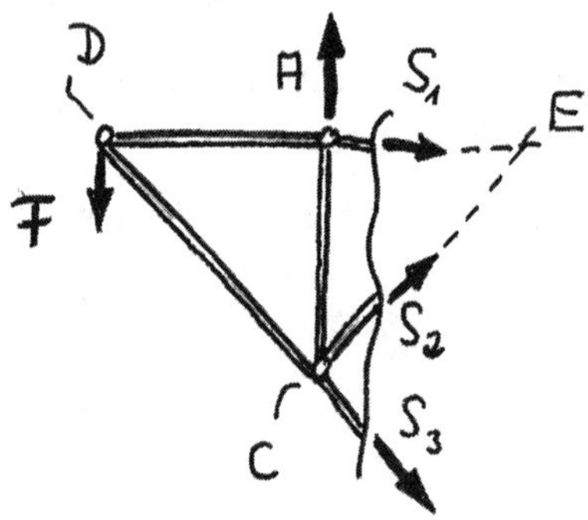


| | | |
|---|---|---|
| $\Sigma M^{C}$: | $S_1 = G$ | (Zugstab) |
| $\Sigma M^{D}$: | $S_2 = -\frac{1}{2}\sqrt{2}A = -\frac{8}{9}\sqrt{2}G$ | (Druckstab) |
| $\Sigma M^{E}$: | $\frac{1}{2}\sqrt{2}\;a\,S_2 + G\,a - \frac{1}{2}\;a\,A = 0$ | |
| | $S_3 = (A\,\frac{1}{2} - G)\,\sqrt{2} = -\frac{1}{9}\sqrt{2}\;G$ | (Druckstab) |

## Aufgabe: 13 Kapitel: 1.10, Schwierigkeitsgrad: ●*

Das skizzierte ebene Fachwerk trägt eine Scheibe (Gewicht G). Wie groß sind die Stabkräfte 1 bis 4? Handelt es sich um Zug- oder Druckstäbe?
Gegeben: a, G.

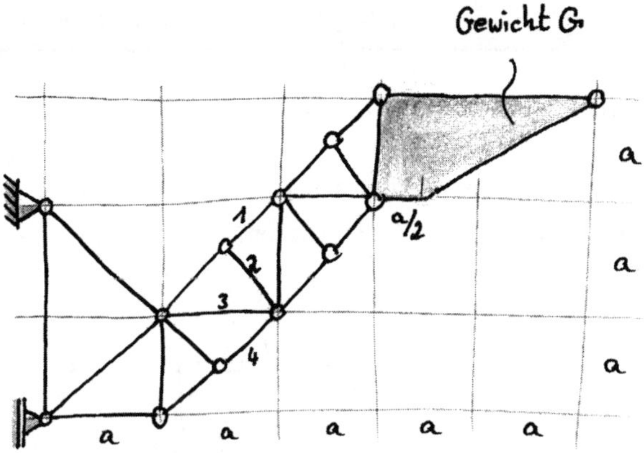


**Lösung**

Schwerpunkt der Scheibe: $$x_S = \frac{\frac{a^2}{2}\frac{a}{4} + \frac{3a^2}{4}a}{\frac{a^2}{2} + \frac{3a^2}{4}} = 0.7\ a$$

Nullstab: $S_2 = 0$

Ritterschnitt:

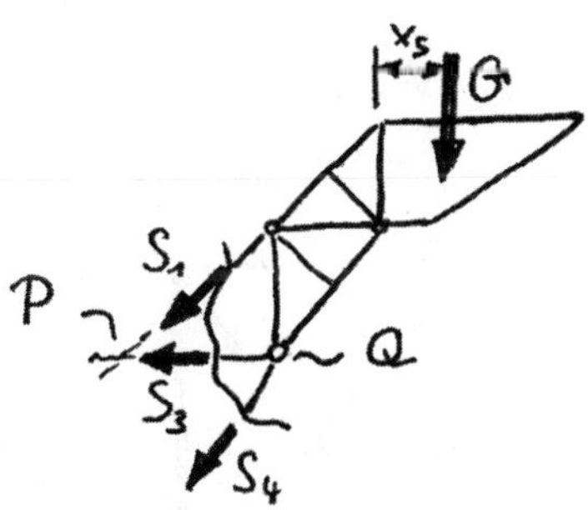


$\Sigma M^Q$: $S_1 = 1.7\sqrt{2}\ G$

$\Sigma M^P$: $S_4 = -2.7\sqrt{2}\ G$

$\Sigma F_H$: $S_3 = G$

| Aufgabe: 14 | Kapitel: 1.10, Schwierigkeitsgrad: ☼ |
|---|---|

In dem skizzieren Stabwerk haben alle Stäbe bis auf den vertikalen Stab 5 die Länge a.
Wie groß ist die Stabkraft in Stab 3 bei der eingezeichneten Belastung F? Handelt es sich um einen Zug- oder Druckstab?
Gegeben: a, F.

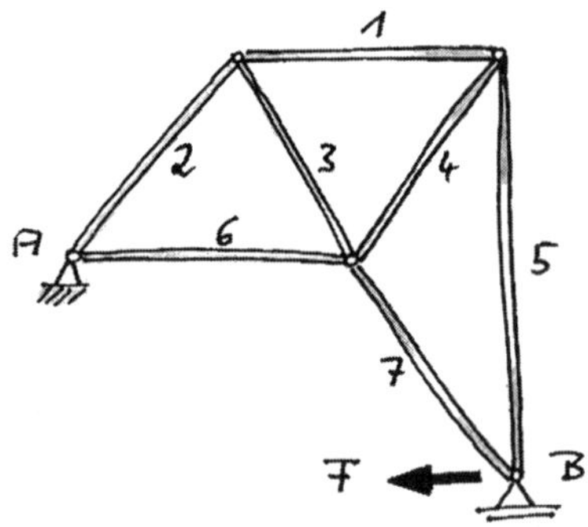


## Lösung

Auflager: $A_H = F$, $\Sigma M^A = 0 = Fa\sqrt{3}/2 = B\,a\,3/2$

$B = F/\sqrt{3} = -A_V$

Ritterschnitt:

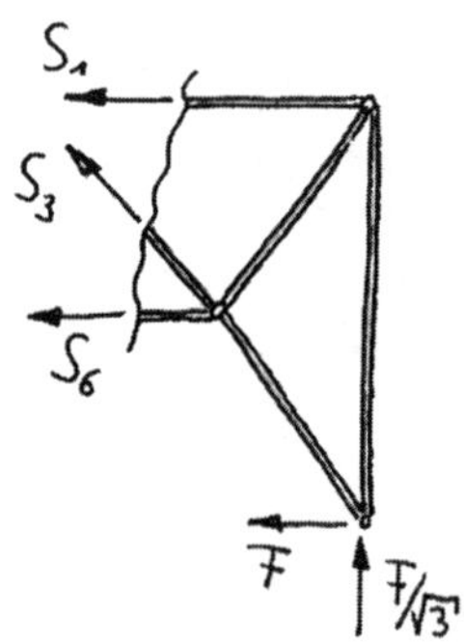

$$\Sigma F_V = S_3 \sqrt{3}/2 + F/\sqrt{3} = 0$$

$$S_3 = -\,2F/3$$

**Aufgabe: 15** **Kapitel: 1.10,** **Schwierigkeitsgrad:**

Das skizzierte Fachwerk wird durch zwei Einzelkräfte F belastet. Wie groß sind die Stabkräfte der Stäbe 1, 2 und 3? Handelt es sich um Zug-, Druck- oder Nullstäbe?

Gegeben: a, F.

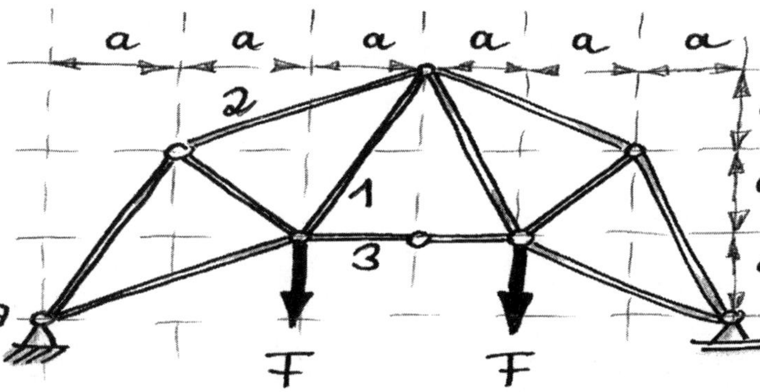


## Lösung

Auflager: $A_V = B_V = F$

Ritterschnitt:

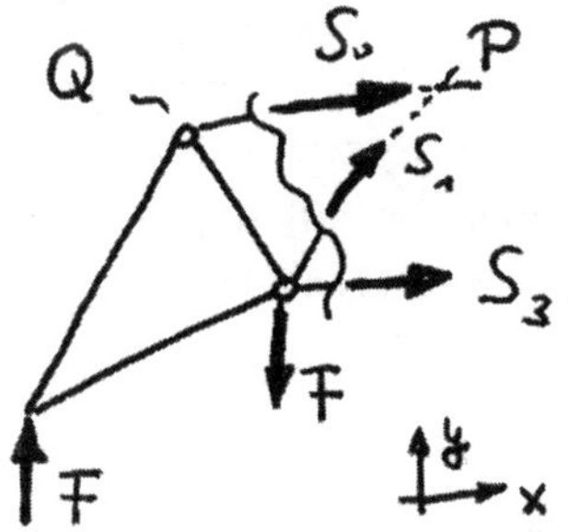

$\Sigma M^P$: $3a\,F - a\,F - 2a\,S_3 = 0$

$S_3 = F$ (Zugstab)

$\Sigma M^Q$: $-S_3\,a - S_{1x}\,a - S_{1y}\,a + F\,a + F\,a = 0$

$S_{1y} = 2\,S_{1x}\,,\; S_{1x} = F/3,\; S_1{}^2 = S_{1x}{}^2 + S_{1y}{}^2 = 5\,S_{1x}{}^2$

$$S_{1x} = \frac{S_1}{\sqrt{5}}$$

$$\Longrightarrow \quad S_1 = \frac{\sqrt{5}F}{3} \qquad \text{(Zugstab)}$$

$\Sigma M^{\text{Kraftangriffspunkt}}$:

$F\,2a + S_{2,V}\,a + S_{2,H}\,a = 0$

mit $S_{2,V} = S_2 / \sqrt{5}$ und $S_{2,H} = 2S_2 / \sqrt{5}$

$\Longrightarrow \quad S_2 = -\,2\,\sqrt{5}\,F / 3$

**Aufgabe: 16 Kapitel: 1.10, Schwierigkeitsgrad: ☼**

Die Stäbe 1 bis 4 des skizzierten Systems haben die Länge r und sind durch das Gelenk M miteinander verbunden. M ist gleichzeitig der Mittelpunkt des Kreisausschnittes, den die Stäbe 5 bis 8 bilden.

Wie groß ist die Kraft in Stab 9?

Gegeben: F, r, Winkel s. Skizze.

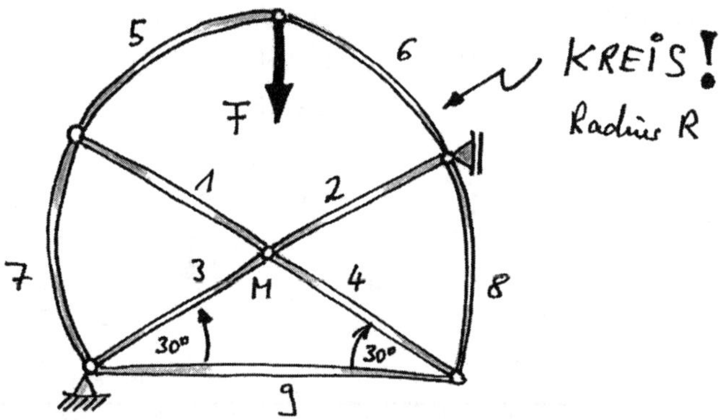


## Lösung

Trick: bei den gekrümmten Stäben handelt es sich um Pendelstützen. Zur Verdeutlichung der Kraftrichtungen dieser Pendelstützen werden diese erstmal durch gerade Stäbe ersetzt, also Ersatzsystem:

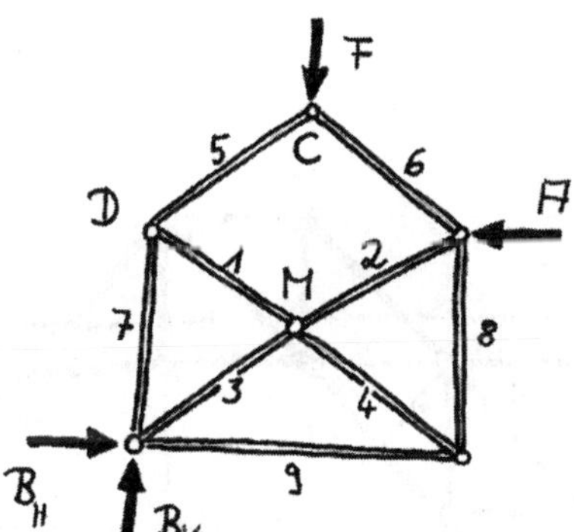


Auflager: $\Sigma F_V$: $B_V = F$

$\Sigma M^B$: $A\,r - F r \frac{\sqrt{3}}{2} = 0$

$\Longrightarrow \quad A = B_H = \frac{\sqrt{3}}{2} F$

| | | |
|---|---|---|
| Knotengleichgewicht: | C: | $S_5 = S_6 = -F$ |
| | D: | $S_5 = S_7 = -F$ |
| | | $S_1 = -S_5 = F$ |
| | M: | $S_4 = S_1 = F$ |
| | B: | $\Sigma F_V$: $S_3 = 0$, $S_2 = 0$ |
| | | $\Sigma F_H$: $S_9 = -\dfrac{\sqrt{3}}{2} F$ (Druckstab) |

**Aufgabe: 17 Kapitel: 1.10, Schwierigkeitsgrad: 💣**

Der skizzierte Wandkran (alle Teile sind masselos) wird durch ein Gewicht G in gezeichneter Weise belastet. Das Seil wird an der reibungsfreien Seilrolle R umgelenkt und ist im Punkt A an der Wand angelenkt.

Wie groß sind die Kräfte in den Stäben 1 bis 4? Handelt es sich um Zug- oder Druckkräfte?

Gegeben: G, a.

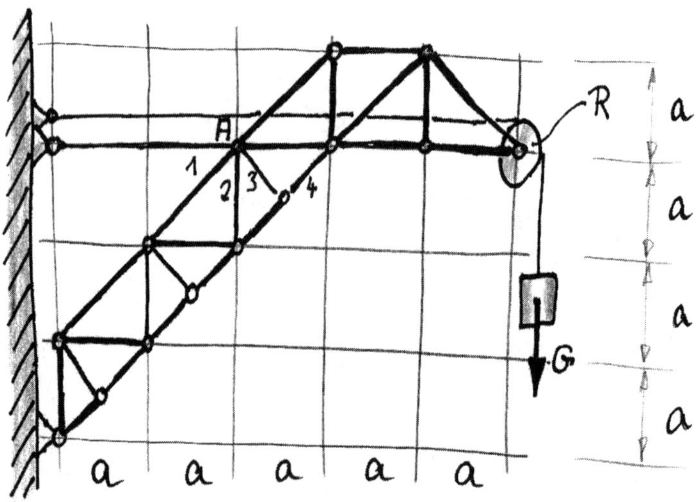

## Lösung

Nullstab: $S_3 = 0$

Ritterschnitt:

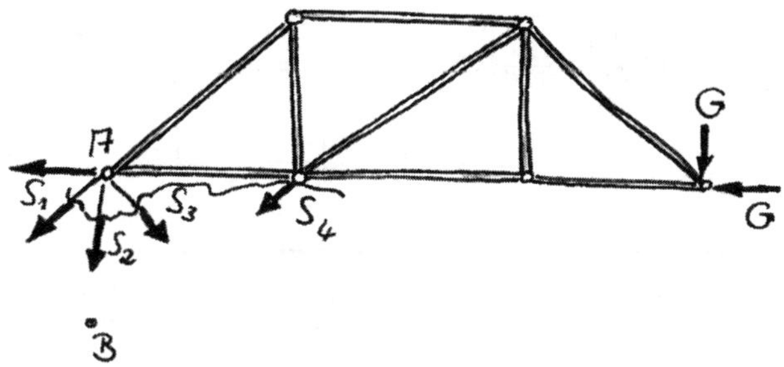


| | | |
|---|---|---|
| Lagerkraft in A: | $A = \frac{2}{3} G$ | (Zugkraft) |
| $\Sigma M^A$ : | $S_4 = -3\sqrt{2}\ G$ | (Druckstab) |
| $\Sigma M^B$ : | $S_1 = \frac{4}{3}\sqrt{2}\ G$ | (Zugstab) |
| $\Sigma F^V$: | $S_2 = \frac{2}{3} G$ | (Zugstab) |

**Aufgabe: 18** **Kapitel: 1.11, Schwierigkeitsgrad:** 💣

Zwei biegesteif verschweißte Träger werden wie angegeben durch die Streckenlast $q_0$ und eine Einzelkraft F belastet.

Man(n)/Frau bestimme das Biegemoment $M_B(x)$ für den Bereich $0 < x < 2a$ und skizziere den Momentenverlauf für den horizontalen Träger!

Gebt das größte auftretende Biegemoment an!

Gegeben: a, F, $q_0$.

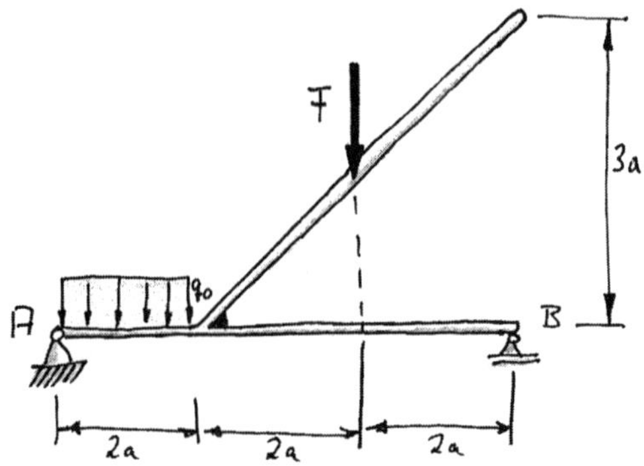


## Lösung

Bestimmung der Auflager: $\Sigma M^B = F\,2\,a + 2\,a\,q_0\,5a - A_z\,6a = 0$

$\Longrightarrow \quad A_z = F/3 + 5\,q_0\,a/3$

Querkraft für $0 < x < 2a$: $Q = A_z - q_0\,x$

Biegemoment für $0 < x < 2a$: $\Sigma M^A = M_B(x) - Q\,x - \int_0^x x q_0\,dx = 0$

$\Longrightarrow \quad M_B(x) = A_z\,x - q_0\,x^2 + 0.5\,q_0\,x^2$

$$= Fx/3 + 2q_0a^2\left[\frac{5x}{6a} - \left(\frac{x}{2a}\right)^2\right]$$

Maximales Biegemoment: $M_{B,max} = M_B(2a) + F2a = 8Fa/3 + 4q_0a^2/3$

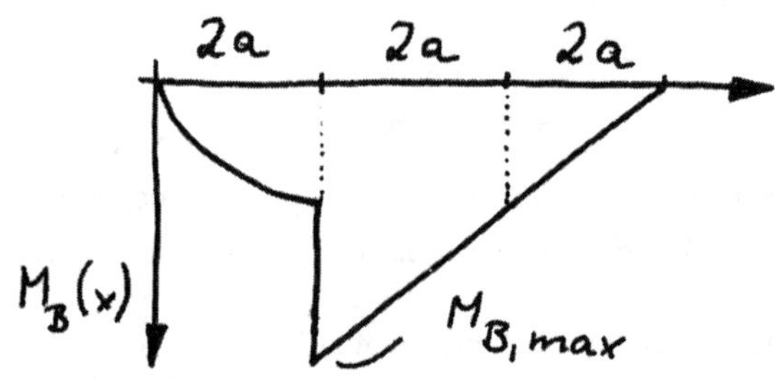


(Momentensprung, da an diesem Ort durch den schräg nach oben ragenden Träger ein Moment eingeleitet wird!)

| **Aufgabe: 19** | **Kapitel: 1.11,** | **Schwierigkeitsgrad:** 💣 |
|---|---|---|

Ein abgesetzter Rotor (Durchmesser d, D) aus homogenem Material mit dem Gewicht G ist wie skizziert gelagert.

Man skizziere die Verläufe der Querkraft und des Biegemomentes infolge des Eigengewichts und gebe die Werte an den Stellen 1, 2, und 3 an!

Gegeben: a, d, D=2d, G.

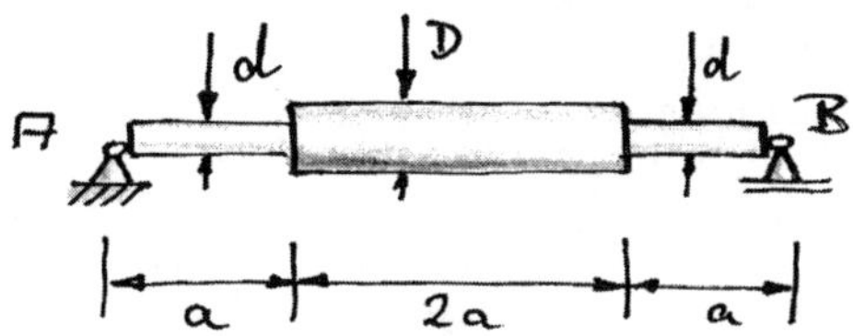


## Lösung

Gewicht pro Länge:

$$4q\,2a + 2q\,a = G, \qquad ==> \qquad q = \frac{G}{10a}$$

Streckenlast:

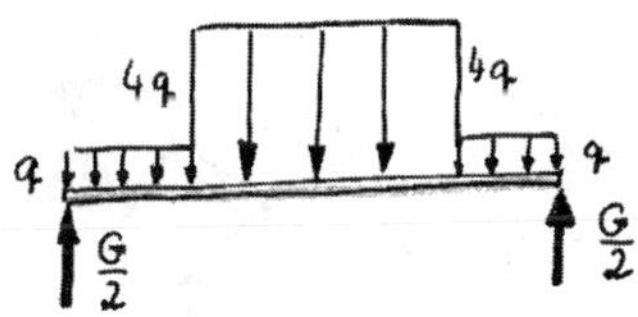


Querkraftverlauf:

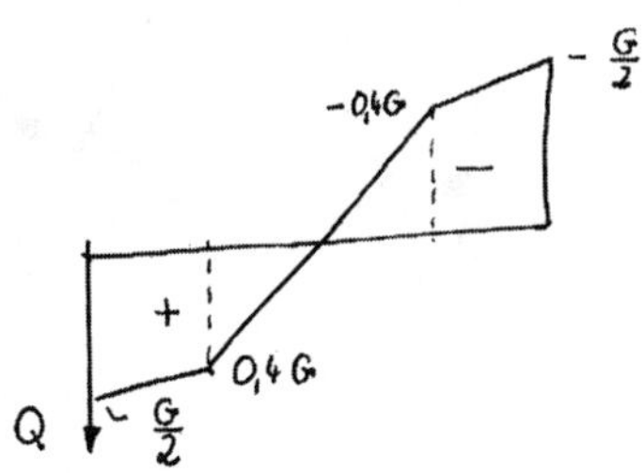

Biegemomentenverlauf:

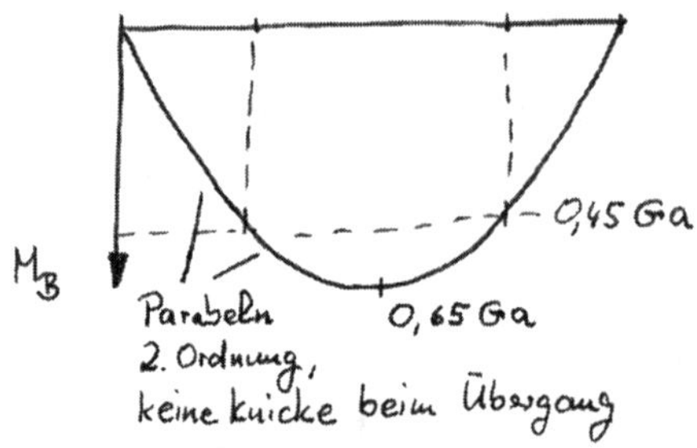


| Aufgabe: 20 | Kapitel: 1.11, | Schwierigkeitsgrad: |
|---|---|---|

Es ist fünf Minuten vor Neun. Man ermittle den Verlauf des Biegemomentes und des Maximalwertes desselben im großen Zeiger der Turmuhr, wenn der Zeiger (Gewicht G) konstante Dicke und einen dreiecksförmigen Verlauf hat!
Gegeben: L, b, G.

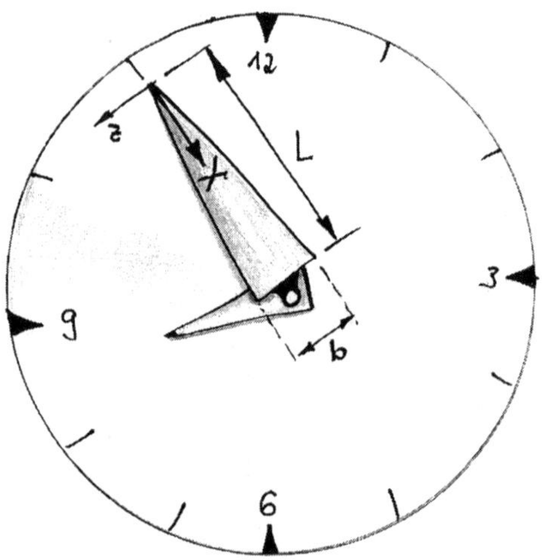

## Lösung

Biegemomentenverlauf: $M_B(x) = -\frac{1}{6} GL\left(\frac{x}{L}\right)^3$

Maximalwert bei x = L: $M_{bmax} = - G \sin 30° \, L/3 = - \frac{1}{6} GL$

## 4.2 Elastostatik

| Aufgabe: 21 | Kapitel: 2.2, | Schwierigkeitsgrad: ☼ |
|---|---|---|

Eine Bremstrommel dreht sich mit konstanter Winkelgeschwindigkeit ω. Das Bremsseil (Querschnittsfläche A) wird mittels des skizzierten Mechanismus gespannt.

Wie groß darf das Gewicht G maximal sein, ohne daß die zulässige Spannung $\sigma_{zul}$ im Seil überschritten wird?

Gegeben: a, b, μ, A, $\sigma_{zul}$.

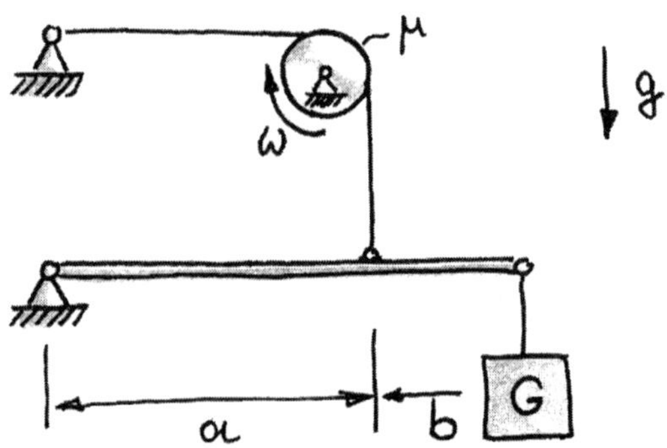


**Lösung**

Kraft im vertikalen Teilstück des Seiles:

$$S_V = G\,\frac{a+b}{a}$$

Kraft im horizontalen Teilstück des Seiles:

$$S_H = S_V\, e^{\mu\pi/2}$$

Spannung: $$\sigma_{zul} = \frac{S_H}{A} = \frac{G(a+b)e^{\mu\pi/2}}{aA}$$

==> $$G = \frac{\sigma_{zul}\, a\, A e^{-\mu\pi/2}}{a+b}$$

| Aufgabe: 22 | Kapitel: 2.1, Schwierigkeitsgrad: |
|---|---|

Auf den skizzierten Pyramidenstumpf (Kantenlänge Oberseite a, Unterseite b, Höhe h, E-Modul E) wirkt an der Oberseite die Druckspannung $\sigma_0$. Das Eigengewicht des Pyramidenstumpfes soll im folgenden vernachlässigt werden.

a) Wie groß ist die Spannung $\sigma_U$ auf der Unterseite?

b) Um welchen Betrag verkürzt sich der Stumpf?

Gegeben: a, b, h, $\sigma_0$, E.

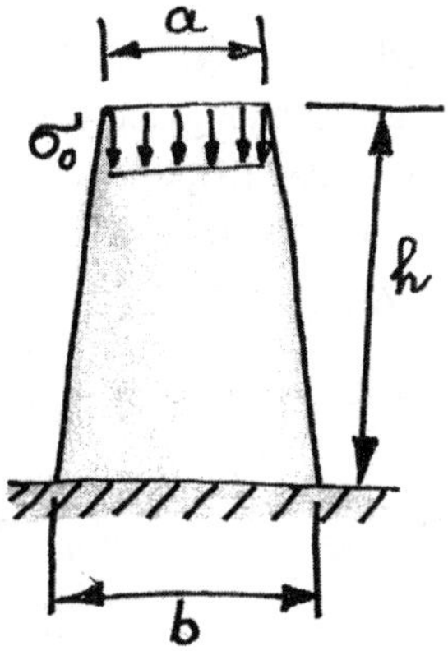


## Lösung

a) Kraft an der Oberseite:

$$F = \sigma_0 \, a^2$$

Kraft an der Unterseite:

$$F = \sigma_U \, b^2 \quad \Longrightarrow \quad \sigma_U = \sigma_O \, \frac{a^2}{b^2}$$

b) $$\Delta L = \int_0^h \frac{\sigma(x)}{E} \, dx \qquad \text{mit} \quad \sigma(x) = \frac{F}{A(x)}$$

$$A(x) = s^2(x)$$

Kantenlänge s(x) = a + x (b–a) / h

$$\Delta L = \int_0^h \frac{\sigma_0 a^2}{A(x)E}\,dx = \int_0^h \frac{\sigma_0 a^2}{s^2(x)\,E}\,dx = \frac{\sigma_0 a^2}{E}\;\frac{h}{(a-b)}\;\frac{1}{a + x(b-a)/h}\Bigg|_0^h$$

(s. Bronstein)

... ==> .... $\Delta L = \dfrac{\sigma_0 ah}{Eb}$ .

**Aufgabe: 23 Kapitel: 2.2, Schwierigkeitsgrad: ☼**

Der spannungsfrei montierte Stab (Länge L, Dichte ρ, Querschnitt A, Elastizitätsmodul E, Wärmeausdehnungskoeffizient α) liegt im Punkt P auf einer Unterlage. Wie klein ist der Reibwert μ im Punkt P, wenn sich Stab infolge einer Erwärmung Δϑ des Stabes um ΔL verlängert.
Gegeben: L, A, E, ρ, α, Δϑ, ΔL, g.

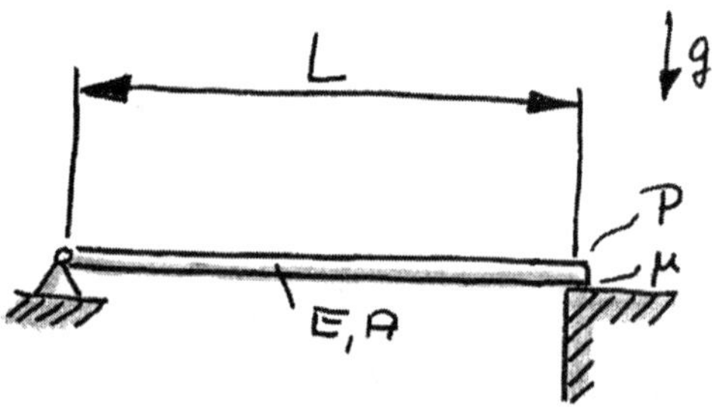


**Lösung**

Hier die Lösung in Kurzform:

Statik: Reibkraft

$$F_R = \frac{\mu\rho ALg}{2}$$

Verlängerung:

$$\Delta L = -\frac{\mu\rho A L^2 g}{2EA} + \alpha\Delta\vartheta\, L$$

Auflösen nach μ:

$$\mu = \frac{2EA(\alpha\Delta\vartheta L - \Delta L)}{\rho A L^2 g}$$

**Aufgabe: 24 Kapitel: 2.2, Schwierigkeitsgrad: ☼**

Die skizzierte Anordnung besteht aus einem starren Balken und zwei Stäben (Elastizitätsmodul E, Querschnittsfläche A, Wärmeausdehnungskoeffizient α), die bei Raumtemperatur spiel- und spannungsfrei montiert wurden.
Welche Kraft wirkt im Stab 1, wenn sich die Umgebungstemperatur um $\Delta\vartheta$ ändert?
Gegeben: E, A, α, $\Delta\vartheta$, a, b.

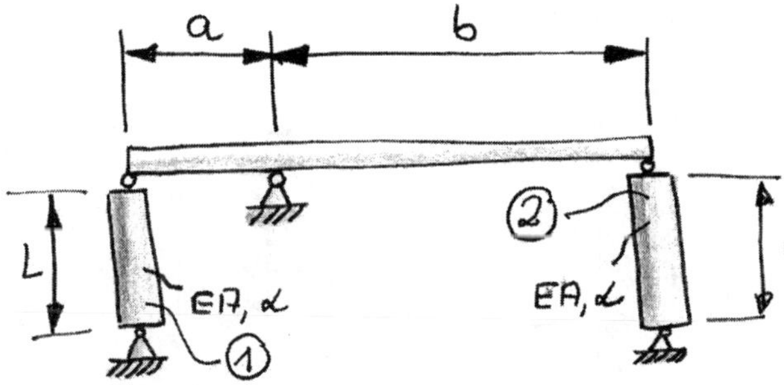


**Lösung**

Verhältnis der Normalkräfte:

$$N_1\, a = N_2\, b$$

Verhältnis der Verschiebungen:

$$\Delta L_1\, b = -\Delta L_2\, a$$

Verlängerung des Stabes:

$$\Delta L_1 = \frac{N_1 L}{EA} + L\,\alpha\,\Delta\vartheta$$

$$\Delta L_2 = \frac{N_2 L}{EA} + L\,\alpha\,\Delta\vartheta$$

d.h. vier Gleichungen mit den Unbekannten: $N_1, N_2, \Delta L_1, \Delta L_2$

$$\Longrightarrow \qquad N_1 = -EA\alpha\Delta\vartheta\,\frac{(a+b)b}{a^2+b^2} \quad .$$

| Aufgabe: 25 | Kapitel: 2.2, | Schwierigkeitsgrad: |
|---|---|---|

Ein konischer Stab mit kreisförmigem Querschnitt liegt spiel- und spannungsfrei zwischen zwei starren Wänden. Der Stab wird gleichmäßig um $\Delta\vartheta$ erwärmt.

Wie groß ist die dann auftretende maximale Spannung im Stab?

Gegeben: d, D, L, E, $\alpha$, $\Delta\vartheta$, (L>>D).

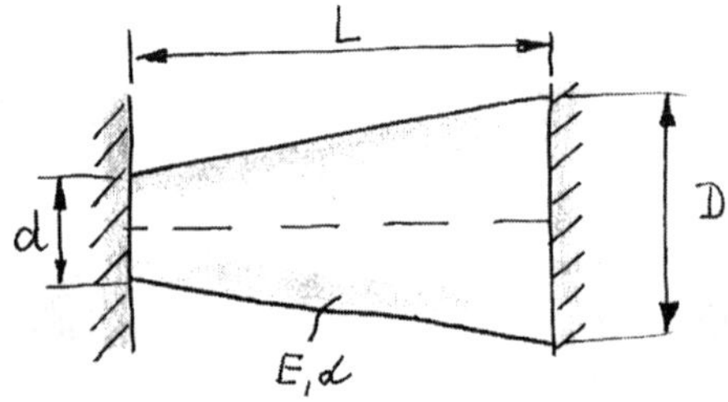


## Lösung

$$\Delta L = \int_0^L \frac{N}{A(x)E} + \alpha\Delta\vartheta\,dx \qquad \text{mit} \qquad \Delta L = 0,$$

$$A(x) = \pi\, r^2(x)$$

$$r(x) = d + \frac{D-d}{L}\,x$$

$$\Longrightarrow \quad N = -\frac{\alpha\Delta\vartheta L E}{\int \frac{1}{A(x)}\,dx}$$

$$\text{mit} \quad \int \frac{1}{A(x)}\,dx = \frac{L}{\pi d D}$$

(z. B. [Bronstein])

$$\Longrightarrow \quad N = -\alpha\Delta\vartheta E\pi d D$$

$$\Longrightarrow \quad \sigma_{max} = \frac{N}{A_{min}} = \frac{N}{\pi d^2} = -\alpha\,\Delta\vartheta\,E\,\frac{D}{d}\ .$$

**Aufgabe: 26 Kapitel: 2.2, Schwierigkeitsgrad: ●**

Eine Schraubverbindung besteht aus einer Hülse (Querschnittsfläche $A_H$, Elastizitätsmodul $E_H$, Wärmeausdehnungskoeffizient $\alpha_H$) und der Schraube (Querschnittsfläche $A_S$, Elastizitätsmodul $E_S$, Wärmeausdehnungskoeffizient $\alpha_S$, Ganghöhe h). Die Mutter wird durch eine Sechsteldrehung angezogen. Wie groß ist die Normalkraft im Bolzen, wenn die Verbindung um $\Delta\vartheta$ erwärmt wird?

Gegeben: $E_S$, $E_H$, $A_S$, $A_H$, $\alpha_S$, $\alpha_H$, h, L.

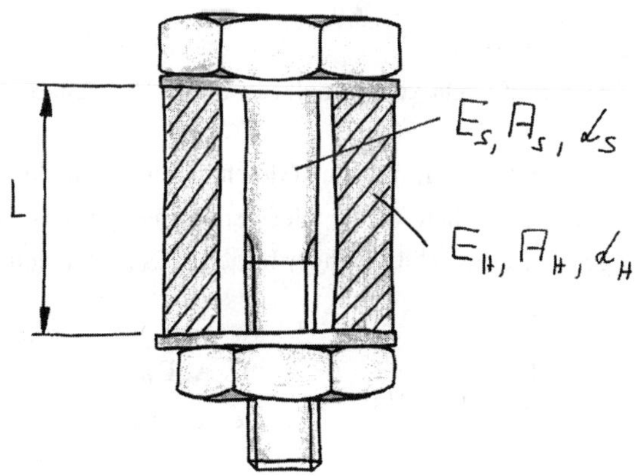

## Lösung

Knackepunkt dieser Aufgabe ist (neben dem inneren Schweinehund) weder die Statik noch die Festigkeitslehre - sondern allein die Vorstellung, was hier eigentlich genau passiert. Und als kleiner Trick: am Besten versteht man dies, wenn man sich die folgenden Sonderfälle vor Augen führt:

1) Die Hülse sei starr: das würde bedeuten, daß die Schraube um h/6 infolge der Verspannung der Schraubverbindung verlängert werden müßte, also $\Delta L_S = h/6$.
2) Die Schraube sei starr: das würde bedeuten, daß die Hülse um h/6 infolge der Verspannung der Schraubverbindung verkürzt werden müßte, also $\Delta L_H = h/6$.

Sind nun beide Bauteile elastisch, dann überlagern sich die beiden Verformungen:

$$\frac{h}{6} = \Delta L_S - \Delta L_H \quad .$$

Wir können noch die Unbekannten $\Delta L_S$ und $\Delta L_H$ bestimmen:

$$\Delta L_S = \frac{NL}{E_S A_S} + \alpha_S \, \Delta\vartheta \, L,$$

$$\Delta L_H = \frac{-NL}{E_H A_H} + \alpha_H \, \Delta\vartheta \, L.$$

(Achtung: negative Normalkraft in der Hülse, Druckbelastung!)

Nun muß man die drei errungenen Gleichungen noch kurz durch die mathematische Mühle drehen, d.h. alles zusammenpacken und nach N auflösen, einen gemeinsamen Hauptnenner bilden....Es ergibt sich

$$N = \left[ \frac{h}{6L} + (\alpha_H - \alpha_S) \, \Delta\vartheta \right] \frac{E_S A_S E_H A_H}{E_S A_S + E_H A_H} \quad .$$

Finito!

**Aufgabe: 27 Kapitel: 2.3, Schwierigkeitsgrad: ●**

Das skizzierte Bauteil wird wie skizziert durch die Spannungen $\sigma_a$, $\sigma_b$ und $\tau$ belastet. Das Bauteil verfügt über die Schweißnähte A und B, die gegenüber den Körperkanten um $\alpha$ geneigt sind. Bestimmen Sie die in den Schweißnähten wirkenden Normal- und Schubspannungen $\sigma_A$, $\sigma_B$ und $\tau_{AB}$.
Gegeben: $\sigma_a = -2\ kN/cm^2$, $\sigma_b = 6\ kN/cm^2$, $\tau = 3\ kN/cm^2$, $\alpha = 52°$.

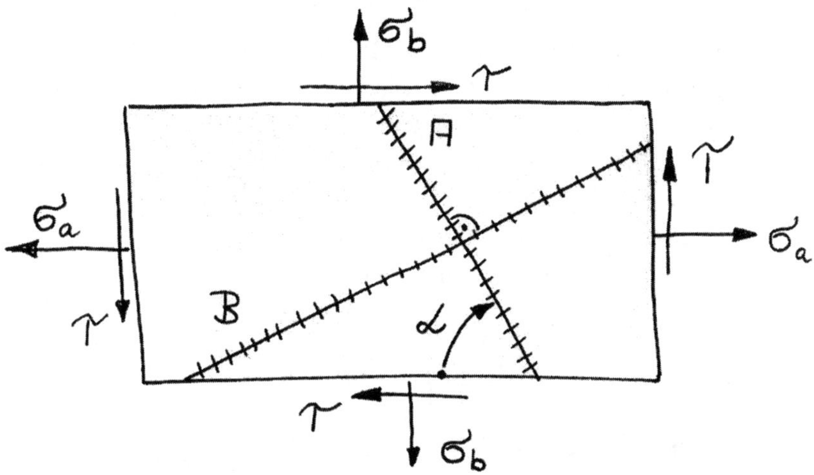


**Lösung**

Konstruktion des Mohrschen Spannungskreises:

1) Eintragen des Punktes $P_a$ ($\sigma_a$ ; - $\tau$) (Achtung Vorzeichen $\tau$, s. Vorzeichenkonvention Kap. 2)
2) Eintragen des Punktes $P_b$ ($\sigma_b$ ; $\tau$) (Achtung Vorzeichen $\tau$, s. Vorzeichenkonvention Kap. 2)
3) $P_a$ und $P_b$ liegen am Bauteil um 90° gegeneinander verdreht ==> im Mohrschen Spannungskreis liegen diese Punkte auf gegenüberliegenden Seiten ==> der Schnittpunkt der Verbindungsgerade von $P_a$ und $P_b$ mit

der $\sigma$ - Achse liefert den Mittelpunkt des Mohrschen Spannungskreises ==> man zeichne den Spannungskreis um den Mittelpunkt durch $P_a$ (oder/und $P_b$)

4) Eintragen von $P_B$ : Von der Fläche b (das ist die Fläche, an der $\sigma_b$ wirkt) kommt man beim Bauteil zur Fläche A durch eine Drehung im Uhrzeigersinn um den Winkel $\alpha$=52° ==> im Mohrschen Spannungskreis müssen wir ebenfalls im Uhrzeigersinn, allerdings um den Winkel $2\alpha$ = 104° drehen und erhalten den Punkt

$$P_A\ (3.95\ kN/cm^2;\ -4.6\ N/cm^2)$$

5) Der Punkt $P_B$ liegt dem Punkt $P_A$ im Mohrschen Spannungskreis gegenüber (2x90°=180°). Oder anders: wir kommen von der Fläche b zum Schnitt B, indem wir um 90° - $\alpha$ = 38° gegen den Uhrzeigersinn drehen, also im Mohrschen Spannungskreis um 2x38°=76° von $P_b$ gegen den Uhrzeigersinn drehen ....

6) Ablesen der Koordinaten führt auf

$$P_B\ (0.1\ kN/cm^2,\ 4.6\ kN/cm^2)$$

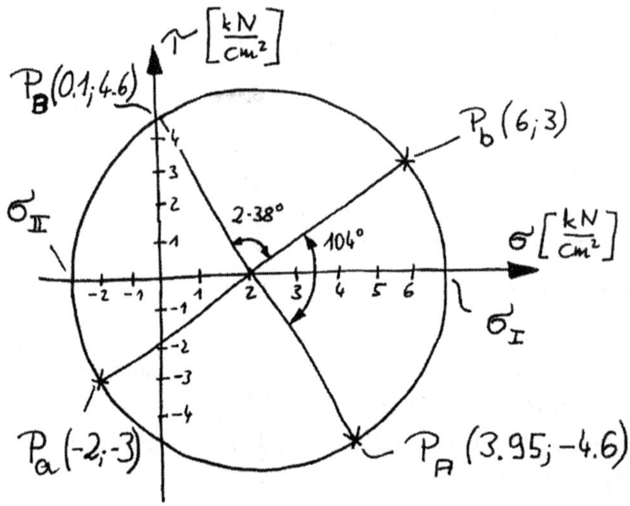


(Auf Basis der Skizze lassen sich über die Winkel- und Kreisbeziehungen auch exakte Werte berechnen)

| Aufgabe: 28 | Kapitel: 2.3, Schwierigkeitsgrad: 💣 |
|---|---|

Ein dünner Blechstreifen wird wie skizziert durch eine unbekannte Zugspannung $\sigma_0$ belastet. Im Schnitt A-A, der um den Winkel $\alpha$ = 22,5° gegenüber dem unbelasteten Rand gedreht ist, tritt die Normalspannung $\sigma_n$ = 10.25 N/mm² auf. Im Schnitt B-B, der um den Winkel $3\alpha$ gegen dem unbelasteten Rand gedreht ist, ergibt sich die gleiche Schubspannung wie in A-A.Wie groß ist die Spannung $\sigma_0$?

Gegeben: $\sigma_n = 10.25$ N/mm².

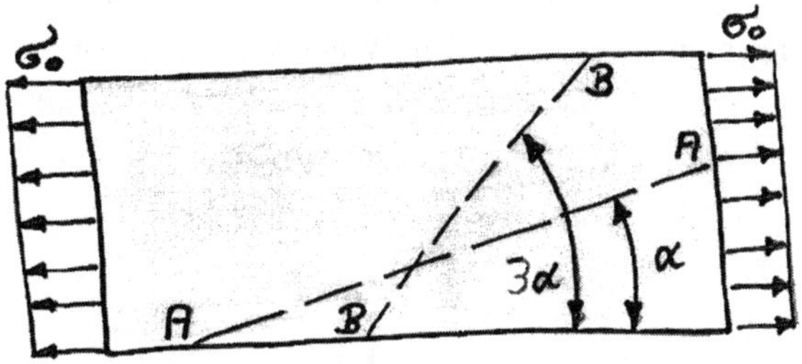


## Lösung

Mohrscher Spannungskreis.

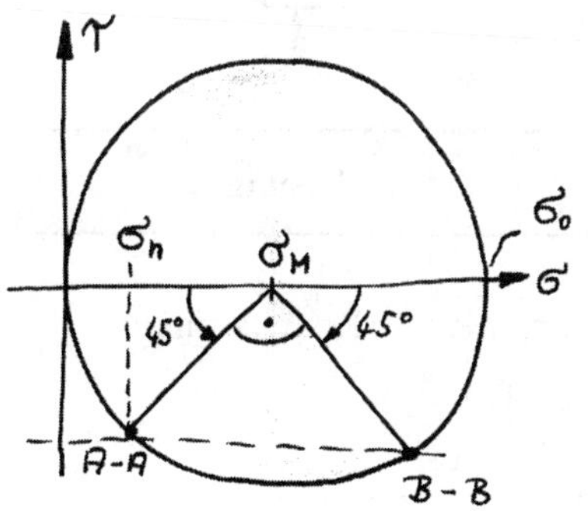


==> $R = \sigma_M$

$$\sigma_M = \sigma_n + R \cos 45°$$

$$\sigma_M \quad = \quad \frac{\sigma_n}{1 - 0.5\sqrt{2}}$$

$$\sigma_0 \quad = \quad 2\,\sigma_M = 2\,\frac{\sigma_n}{1 - 0.5\sqrt{2}} \approx 70\ \text{N/mm}^2$$

| Aufgabe: 29 | Kapitel: 2.3, | Schwierigkeitsgrad: ● |
|---|---|---|

Bei einem Zugversuch (Stabquerschnitt A) unterscheiden sich die Schubspannungen in zwei unter den Winkeln $2\alpha$ gegeneinander geneigten Schnittflächen nur im Vorzeichen. Wie groß ist die Kraft F, wenn die gemessenen Schubspannungen $\tau_m$ betragen?

Gegeben: $\tau_m$, A, $\alpha$.

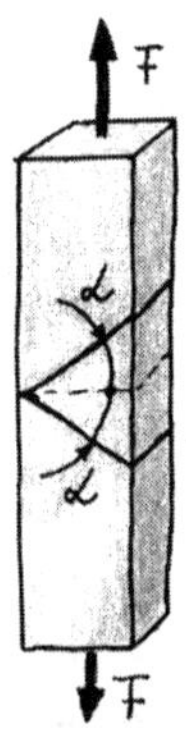


**Lösung**

$$\sin 2\alpha = \tau_m / R \implies R = \tau_m / \sin 2\alpha$$

$$\sigma_I = 2R = F/A$$

$$F = 2AR = \frac{2A\tau_m}{\sin 2\alpha}$$

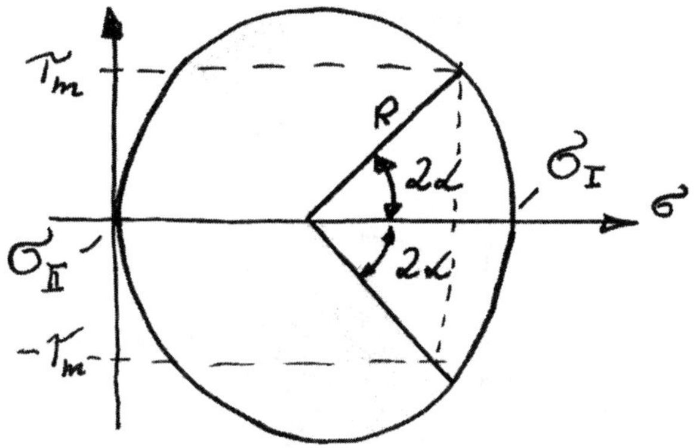


**Aufgabe: 30** **Kapitel: 2.4,** **Schwierigkeitsgrad:** 💣

An der skizzierten Spitze einer dünnen Scheibe greifen die Spannungen $\tau_a$ ($\sigma_a$=0) und $\sigma_b$ ($\tau_b$=0) an. Ermitteln Sie aus der gegebenen Spannung $\tau_a$ die Normalspannung $\sigma_b$ und die Vergleichsspannung nach der Hypothese der größten Gestaltänderungsarbeit!
Gegeben: $\tau_a$.

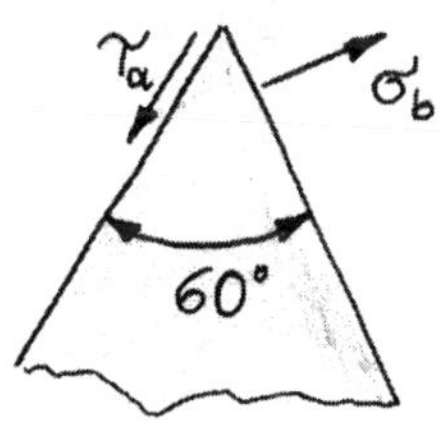


**Lösung**

$$\sin 60° = \frac{\sqrt{3}}{2} = \tau_a / R$$

$$\Longrightarrow \qquad R = \frac{2\tau_a}{\sqrt{3}} \quad , \sigma_b = \sigma_I = R + R\cos 60° = \sqrt{3}\,\tau_a$$

$$\sigma_{II} = \sigma_I - 2R = -\frac{1}{\sqrt{3}}\,\tau_a$$

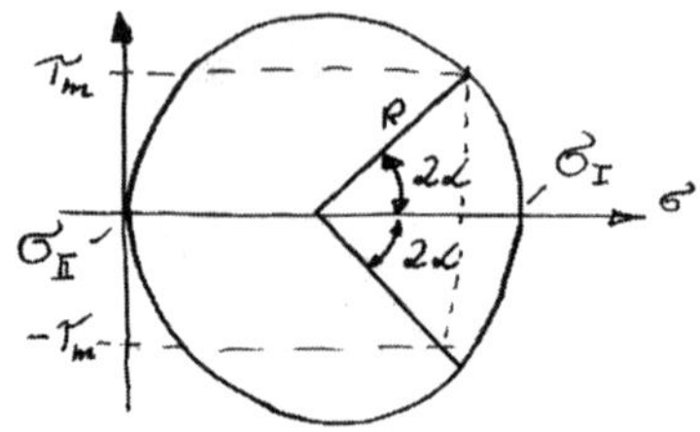


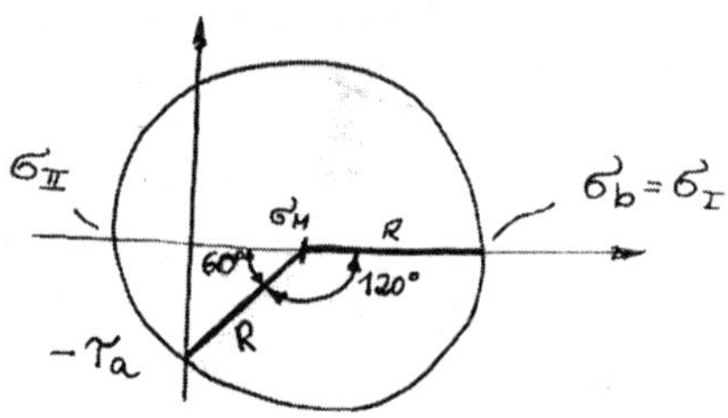


$$\sigma_V = \sqrt{0.5\left[\left(\sqrt{3}+\frac{1}{\sqrt{3}}\right)^2 + \left(\sqrt{3}\right)^2 + \left(\frac{1}{\sqrt{3}}\right)^2\right]}\,\tau_a$$

$$= \sqrt{\frac{13}{3}}\,\tau_a$$

| Aufgabe: 31 | Kapitel: 2.4, | Schwierigkeitsgrad: |
|---|---|---|

An den skizzierten Schnittflächen eines Körpers wirken die Spannungen $\sigma_1$, $\sigma_2$, $\sigma_3$, $\tau_1$, $\tau_2$.

a) Wie groß ist der Winkel $\varphi$?

b) Wie groß sind die Hauptspannungen?

c) Wie groß ist die Vergleichsspannung nach Tresca?

Gegeben: $\sigma_1$= 60 N/mm$^2$, $\sigma_2$= 10 N/mm$^2$, $\sigma_3$= -85 N/mm$^2$, $\tau_1$= 30 N/mm$^2$, $\tau_2$= 20 N/mm$^2$.

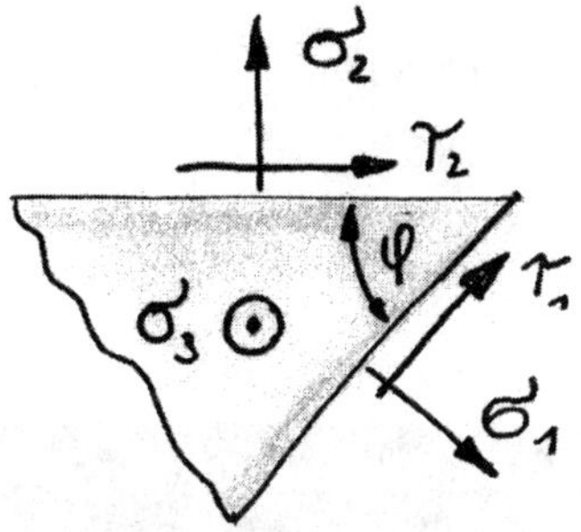

**Lösung**

Tja - hier empfehlen wir die graphische Lösung!!!!

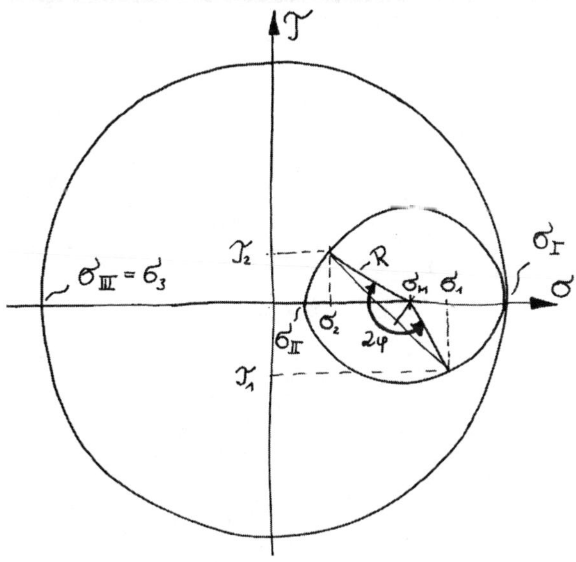

Es ergibt sich mittels Ablesens aus der Zeichnung oder rechnerischer Lösung:

$$R = 10\sqrt{13}\ \text{N/mm}^2,$$

$$\sigma_I = (4+\sqrt{13})\ 10\ \text{N/mm}^2,$$

$$\sigma_{II} = (4-\sqrt{13})\ 10\ \text{N/mm}^2,$$

$$\sigma_{III} = 85\ \text{N/mm}^2,$$

$$\varphi = 78{,}5°,$$

$$\sigma_{Tresca} = \sigma_I - \sigma_{III} = 161\ \text{N/mm}^2\ .$$

**Für die folgenden Aufgaben können die in der Literatur angegebenen Tabellen für die unterschiedlichen Biegefälle verwendet werden. Folgende Tabelle ist beispielhaft der Formelsammlung des Instituts für Mechanik, Uni Hannover entnommen [4]. Die Numerierung der Biegefälle in den Lösungen der Aufgaben bezieht sich auf die Numerierung der Biegefälle in der nachstehenden Tabelle:**

| | Belastungsfall | Gleichung der Biegelinie | Durchbiegung | Neigung $\tan\alpha$ |
|---|---|---|---|---|
| 1 | 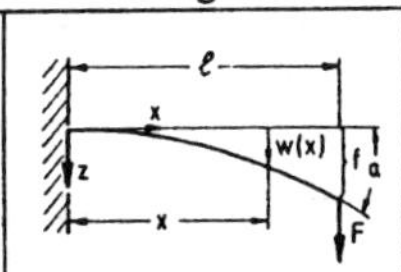 | $w(x) = \frac{1}{6}\,\frac{F}{E\cdot I}\cdot \ell\cdot x^2\left(3-\frac{x}{\ell}\right)$ | $w(\ell) = f = \frac{F\cdot \ell^3}{3\,EI}$ | $\tan\alpha = \frac{F\cdot\ell^2}{2\,EI}$ |
| 2 | 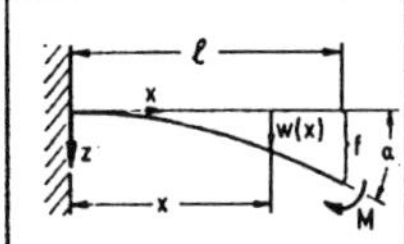 | $w(x) = \frac{M}{2EI}\cdot x^2$ | $w(\ell) = f = \frac{M\cdot\ell^2}{2\,EI}$ | $\tan\alpha = \frac{M\cdot\ell}{E\cdot I}$ |
| 3 | 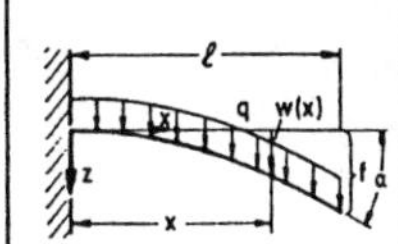 | $w(x) = \frac{q\cdot\ell^4}{24EI}\left[\,6\left(\frac{x}{\ell}\right)^2 - 4\left(\frac{x}{\ell}\right)^3 + \left(\frac{x}{\ell}\right)^4\right]$ | $w(\ell) = f = \frac{q\cdot\ell^4}{8\,EI}$ | $\tan\alpha = \frac{q\cdot\ell^3}{6\,EI}$ |
| 4 | 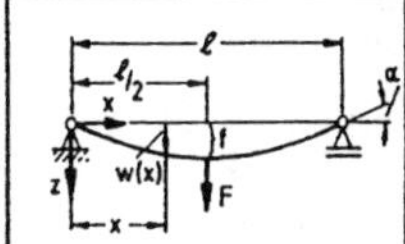 | $x \leqq \ell/2$<br>$w(x) = \frac{F\cdot\ell^3}{16\cdot EI}\left(\frac{x}{\ell} - \frac{4}{3}\cdot\frac{x^3}{\ell^3}\right)$ | $w\left(\frac{\ell}{2}\right) = f = \frac{F\cdot\ell^3}{48\,EI}$ | $\tan\alpha = \frac{F\cdot\ell^2}{16\,EI}$ |
| 5 | 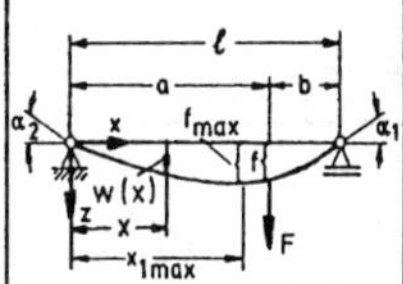 | $x \leqq a$ :<br>$w(x) = \frac{F\cdot\ell^3}{6EI}\cdot\frac{a}{\ell}\cdot\left(\frac{b}{\ell}\right)^2\frac{x}{\ell}\left(1+\frac{\ell}{b}-\frac{x^2}{ab}\right)$<br>$a \leqq x \leqq \ell$ :<br>$w(x) = \frac{F\cdot\ell^3}{6EI}\cdot\frac{b}{\ell}\left(\frac{a}{\ell}\right)^2\cdot\frac{\ell-x}{\ell}\left(1+\frac{\ell}{a}-\frac{(x-\ell)^2}{a\cdot b}\right)$ | $w(a) = f = \frac{F\cdot\ell^3}{3EI}\left(\frac{a}{\ell}\right)^2\left(\frac{b}{\ell}\right)^2$<br>$f^*_{max} = f\cdot\frac{\ell+b}{3b}\sqrt{\frac{\ell+b}{3a}}$<br>$x^*_{1max} = a\sqrt{\frac{(\ell+b)}{3a}}$<br>*gilt nur für $a > b$ | $\tan\alpha_1 = f\cdot\frac{1}{2b}\left(1+\frac{\ell}{a}\right)$<br>$\tan\alpha_2 = f\cdot\frac{1}{2a}\left(1+\frac{\ell}{b}\right)$ |
| 6 | 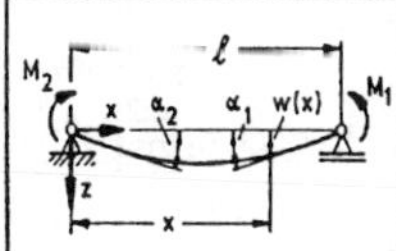 | $w(x) = \frac{M_1\cdot\ell^2}{6\,EI}\left[\frac{x}{\ell} - \frac{x^3}{\ell^3}\right] +$<br>$+\frac{M_2\cdot\ell^2}{6EI}\left[2\frac{x}{\ell} - 3\left(\frac{x}{\ell}\right)^2 + \left(\frac{x}{\ell}\right)^3\right]$ | für $M_1 = M_2$ :<br>$f_{max} = \frac{M_1\cdot\ell^2}{8\,EI}$ | $\tan\alpha_1 =$<br>$\frac{\ell}{6\,EI}(2M_1 + M_2)$<br>$\tan\alpha_2 =$<br>$\frac{\ell}{6\,EI}(2M_2 + M_1)$ |
| 7 | 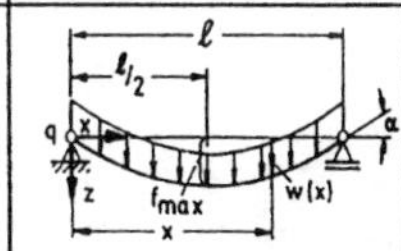 | $w(x) = \frac{q\cdot\ell^4}{24EI}\cdot\frac{x}{\ell}\left[1-2\left(\frac{x}{\ell}\right)^2 + \left(\frac{x}{\ell}\right)^3\right]$ | $w\left(\frac{\ell}{2}\right) = f_{max} = \frac{5\cdot q\cdot\ell^4}{384EI}$ | $\tan\alpha = \frac{q\cdot\ell^3}{24EI}$ |
| 8 | 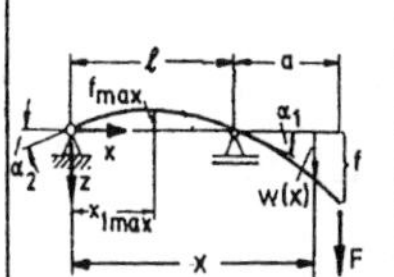 | $x \leqq \ell$ :<br>$w(x) = -\frac{F\cdot\ell^3}{6EI}\cdot\frac{a}{\ell}\cdot\frac{x}{\ell}\left[1-\left(\frac{x}{\ell}\right)^2\right]$<br>$\ell \leqq x \leqq (\ell+a)$ :<br>$w(x) = \frac{F\cdot\ell^3}{6EI}\cdot\frac{x-\ell}{\ell}\left[\frac{2a}{\ell}+\frac{3a}{\ell}\cdot\frac{x-\ell}{\ell} - \left(\frac{x-\ell}{\ell}\right)^2\right]$ | $f = \frac{F\cdot\ell^3}{3EI}\left(\frac{a}{\ell}\right)^2\left(1+\frac{a}{\ell}\right)$<br>$f_{max} = \frac{F\cdot\ell^3}{9\sqrt{3}\,EI}\cdot\frac{a}{\ell}$<br>$x_{1max} = \frac{\ell}{\sqrt{3}}$ | $\tan\alpha_2 = \frac{F\cdot\ell^2}{6\,EI}\cdot\frac{a}{\ell}$<br>$\tan\alpha_1 = 2\tan\alpha_2$ |

| Aufgabe: 32 | Kapitel: 2.5, | Schwierigkeitsgrad: ☼ |
|---|---|---|

Zwei Schaltkontakte (Blattfedern mit Kontaktauflage) sind wie skizziert angeordnet. Um welchen Betrag f müßte man den Fuß B der rechten Kontaktfeder aus der skizzierten kraftlosen Lage vertikal verschieben, damit die vorgeschriebene Kontaktkraft F erzeugt wird?
Gegeben: F, L, EI.

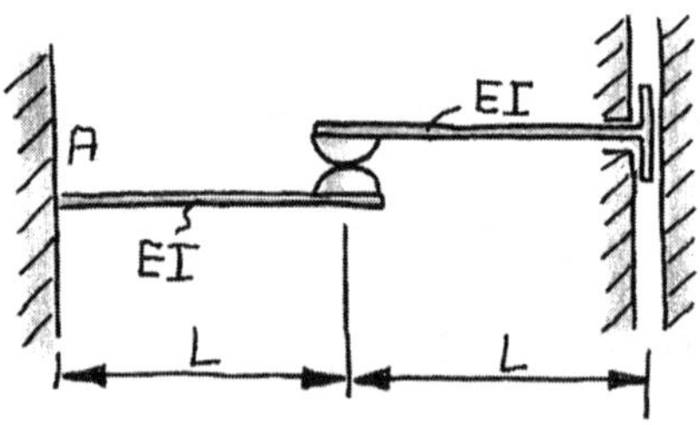


**Lösung**

Belastungsfall 1: Durchsenkung linker Balken: $f_{links} = \frac{FL^3}{3EI}$

Durchsenkung rechter Balken: $f_{rechts} = \frac{FL^3}{3EI}$

Gesamtverschiebung in B: $f_{GES} = f_{links} + f_{rechts}$

==> $f_{GES} = \frac{2FL^3}{3EI}$

*Alternativer Lösungsweg:*

Ersatzmodel der Biegebalken:

Federn mit jeweils Federsteifigkeit $c_{Ersatz} = \frac{3EI}{L^3}$

Verschaltung der beiden Federn: Federwege addieren sich zur Gesamtverschiebung,
Normalkraft in beiden Federn gleich

==> Reihenschaltung

$$\frac{1}{c_{GES}} = \frac{1}{c_{Ersatz}} + \frac{1}{c_{Ersatz}}, \ldots c_{GES} = \frac{3EI}{2L^3}$$

$$F = c_{GES}\ f_{GES} \Longrightarrow f_{GES} = \frac{2FL^3}{3EI}$$

**Aufgabe: 33 Kapitel: 2.5, Schwierigkeitsgrad:**

Beim skizzierten System aus den Balken 1 und 2 (Gewicht pro Länge q, E-Modul E, Quadratquerschnitte mit Kantenlänge b) wird an der Balkenunterseite im Punkt A die Dehnung $\varepsilon_A$ in Längsrichtung gemessen. Mit welcher Zugkraft S muß in C am Balken 2 gezogen werden, damit $\varepsilon_A$=0 gilt? Gegeben: F, q=F/2a, E, $\varepsilon_A$, a, b.

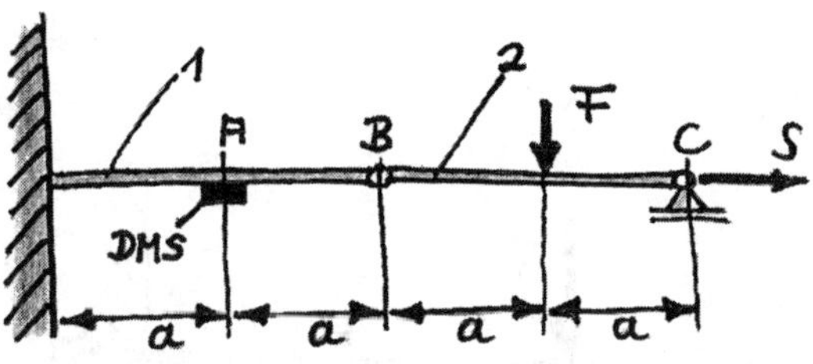


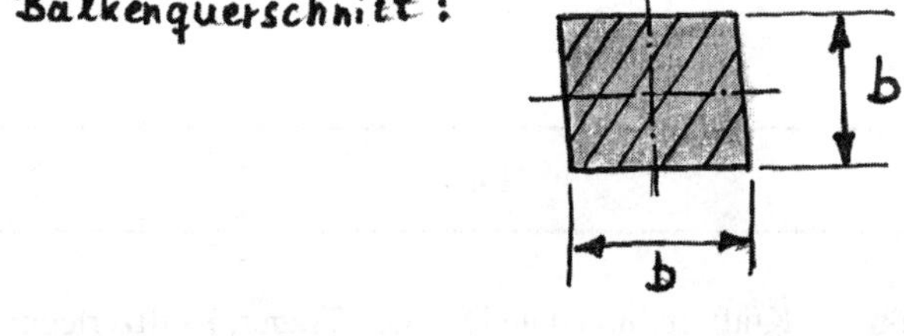


**Lösung**

Statik: Biegemoment im Träger 1 an der Stelle A:

$$M_{BA} = -\frac{5}{4}Fa$$

Spannung auf Balkenunterseite:

$$\sigma = \frac{M_B}{I}z + \frac{S}{A} = 0 \quad \text{mit} \quad A = b^2$$

$$I = b^4/12$$

$$z_{DMS} = b/2$$

$$==> \quad S = \frac{15a}{2b}F$$

**Aufgabe: 34 Kapitel: 2.5, Schwierigkeitsgrad: ☼**

Das skizzierte System wird durch die Kraft F belastet. Wie groß ist die Durchsenkung des Kraftangriffspunktes!

Gegeben: L, F, EI.

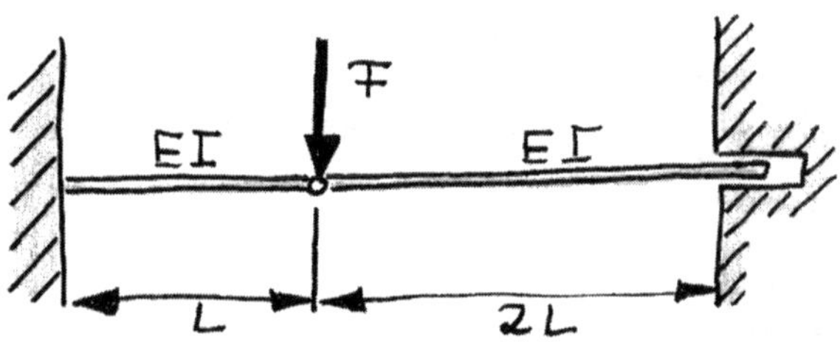


**Lösung**

FKB Gelenk ==> Kraft im linken und rechten Träger, Kraftzerlegung:

$$F = F_{links} + F_{rechts}$$

Durchsenkung links: Lastfall 1:

$$f_{links} = \frac{F_{links}L^3}{3EI}$$

Durchsenkung rechts: Lastfall 1... !...:

$$f_{rechts} = \frac{F_{rechts}(2L)^3}{3EI}$$

Da der Träger am Gelenk nicht auseinanderreißt, gilt $f = f_{links} = f_{rechts}$ , also

$$\frac{F_{links}L^3}{3EI} = \frac{F_{rechts}(2L)^3}{3EI},$$

$$==> \quad F_{links} = 8\, F_{rechts} = \frac{8}{9}\, F.$$

Damit kann aber die Durchsenkung bestimmt werden:

$$f = \frac{8FL^3}{27EI}\ .$$

*Alternativer Lösungsweg:*

Ersetzen der Biegebalken durch Ersatzfedern

Bestimmung der Steifigkeiten der Ersatzfedern:

$$c_{Ersatz,\,links} = \frac{3EI}{L^3}$$

$$c_{Ersatz,\,rechts} = \frac{3EI}{8L^3}$$

Verschaltung der Federn: Gleiche Wege, unterschiedliche Normalkräfte in den Federn

==> Parallelschaltung der Federn

$$c_{GES} = c_{Ersatz,\,links} + c_{Ersatz,rechts} = .... = \frac{27EI}{8L^3}$$

$$F = c_{GES}\ f$$

$$f = \frac{8FL^3}{27EI}$$

**Aufgabe: 35 Kapitel: 2.5, Schwierigkeitsgrad: ☼**

Für einen LKW soll eine Blattfeder aus Stahlblech mit konstanter Dicke d so ausgelegt werden, daß bei der angegebenen Belastung die maximalen Spannungen in jedem Querschnitt gleich der zulässigen Spannung $\sigma_{zul}$ sind.

Man gebe die Breite der Feder als Funktion des Ortes an!
Gegeben: F, L, d, $\sigma_{zul}$.

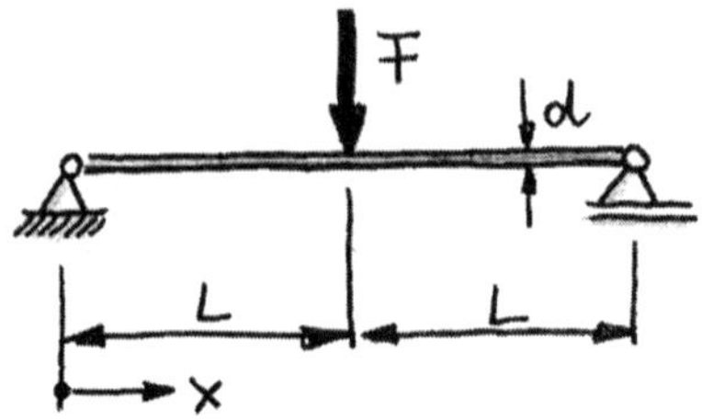


**Lösung**

(aus Symmetriegründen nur rechte Seite betrachtet)
Biegemomentenverlauf für 0<x<L:

$$M_B(x) = \frac{F}{2}x$$

Maximale Spannung:

$$\sigma_{max} = \sigma_{zul} = \frac{M_B(x)}{I(x)} z_{max}$$

$$\text{mit} \quad I(x) = \frac{b(x)d^3}{12},$$

$$z_{max} = d/2$$

$$\Longrightarrow \quad b(x) = \frac{3Fx}{\sigma_{zul} d^2}$$

**Aufgabe: 36 Kapitel: 2.5, Schwierigkeitsgrad:**

Eine Blattfeder mit konstantem Rechteckquerschnitt (Breite B, Dicke D, E-Modul E, Länge L>>D) soll wie skizziert zu einem Kreisring gebogen werden.

a) Welcher Art muß die Belastung sein?

b) Wie groß ist die maximal auftretende Spannung?

Gegeben: B, D, E, L≥D.

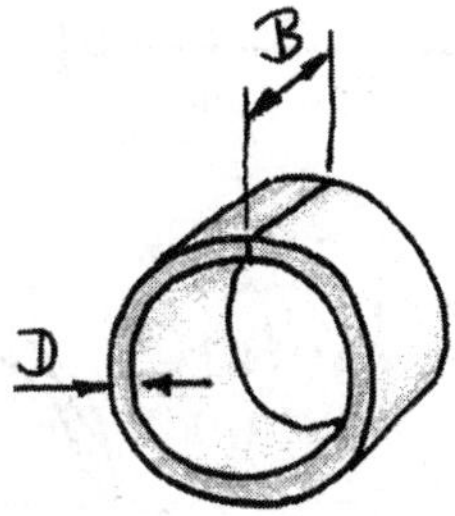


**Lösung**

a) Der Radius der Biegelinie muß konstant sein, d.h. w''(x) = konst, d.h. $M_B(x)$ = konst. An den Enden der Blattfeder wird also jeweils ein Biegemoment eingeleitet.

$$w''(x) = 1/R = \frac{2\pi}{L} = -\frac{M_B}{EI} \implies M_B = (-)\frac{2\pi EI}{L}$$

b) $$\sigma_{max} = \frac{M_B}{I} z_{max} \qquad \text{mit } z_{max} = (-)\ D/2$$

$$\implies \sigma_{max} = \frac{\pi ED}{L}$$

**Aufgabe: 37** **Kapitel: 2.5,** **Schwierigkeitsgrad:**

Ein Glasrohr (spezifisches Gewicht $\gamma$, gesuchte Länge L, Innendurchmesser d, Außendurchmesser D) ist wie skizziert gelagert.

Welche Länge darf das Rohr maximal haben, damit die zulässige Spannung $\sigma_{zul}$ bei Belastung durch das Eigengewicht nicht überschritten wird?

Gegeben: d, D, $\gamma$, $\sigma_{zul}$.

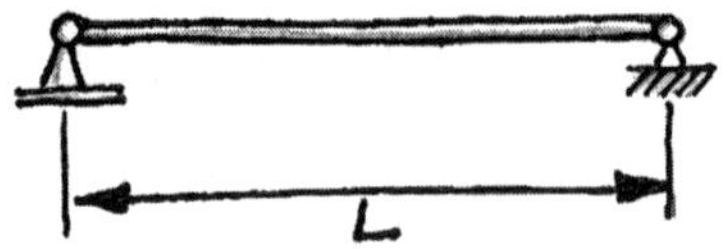


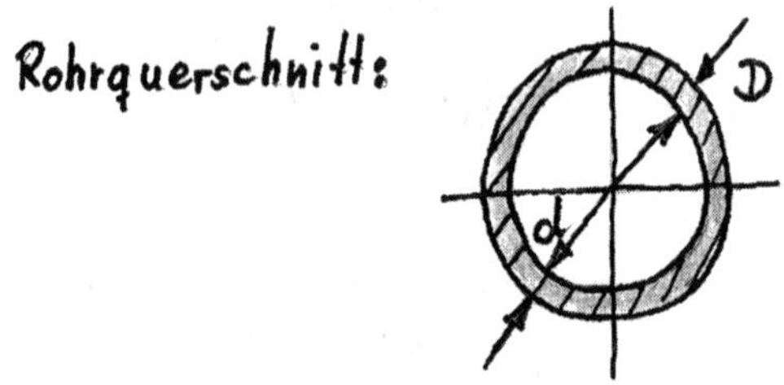


**Lösung**

Schnittgrößen: maximales Moment bei x = L/2:

$$M_{max} = \frac{G}{2}\frac{L}{2} - \frac{G}{2}\frac{L}{4} = \frac{GL}{8} \quad \text{mit} \qquad G = \gamma \frac{1}{4}\left(D^2 - d^2\right)\pi L$$

maximale Biegespannung:

$$\sigma_{max} = \frac{M_{max}}{I} z_{max} \quad \text{mit} \qquad z_{max} = D/2$$

$$\text{und} \qquad I = \frac{\pi}{64}\left(D^4 - d^4\right)$$

$$\sigma_{max} = \frac{\gamma L^2 D}{(D^2 + d^2)} \leq \sigma_{zul}$$

$$\Longrightarrow \quad L \leq \sqrt{\frac{(D^2 + d^2)\sigma_{zul}}{\gamma \;\; D}}$$

**Aufgabe: 38** **Kapitel: 2.5,** **Schwierigkeitsgrad:** ☼💣

Der skizzierte Radsatz wird durch die Achslast F belastet.

a) An welcher Stelle der Achse tritt die größte Spannung auf?

b) Wie groß muß der Durchmesser d der Achse mindestens sein, damit die zulässige Spannung $\sigma_{zul}$ nicht überschritten wird?

c) Wie groß ist bei dem gewählten Durchmesser d die Durchbiegung der Achse zwischen den Radscheiben?

d) Um welche Winkel $\alpha$ neigen sich die Radscheiben infolge der Belastung?

Gegeben: F, s, L, $\sigma_{zul}$, E.

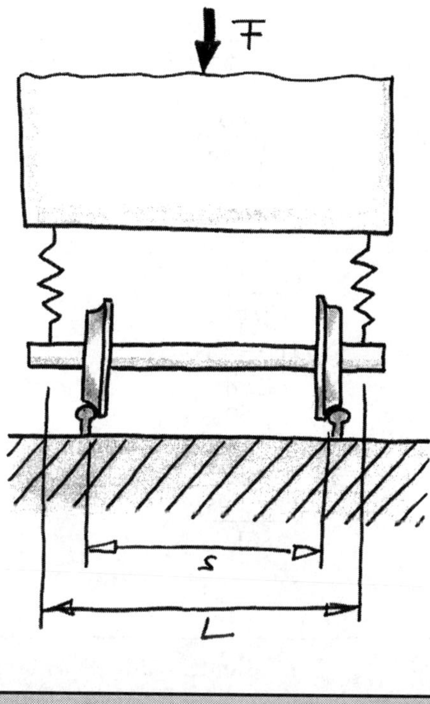


**Lösung**

Hinweis: zwischen den Rädern liegt Biegefall 6 der Tabelle der Biegefälle vor mit

$$M_1 = M_2 = \frac{F(s-L)}{4}$$

a) An der Stelle des maximalen Biegemomentes, also in der Mitte der Achse. Oberer Rand: max. Zugspannung, unterer Rand: max. Druckspannung.

b) Maximales Biegemoment:

$$M_{B,max} = \frac{F}{4}(s\text{-}L)$$

Spannung infolge Biegung:

$$\sigma = \frac{M_{B,max}}{I} z_{max} \leq \sigma_{zul}$$

$$\Longrightarrow \quad \sigma_{zul} = \frac{4F(L-s)}{4\pi r^4} r$$

$$\Longrightarrow \quad d = 2r = 2\sqrt[3]{\frac{F(L-s)}{\pi\sigma_{zul}}} \quad .$$

c) vgl. Biegefall 6:

$$w = \frac{F(s-L)s^2}{32EI}$$

$$= \frac{2F(s-L)s^2}{E\pi d^4}$$

d) vgl. Biegefall 6:

$$\alpha = \frac{F(s-L)s}{8EI}$$

**Aufgabe: 39 Kapitel: 2.5, Schwierigkeitsgrad: 💣**

Der Träger 1 (Biegesteifigkeit EI, Länge 2L) wird wie skizziert durch den Stab 2 (Längssteifigkeit EA, Höhe h, Wärmeausdehnungskoeffizient $\alpha$) unterstützt. Bei Raumtemperatur sind beide Träger spannungsfrei. Der Stab wird um $\Delta\vartheta$ erwärmt. Um welchen Betrag $\Delta h$ verschiebt sich das Lager A infolge der Erwärmung des Stabes?

Gegeben: L, I, A, h, $\alpha$, $\Delta\vartheta$.

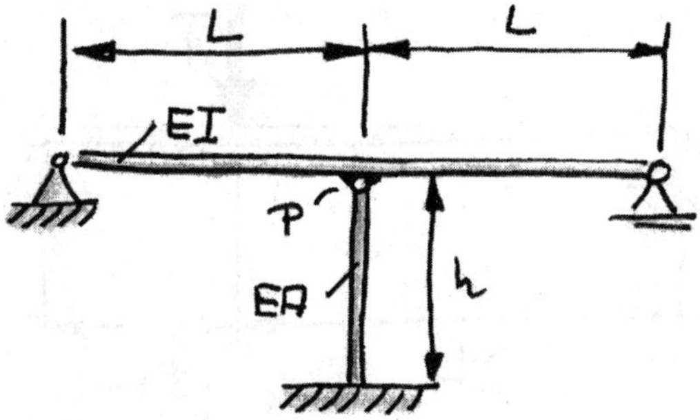


## Lösung

Biegebalken: Lastfall 4:

$$\Delta h = \frac{F(2L)^3}{48EI} = \frac{FL^3}{6EI}$$

Stab:

$$\Delta h = -\frac{Fh}{EA} + h\,\alpha\,\Delta\vartheta$$

Einsetzen von F:

$$\Delta h = -\frac{6EI\,h}{EAL^2}\,\Delta h + h\,\alpha\,\Delta\vartheta$$

$$\Longrightarrow \quad \Delta h = \frac{h\alpha\Delta\vartheta}{1+\dfrac{6I\,h}{AL^3}}$$

**Aufgabe: 40 Kapitel: 2.5, Schwierigkeitsgrad: ☼**

Der Träger (Länge L, Seitenlänge a, Wandstärke s) trägt die Last F. Wie groß ist die maximale Spannung infolge der Biegung des Trägers?

Gegeben: L=10m, F=200kN, s=10mm, a=300mm.

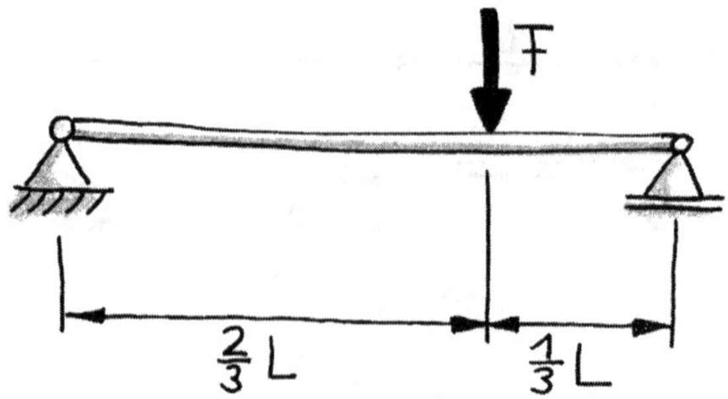


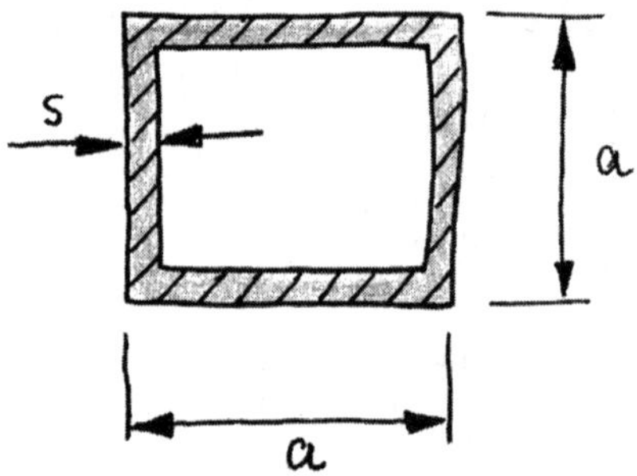


**Lösung**

1) Bestimmung des maximalen Biegemomentes:

$$M_{max} = \frac{2}{9} FL \qquad \text{(Stelle der Krafteinleitung!)}$$

2) Flächenträgheitsmoment des Kastenprofils:

$$I = \frac{a^4}{12} - \frac{(a-2s)^4}{12}$$

3) Widerstandsmoment:

$$W = \frac{I}{z_{max}} = \frac{2I}{a}$$

4) maximale Spannung:

$$\sigma_{max} = \frac{M_{max}}{W}$$

5) Zahlenwerte:

$$\sigma_{max} = 409{,}5 \text{ N/mm}^2$$

**Aufgabe: 41** **Kapitel: 2.5,** **Schwierigkeitsgrad: ☼●**

Die Abbildung zeigt den vereinfachten Aufbau einer Kraftmeßbrücke mit den Dehnungsmeßstreifen (DMS) 1 und 2. Mittels der Dehnungsmeßstreifen wird die Differenz der Dehnungen $\varepsilon_2 - \varepsilon_1$ gemessen.

Wie groß ist die Kraft F?

Gegeben: a, b, s, $\varepsilon_2 - \varepsilon_1$, E.

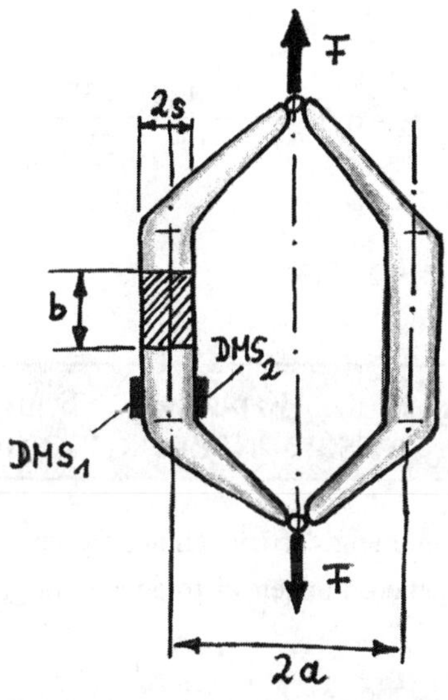


**Lösung**

Ersatzmodell:

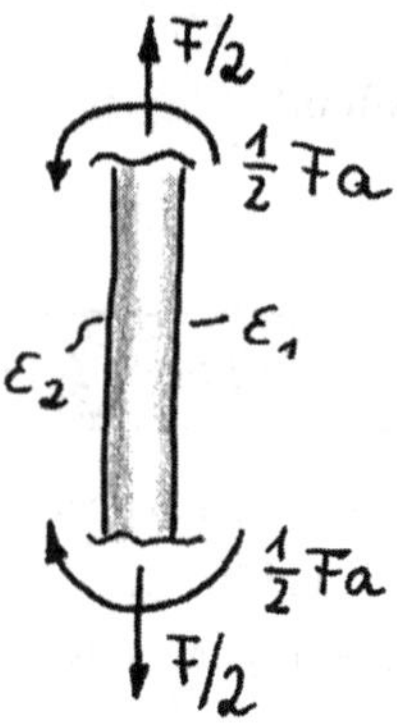


Spannungen am Rand:

$$\sigma_{2,1} = \frac{N}{A} \pm \frac{M_B}{I} s \qquad \text{mit } I = 2bs^3 / 3$$

Dehnungsdifferenz:

$$\varepsilon_2 - \varepsilon_1 = (\sigma_2 - \sigma_1) / E = \frac{2M_B s}{EI} = \frac{3Fa}{2Ebs^2}$$

Gesuchte Kraft:

$$F = \frac{2Ebs^2}{3a} (\varepsilon_2 - \varepsilon_1)$$

**Aufgabe: 42 Kapitel: 2.5, Schwierigkeitsgrad: 🕮**
**----- ABSOLUTES MUSS!!! , UNBEDINGT ANGUCKEN !!! -------**

Die Aufgaben zur Bestimmung der Biegelinie, die über das einfache Ablesen aus der Tabelle hinausgehen, können in folgende Aufgabengruppen unterteilt werden:

**a) Überlagerung zweier Biegefälle an einem Bauteil**

Der skizzierte Träger (homogener Balken, Masse m, Biegesteifigkeit EI, Länge L) wird zusätzlich zu seiner Gewichtskraft durch die Kraft F belastet. Wie groß muß die Kraft F gewählt werden, damit die Durchsenkung an der Stelle der Krafteinleitung verschwindet?

Gegeben: m, EI, L.

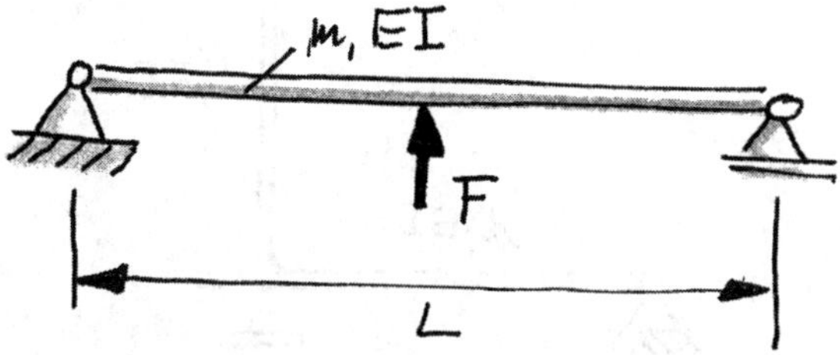


**Lösung**

Hier gilt es, die richtigen Belastungsfälle herauszupicken und an der richtigen Stelle in der Tabelle zu schmökern. Die Belastung der Einzelkraft F stellt den Biegefall 4 dar, so daß

$$w_F(L/2) = -\frac{FL^3}{48EI}$$

kein großes Geheimnis ist. Zusätzlich stellt die Masse des Trägers eine Streckenlast vom Betrag q = mg/L dar. Hier liegt Biegefall 7 vor. Dieser führt

auf $$w_m(L/2) = \frac{5qL^4}{384EI},$$

die Gesamtdurchsenkung ergibt sich aus der Überlagerung der Einzelfälle, also

$$w_{GES} = -\frac{FL^3}{48EI} + \frac{5qL^4}{384EI} = 0 \quad .$$

Aus dieser Gleichung läßt sich dann die erforderliche Kraft F bestimmen:

$$F = \frac{5mg}{8} \quad .$$

Das war zu einfach? O.K. Wir legen noch einen drauf!

## b) Überlagerung der Biegefälle an mehreren Trägern

Der skizzierte Träger (Biegesteifigkeit EI, Länge der Teilstücke jeweils L) wird durch eine Kraft F belastet. Wie groß ist die Verschiebung u des Kraftangriffspunktes in Richtung der Kraft F?

Gegeben: F, L, EI.

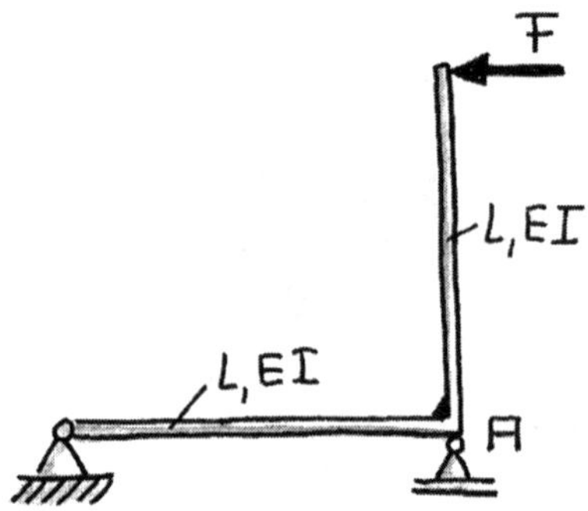


**Lösung**

Bei dieser Aufgabe sind die Belastungsfälle schon etwas besser getarnt: Zunächst nehmen wir einmal an, daß *das horizontale Teilstück des Trägers starr* sei. Dann ist der Balken am Lager A derart fixiert, daß er auf jeden Fall vertikal nach oben läuft. Eine Neigung des vertikalen Teilstückes wird also vermieden; eine horizontale und vertikale Verschiebung des Trägers im Punkt A wird durch die gewählte Lagerung vermieden. Betrachten wir die Schnittgrößen des vertikalen Teilstückes im Punkt A, dann existiert hier eine Querkraft und ein Biegemoment! Langer Rede kurzer Sinn: Die Belastung des vertikalen Teilstücks wird durch den Belastungsfall 1 repräsentiert. Es ergibt sich somit für die Verschiebung des Lastangriffspunktes

$$u_I = \frac{FL^3}{3EI} \quad .$$

Im zweiten Schritt nehmen wir an, daß *das vertikale Teilstück starr sei,* während der horizontale Träger elastisch ist. Nun wirkt aber am Lager A auf das horizontale Teilstück ein Moment M=FL, welches den Träger gemäß Belastungsfall 6 malträtiert, so daß

$$\tan\alpha_1 = \frac{FL^2}{3EI}$$

gilt. Damit neigt sich aber auch das noch starre Vertikalstück um den Winkel $\alpha_1$. Der Kraftangriffspunkt verschiebt sich demzufolge um

$$u_{II} = L\tan\alpha_1 = \frac{FL^3}{3EI} \quad ,$$

die gesuchte Gesamtverschiebung beträgt

$$u = u_I + u_{II} = \frac{FL^3}{3EI} + \frac{FL^3}{3EI} = \frac{2FL^3}{3EI} \quad .$$

Das war immer noch zu leicht? Wenn das so ist ... Wir können auch anders!

## c) statisch überbestimmte Systeme (Sonderfälle von a) bzw. b)!)

Der wie skizziert gelagerte Träger (Länge L, Biegesteifigkeit EI) wird durch die Kraft belastet. Bestimmen Sie die Verschiebung des Kraftangriffspunktes.
Gegeben: F, L, EI.

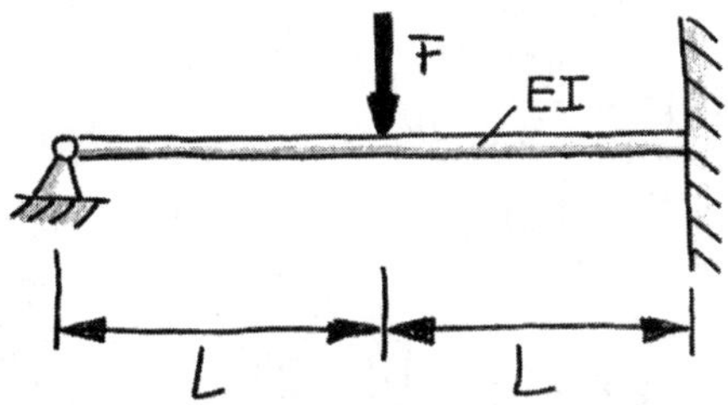


## Lösung

Na, jetzt guckt Ihr aber ratlos aus Euren Treckerfahrergesichtern, was? Dieser Belastungsfall ist leider in unserer Tabelle nicht enthalten. Und zu allem Überfluß ist das System noch statisch überbestimmt!!!
Kann man so eine Aufgabe überhaupt lösen? Man nicht, aber wir:

Wir stellen uns zunächst einmal ganz dumm (was Herrn Dr. Romberg ja nicht so ganz schwer fällt) und ignorieren das Loslager auf der linken Seite! Klar, in dem Fall ergibt sich (Belastungsfall 1)

$$w_I(L) = \frac{FL^3}{3EI} \, ,$$

$$\tan \alpha = \frac{FL^2}{2EI}$$

$$w_I(2L) = w_I(L) + L \tan \alpha$$

$$= \frac{FL^3}{3EI} + \frac{FL^3}{2EI}$$

$$= \frac{5FL^3}{6EI}$$

Und jetzt kommt der Clou: wir ersetzen das Loslager einfach durch eine Kraft Q - deren Größe wir nicht kennen - noch nicht. Wenn wir nun die Kraft F einmal für kurze Zeit vergessen, dann biegt sich der Träger infolge von Q gemäß

$$w_{II}(L) = -\frac{5QL^3}{6EI}$$

$$w_{II}(2L) = -\frac{Q(2L)^3}{3EI}$$

durch.

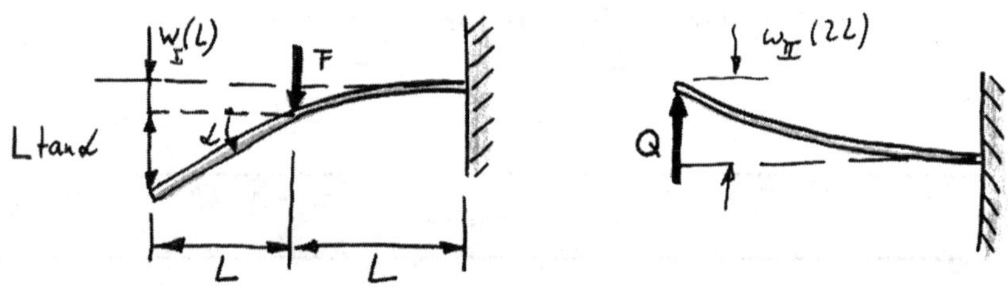


Zwingend gefordert ist nun, daß $w_{GES}(2L) = 0$ erhalten bleibt, solange das Loslager seine Funktion erfüllt. Aus

$$w_{GES}(2L) = w_I(2L) + w_{II}(2L) = 0$$

kann die unbekannte Auflagerkraft Q bestimmt werden und das statisch unbestimmte System durch ein statisch bestimmtes System ersetzt werden:

$$Q = \frac{5}{16} F \quad .$$

Die Durchsenkung des Trägers ergibt sich dann aus der Überlagerung der beiden Belastungsfälle:

$$w_{GES}(L) = w_I(L) + w_{II}(L) = \frac{7FL^3}{96EI} \quad .$$

(Das hätte man auch einfacher haben können, s. z. B. [Dubbel]).

**Aufgabe: 43 Kapitel: 2.5, Schwierigkeitsgrad: ☼💣**

Der skizzierte Balken (Länge L, Biegesteifigkeit EI) ist durch eine Streckenlast $q_0$ und ein Moment M belastet. Wie groß ist die Durchsenkung an der Stelle x = L/3?

Gegeben: $q_0$, M, L, EI.

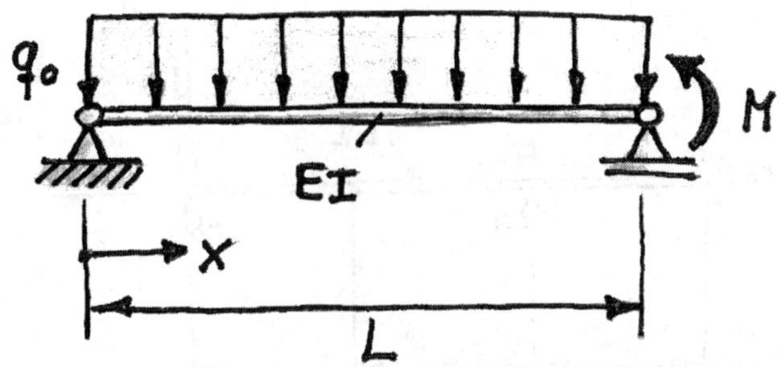


**Lösung**

Überlagerung (Superposition ) der Belastungsfälle 6 und 7:

$$w_{GES}(x) = w_6(x) + w_7(x)$$

$$\text{mit} \quad w_6(x) = \frac{ML^2}{6EI}\left[\frac{x}{L} - \frac{x^3}{L^3}\right]$$

$$w_7(x) \quad = \frac{q_0 L^4}{24EI}\frac{x}{L}\left[1-2\left(\frac{x}{L}\right)^2+\left(\frac{x}{L}\right)^3\right]$$

$$\Longrightarrow \quad w_{GES}(x=L/3) = \frac{11}{972}\frac{q_0 L^4}{EI}+\frac{4ML^2}{81EI}$$

**Aufgabe: 44** **Kapitel: 2.5, Schwierigkeitsgrad:** 💣☠

Ein Träger mit konstanter Biegesteifigkeit EI wird wie dargestellt durch das Moment M belastet.
Wie groß ist die Lagerkraft im Lager B?
Gegeben: a, M, EI.

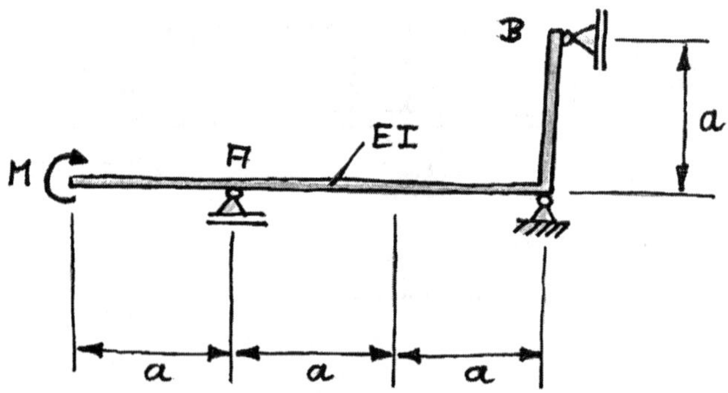


**Lösung**

Überlagerung (Superposition!) der Teilbelastungen:

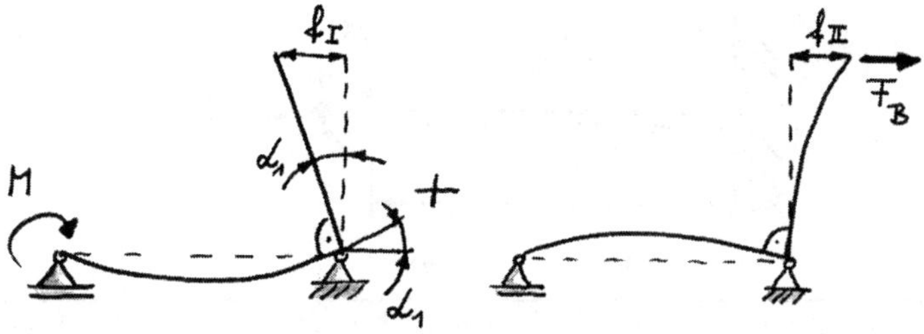


I: Belastungsfall 6:

$$\tan\alpha_1 = \frac{2a}{6EI}M$$

$$f_I = \frac{Ma^2}{3EI}$$

II: Belastungsfall 8: (Überraschung! Und ein bißchen nachdenken ... ) Einverstanden? Wenn nicht, dann den Arbeitsweg über Kombination der Fälle 1 und 6 wählen!)

$$f_{II} = \frac{F_B 8a^3}{3EI}\left(\frac{a}{2a}\right)^2\left(1+\frac{a}{2a}\right)$$

$$= \frac{F_B a^3}{EI}$$

Keine Verschiebung des Lagers

$$\Longrightarrow \quad f_I = f_{II}$$

$$\Longrightarrow \quad F_B = \frac{M}{3a}$$

**Aufgabe: 45 Kapitel: 2.5, Schwierigkeitsgrad: 💣**

Der skizzierte Kragträger (E-Modul E, Durchmesser d, Länge a) wird an seinem freien Ende mit der Kraft F und einem Moment M belastet.
Wie groß ist die maximale Auslenkung und die betragsmäßig größte Biegespannung?
Gegeben: a, d, E, F, M=2Fa/3.

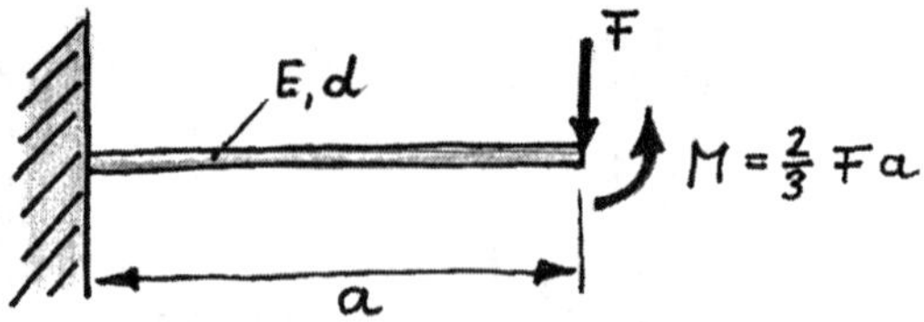


**Lösung**

Überlagerung (Superposition) der Biegefälle 1 und 2:

$$w(x) = \frac{F}{6EI} a x^2 \left(3 - \frac{x}{a}\right) - \frac{M}{2EI} x^2 = \frac{Fax^2}{6EI}\left(1 - \frac{x}{a}\right)$$

$$\text{mit } I = \frac{\pi d^4}{64}$$

Minimale Auslenkung:

$$w'(x_{min}) = 0 = 2\,a\,x_{min} - 3\,x_{min}^2$$

$$==> \quad x_{min} = \frac{2}{3} a$$

$$==> \quad w_{max} = w(x_{min}) = \frac{128}{81\pi} \frac{Fa^3}{Ed^4}$$

Das Biegemoment nimmt in Richtung der Einspannstelle linear ab

($M_B(x=0) = Fa/3$).

Maximales Biegemoment:

$$M_{bmax} = \frac{2}{3} Fa$$

Biegespannung:

$$\sigma_{bmax} = \frac{M_B}{I} z_{max} = \frac{64Fa}{3\pi d^3}$$

**Aufgabe: 46** **Kapitel: 2.5, Schwierigkeitsgrad: ☠**

Gegeben ist der beidseitig gelenkig gelagerte Balken unter linearer Belastung. Wie is die Gleichung der Biegelinie?
Gegeben: $q_1$, $q_2$, EI, L.

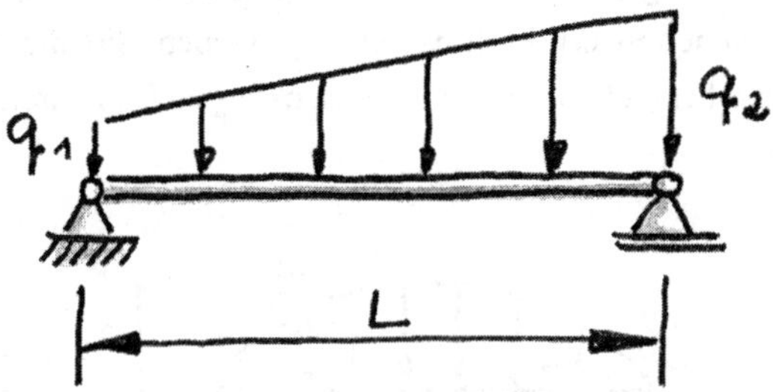


**Lösung?**

Übrigens: Nachgucken im Dubbel gibt's hier nicht!

1) Streckenlast:

$$q(x) = q_1 + (q_2 - q_1)\frac{x}{L}$$

2) Lagerreaktionen:

$$F_{rechts} = \frac{L}{6}q_1 + \frac{L}{3}q_2 \qquad , F_{links} = \frac{L}{3}q_1 + \frac{L}{6}q_2$$

3) Biegemomentenverlauf:

$$M_B(x) = F_{rechts}\,x - \left[\frac{q_1}{2}x^2 + \frac{q_2 - q_1}{3L}x^3\right]$$

kann nicht sein! es müsste eine 6 sein!

Tja, und dann immer schön integrieren ... Randbedingungen: w(0)=0, w(L)=0

$$\Longrightarrow \quad w(x) = \frac{1}{360}\frac{(q_2 - q_1)L^4}{EI}\left[3\frac{x^5}{L^5} - 10\frac{x^3}{L^3} + 7\frac{x}{L}\right]$$

$$+\frac{1}{24}\frac{q_1 L^4}{EI}\left[\frac{x^4}{L^4}-2\frac{x^3}{L^3}+\frac{x}{L}\right]$$

**Aufgabe: 47 Kapitel: 2.5, Schwierigkeitsgrad: ☠**

Ein beidseitig gelenkig gelagerter Balken trägt eine parabolisch über die Länge verteilte Last (Scheitelwert in Balkenmitte). Geben Sie die Gleichung der Biegelinie an und berechnen Sie die Durchsenkung in Balkenmitte.
Gegeben: $q_0$, L.

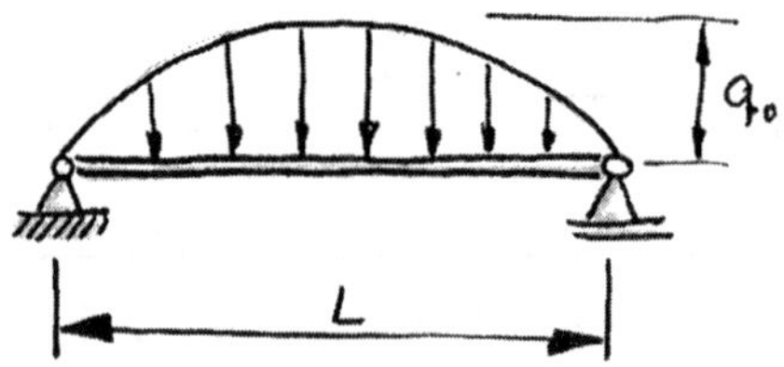


**Lösung**

1) Streckenlast:

$$q(x) = Ax^2 + Bx + C,$$

Bestimmung von A, B, C aus q(0)=q(L)=0 und q(L/2)=$q_0$

$$q(x) = 4\, q_0 \left[\frac{x}{L}-\frac{x^2}{L^2}\right]$$

2) Auflager:

$$F_V = \frac{1}{3} q_0 L$$

3) Biegemoment:

$$M_B(x) = F_V x + \int_0^x q(x)x\,dx$$

$$= F_V\, x + 4\, q_0 \left[\frac{x^2}{2L} - \frac{x^3}{3L^2}\right]$$

Tja, dann wieder mal schön integrieren, Randbedingungen w(0) = w(L) = 0

..... ==> $$w(L/2) = \frac{61}{5760}\frac{q_0 L^4}{EI}$$

**Aufgabe: 48** **Kapitel: 2.5, Schwierigkeitsgrad:** 💣

Ein Träger (Länge 3L, Biegesteifigkeit EI) ist an den Stellen A, B und C gelagert.
Wie groß ist die Auflagerkraft in B, wenn der Träger wie skizziert durch die Kraft F belastet wird!
Gegeben: L, EI, F.

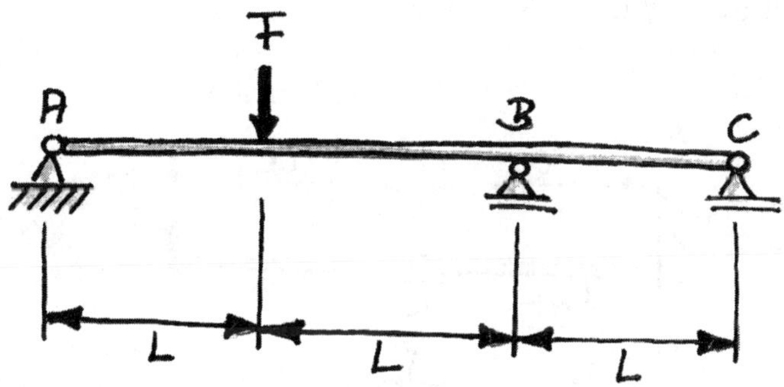


**Lösung**

System statisch überbestimmt, daher wird Lager B durch Vertikalkraft B ersetzt.
Superposition: I) System ohne B mit Kraft F bei x = L

II) System ohne F mit Kraft B bei x = 2L

Dies ist jeweils Belastungsfall 5, dann muß B in der Summe der einzelnen Durchbiegungen so hingepfriemelt werden, daß für die Durchsenkung an der Stelle des Lagers $w_{GES}(x=2L)=0$ beträgt:

$$w_I(x=2L) = \frac{F(3L)^3}{6EI}\frac{2L}{3L}\left(\frac{L}{3L}\right)^2\frac{3L-2L}{3L}\left(1+\frac{3L}{L}-\frac{(2L-3L)^2}{L\,2L}\right)$$

$$= \frac{7}{18}\frac{FL^3}{EI}$$

$$w_{II}(x=2L) = -\frac{F(3L)^3}{3EI}\left(\frac{2L}{3L}\right)^2\left(\frac{L}{3L}\right)^2 = -\frac{4BL^3}{9EI}$$

$$w_I(x=2L) + w_{II}(x=2L) = 0$$

==> $B = \frac{7}{8}F$

**Aufgabe: 49** **Kapitel: 2.5, Schwierigkeitsgrad:**

Der skizzierte Balken (Länge L, Biegesteifigkeit EI) wird zusätzlich durch eine Feder unterstützt. Wie groß ist die Federkraft?

Gegeben: F, a, $c = EI/a^3$.

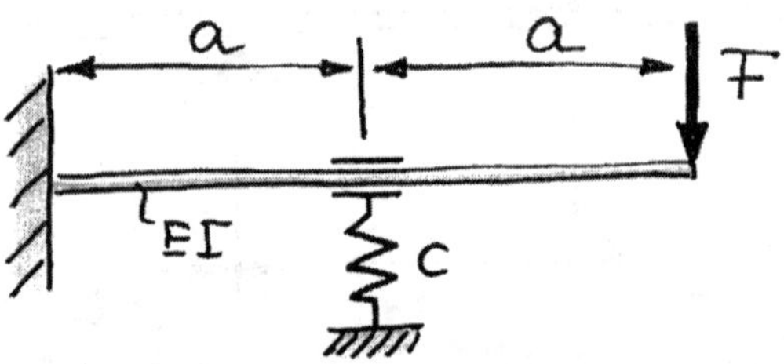


**Lösung**

Verformung nur durch F ohne Feder:

$$w_F(a) = \frac{1}{6}\frac{F}{EI}2a\,a^2\left(3-\frac{a}{2a}\right) = \frac{5}{6}\frac{Fa^3}{EI}$$

Verformung nur durch eine Kraft $F_F$, die am Ort der Feder wirkt:

$$w_c(a) = -\frac{1}{3}\frac{F_F a^3}{EI} \quad .$$

Wird die Biegelinie des Gesamtsystems mit $w_{GES}$ beschrieben, dann beträgt die Federkraft

$$F_F = c\, w_{GES},$$

also $$w_c(a) = -\frac{1}{3}\frac{c\, w_{GES}\, a^3}{EI} = -\frac{1}{3} w_{GES}$$

Überlagerung der Belastung durch die Feder und die Kraft F:

$$w_{GES}(a) = w_F(a) + w_c(a) = \frac{5}{6}\frac{Fa^3}{EI} - \frac{1}{3} w_{GES}$$

$$==> \quad w_{GES}(a) = \frac{15}{24}\frac{Fa^3}{EI}$$

$$==> \quad F_F \quad = c\, w_{GES}(a) = \frac{5}{8} F \quad .$$

**Aufgabe: 50** **Kapitel: 2.5,** **Schwierigkeitsgrad:** 🕮

Der skizzierte Rechteckträger (Länge L, Biegesteifigkeit EI, Breite B, Höhe H), der unter dem Winkel $\alpha$ fest eingespannt ist, wird an seinem freien Ende durch die Kraft F belastet. Bestimmen Sie die horizontale Verschiebung des Kraftangriffspunktes.

Gegeben: L, H, B, $\alpha$, E.

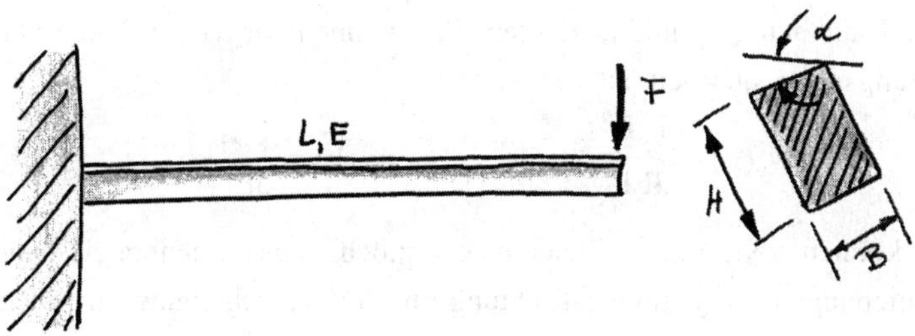

## Lösung

Machen wir zunächst mal, was wir schon immer gemacht haben: Wir holen uns die Flächenträgheitsmomente für Biegung um die Symmetrieachsen y und z aus der Tabelle 2:

$$I_y = BH^3/12 \quad , \qquad I_z = HB^3/12 \quad .$$

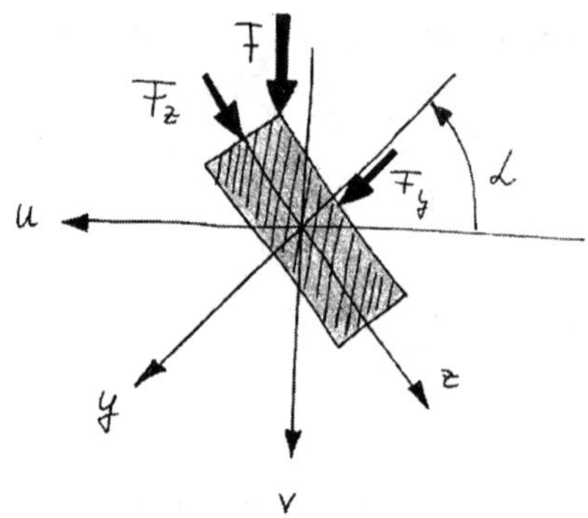


In der Statik hatten wir ja zwei Kräfte zu einer Kraft, der Resultierenden, zusammengefaßt. Hier machen wir jetzt den umgekehrten Schritt: Wir zerlegen jetzt die Kraft F in zwei Kraftkomponenten $F_y$ und $F_z$:

$$F_y = F \sin\alpha \quad , \qquad F_z = F \cos\alpha \quad .$$

Da es dem Träger wohl egal ist, ob er durch die Resultierende F oder die zwei Kraftkomponenten belastet wird, haben wir jetzt durch diesen kleinen Trick die Biegung um eine beliebige Achse so transformiert, daß wir zwei Biegungen um die Hauptachsen y und z erhalten. Dies können wir dann mit den Standard-Belastungsfällen abarbeiten:

$$w_y(L) = \frac{F_y L^3}{3EI_y}, \qquad w_z(L) = \frac{F_z L^3}{3EI_z} \,.$$

Nun können wir die Gleichungen noch zusammenbraten und die Verschiebungen in y und z-Richtung in die Verschiebung in u-Richtung umrechnen:

$$w_u(L) \; = w_y(L) \cos\alpha - w_z(L) \sin\alpha$$

$$= \frac{4FL^3 \sin\alpha\cos\alpha}{EBH}\left[\frac{1}{B^2}-\frac{1}{H^2}\right]$$

$$= \frac{2FL^3 \sin 2\alpha}{EBH}\left[\frac{1}{B^2}-\frac{1}{H^2}\right] \quad .$$

(Ergänzend die vertikale Verschiebung:

$$w_V(L) = w_y(L)\sin\alpha + w_z(L)\cos\alpha$$

$$= \frac{4FL^3}{EBH}\left[\frac{\sin^2\alpha}{B^2}+\frac{\cos^2\alpha}{H^2}\right] \quad .\,)$$

(Interessant hier die Kontrolle für:

1) gerade Biegung, d.h. $\alpha=0°$ oder $\alpha=90°$

2) gerade Biegung für beliebige $\alpha$ und B=H,

d.h. punktsymmetrischer Körper, $\sin^2\alpha+\cos^2\alpha=1$)

Also, bei Ausnutzung der Statik ist die schiefe Biegung im Grunde genommen nichts Neues.

**Aufgabe: 51 Kapitel: 2.5, Schwierigkeitsgrad: 🕮**

Das skizzierte Profil wird durch die Kraft F belastet. Wie groß ist derAbstand d der Kraft F vom Flächenschwerpunkt des Profils, wenn das Profil infolge der Schubspannung durch die Querkraft nicht verdreht wird.

Gegeben: a, t, t<<a.

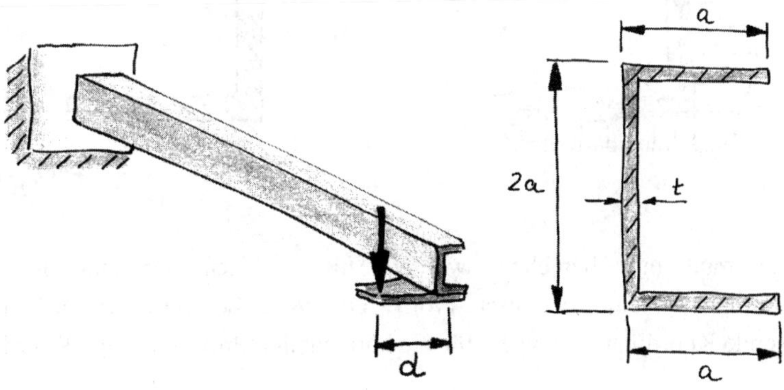

## Lösung

Zunächst sammeln wir Punkte, indem wir das tun, was wir schon können: Das Flächenträgheitsmoment berechnen:

$$I = \frac{t(2a)^3}{12} + 2\,(a^2\ a\,t) + \frac{at^3}{12} \qquad .$$

Im folgenden werden wir den letzten Term weglassen, da dieser für $t \ll a$ gegenüber den anderen Summanden vernachlässigbar ist:

$$I = \frac{8ta^3}{3}$$

Die sich ergebende Schubspannungsverteilung ist zufällig schon in Kapitel 2.4 zu sehen gewesen:

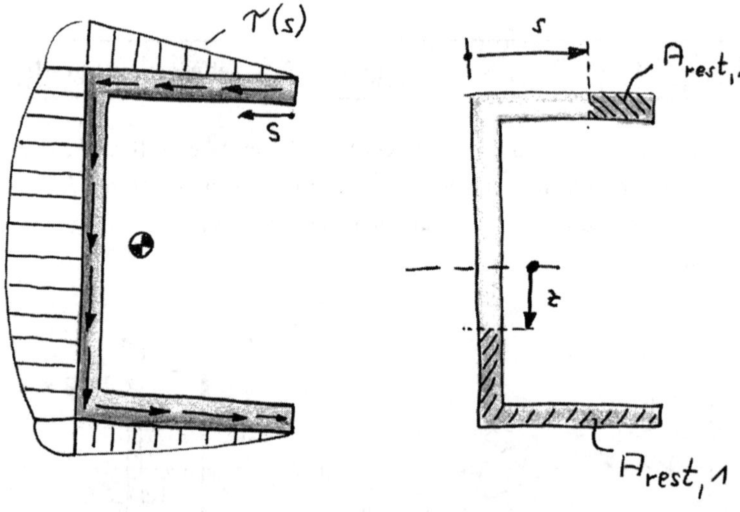


Diese muß nun berechnet werden! hierzu legen wir zunächst zwei Koordinatensysteme in unser Profil: Die vom Schwerpunkt nach unten zählende Koordinate z sowie - für die horizontalen Profilteile - die Koordinate

s. Für die Schubspannung im vertikalen bzw. horizontalen Teil des Profils ergibt sich jetzt

$$\tau(z) = -\frac{QS(z)}{Ib(z)} \qquad \text{bzw.} \quad \tau(s) = -\frac{QS(s)}{Ib(s)} \qquad .$$

Mit dem bekannten Flächenträgheitsmoment, $b(z) = b(s) = t$ und $Q = F$ fehlt uns nur noch das statische Moment. Dieses ergibt sich wie folgt:

vertikaler Teil:

$$A_{rest,1} = t\,a + (a - z)\,t$$

$$z_{rest,1} = \frac{t\,a\,a + (a - z)\,t\,(z + (a - z)/2)}{A_{rest,1}}$$

$$S(z) = (t\,a\,a + (a - z)\,t\,(z+(a-z)/2)$$

$$= 0.5\,t\,(3a^2 - z^2)$$

$$\tau(z) = -\frac{3Q(3 - z^2/a^2)}{16ta}$$

horizontale Stege:

$$A_{rest,2} = t\,s$$

$$z_{rest,2} = a$$

$$S(s) = a\,t\,s$$

$$\tau(s) = -\frac{3Qats}{8\,t^2\,a^3}$$

Nun können wir aus der Schubspannung die wirkenden Kräfte berechnen:
Es folgt für die Kräfte $F_1$, $F_2$ im horizontalen Steg des Profils

$$F_i = \int \tau dA = \int \tau\, t\, ds = \ldots = \frac{3F}{16} \quad . (i=1,2)$$

Die Richtung dieser Kräfte korrespondiert mit den Richtungen der Schubspannungen, so daß sich die Horizontalkräfte sinnvollerweise aufheben.
Die Resultierende $F_3$ der Schubkräfte im vertikalen Teil des Trägers ergibt sich analog:

$$F_3 = \int \tau dA = \int \tau\, t\, dz = \ldots = F$$

Die Resultierende der drei Einzelkräfte ergibt also die Querkraft!!!
Von den Kräften wird ein Moment um den Flächenschwerpunkt $y_s = 0.25\ a$ bewirkt:

$$M = \frac{3F}{16}a + \frac{3F}{16}a + \frac{F}{4}a = \frac{5Fa}{8}$$

Dieses Moment muß durch die im Abstand d vom Schwerpunkt angreifende Kraft ausgeglichen werden:

$$F\,d \quad = \quad M \quad \Longrightarrow \quad d \quad = \quad \frac{5}{8}\,a.$$

Übrigens wird der so berechnete Kraftangriffspunkt auch Schubmittelpunkt genannt.

**UND NUN FÜR ALLE** (AUSSER HERRN DR. HINRICHS): die ganze Rechnung könnt Ihr eigentlich vergessen!!! Ihr solltet Euch einfach merken, daß es ein Phänomen wie einen Schubmittelpunkt gibt.

**Aufgabe: 52 Kapitel: 2.6, Schwierigkeitsgrad: ☼**

Für den skizzierten Kessel soll die Wandstärke s derart dimensioniert werden, daß bei einem Überdruck $\Delta p$ die größere der beiden Hauptspannungen den höchstzulässigen Wert $\sigma_{zul}$ nicht überschreitet. Wie groß ist die maximale Schubspannung?

Gegeben: $\Delta p$, $\sigma_{zul}$, d

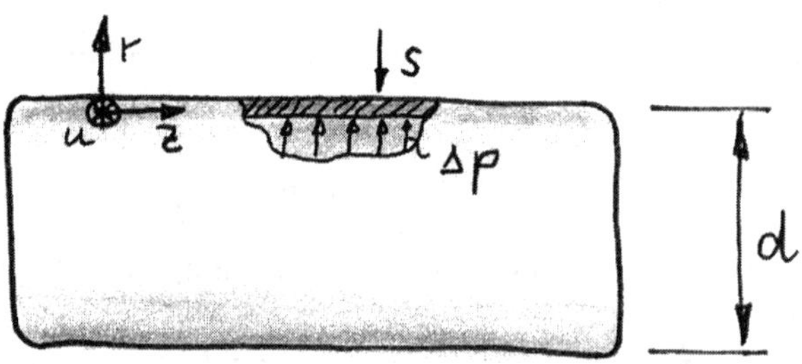


**Lösung**

Spannung in z-Achsrichtung:

$$\sigma_z = \frac{\Delta p d}{4s}$$

Spannung in Umfangsrichtung:

$$\sigma_u = \frac{\Delta p d}{2s} > \sigma_z$$

$$\Longrightarrow \quad \sigma_u \le \sigma_{zul}$$

$$\Longrightarrow \quad s \ge \frac{\Delta p d}{2\sigma_{zul}}$$

$$\tau = \sigma_u/4$$

**Aufgabe: 53 Kapitel: 2.7, Schwierigkeitsgrad: 💣**

Auf der Welle 1 des skizzierten Getriebes wirkt ein Torsionsmoment $M_t$. Die Welle 1 (Durchmesser $d_1$, Schubmodul G) mit Zahnrad (Zähnezahl $z_1$) steht über ein weiteres Zahnrad (Zähnezahl $z_2$) im Eingriff mit der fest eingespannten Welle 2 (Durchmesser $d_2$, Schubmodul G). Wie groß ist der Verdrehung $\varphi$ der Welle 1 an der Stelle, an der $M_t$ in die Welle eingeleitet wird?
Gegeben: $M_t$, G, $L_1$, $L_2$, $z_1$, $z_2$, $d_1$, $d_2$.

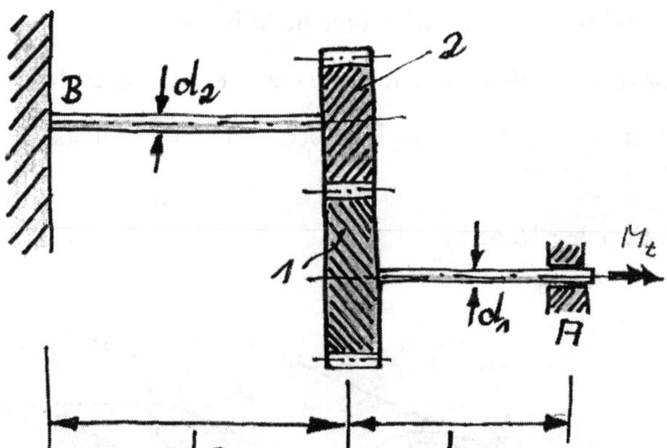


**Lösung**

Torsionsmoment Welle 2:

$$M_{t2} = M_t \frac{z_2}{z_1}$$

Verdrehung Welle 2:

$$\Delta\varphi_2 = \frac{M_{t2} L_2}{G\pi d_2^4 / 32}$$

Verdrehung Zahnrad 1:

$$\Delta\varphi_1 = \Delta\varphi_2 \frac{z_2}{z_1}$$

Gesamtverdrehung:

$$\Delta\varphi_{GES} = \Delta\varphi_1 + \frac{M_t L_1}{G\pi d_1^4 / 32}$$

$$= \frac{32 M_t}{\pi G}\left[\frac{z_2^2}{z_1^2}\frac{L_2}{d_2^4} + \frac{L_1}{d_1^4}\right]$$

**Aufgabe: 54** **Kapitel: 2.7, Schwierigkeitsgrad:** 💣

Ein Träger der Länge L mit e-förmigem Profil (mittlerer Durchmesser D, Wandstärke b<<D) wird durch die Momente M belastet.

a) Welche maximale Schubspannung wird durch M hervorgerufen?

b) Um welchen Winkel werden die Endquerschnitte des Trägers gegeneinander verdreht?

Gegeben: L, D, b, b<<D, M, G.

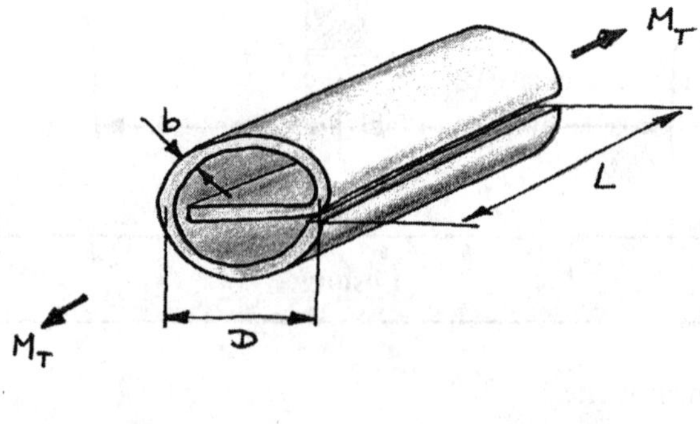

## Lösung

Torsion eines dünnwandigen geschlitzten Hohlquerschnittes,

wirksame Querschnittslänge:

$$s = \pi D + D = (\pi+1) D$$

Torsionsflächenträgheitsmoment:

$$I_t = \frac{(\pi + 1)}{3} D b^3$$

a) Maximale Schubspannung:

$$\tau_{max} = \frac{M_t}{I_t} b = \frac{3}{\pi + 1} \frac{M}{D b^2}$$

b) Verdrehung:

$$\Delta\varphi = \frac{M_t L}{G I_t}$$

$$= \frac{3}{\pi + 1} \frac{M L}{G D b^3}$$

## Aufgabe: 55 Kapitel: 2.7, Schwierigkeitsgrad: ☼●

Eine Hinweistafel, die mit Hilfe eines Rahmens an einem vertikalen Pfahl (dünnwandiges Rohr, Außendurchmesser D) angebracht ist, wird wie skizziert durch die Windkraft F belastet.

Welche Wandstärke s muß der Pfahl mindestens haben, damit am Ort der maximalen Beanspruchung die Vergleichsspannung nach der Gestaltänderungshypothese die zulässige Spannung $\sigma_{zul}$ nicht überschreitet?

Hinweis: Eigengewicht und Schubspannungen infolge der Querkraft sind zu vernachlässigen.

Gegeben: a, h, D, F, $\sigma_{zul}$.

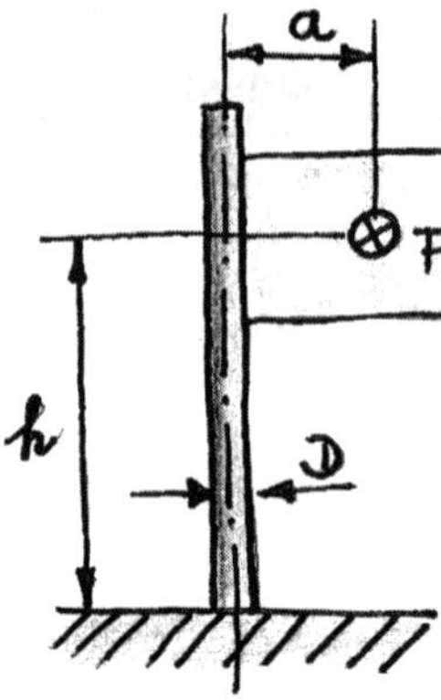


**Lösung**

Maximales Biegemoment wirkt am Fußpunkt!

$$M_t = Fa \qquad M_{B,max} = F\,h$$

$$\tau_{max} = \frac{Fa}{I_t}\frac{D}{2} = 2a\,\frac{F}{\pi D^2 s}, \qquad \sigma_{max} = \frac{Fh}{I}\frac{D}{2} = 4h\,\frac{F}{\pi D^2 s}$$

Gestaltänderungshypothese:

$$\sigma_V = \sqrt{\sigma^2 + 3\tau^2}$$

$$\sigma_{zul} \geq \frac{F}{\pi D^2 s}\sqrt{16h^2 + 12a^2}$$

$$\Longrightarrow \quad s \geq \frac{2F}{\pi D^2 \sigma_{zul}}\sqrt{4h^2 + 3a^2}$$

**Aufgabe: 56 Kapitel: 2.7, Schwierigkeitsgrad: ☼💣**

Ein Fräser, der aus dem Schaft (Radius r) und dem Fräskopf (Radius R) besteht und fest im Spannfutter eingespannt ist, wird während des Fräsvorganges im Abstand L von der festen Einspannung durch die Kraft F belastet.

Wie groß ist die Vergleichsspannung nach der Hypothese der Gestaltänderungsarbeit am Ort der maximalen Belastung? (Hinweis: Schubspannungen infolge der Querkraft sind zu vernachlässigen)
Gegeben: F, r, R=2r, L = 4r.

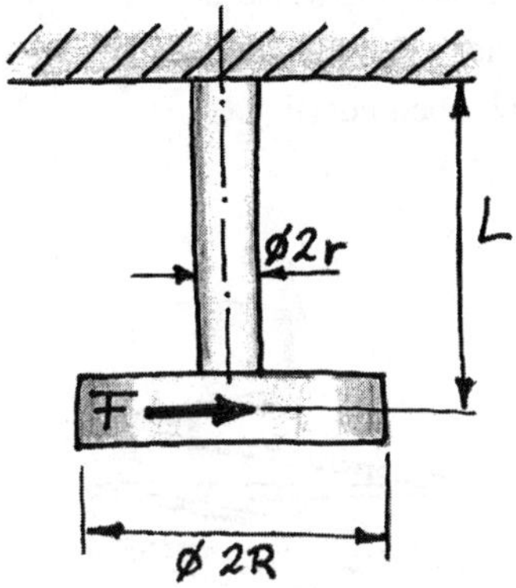


**Lösung**

Überlagerung: Torsion mit $M_t = F R$

und Biegemoment infolge F.

Maximale Belastung an der Stelle des maximalen Biegemomentes, also an der Stelle der festen Einspannung.

Biegespannung:

$$\sigma = F\,L\,r\,/\,I = 4\,\frac{FL}{\pi r^3} = 16\frac{F}{\pi r^2}$$

Torsionsspannung:

$$\tau = M_t\,r\,/\,I_t = 2\,\frac{FR}{\pi r^3} = 4\frac{F}{\pi r^2}$$

ebener Spannungszustand:

$$\sigma_V = \sqrt{\sigma^2 + 3\,\tau^2} = \ldots = \frac{4F}{\pi r^2}\sqrt{19}$$

**Aufgabe: 57 Kapitel: 2.7, Schwierigkeitsgrad: 💣**

Eine Spiralfeder (Radius R) wird aus einem Draht (Radius r, Schubmodul G) mit n eng aneinander liegenden Windungen gewickelt. Im unbelasteten Zustand kann mit R>>r näherungsweise davon ausgegangen werden, daß für den Steigungswinkel der Windungen $\alpha \approx 0$ gilt. Wie groß ist die Federkonstante c der Schraubenfeder!

Gegeben: n, R, r, G.

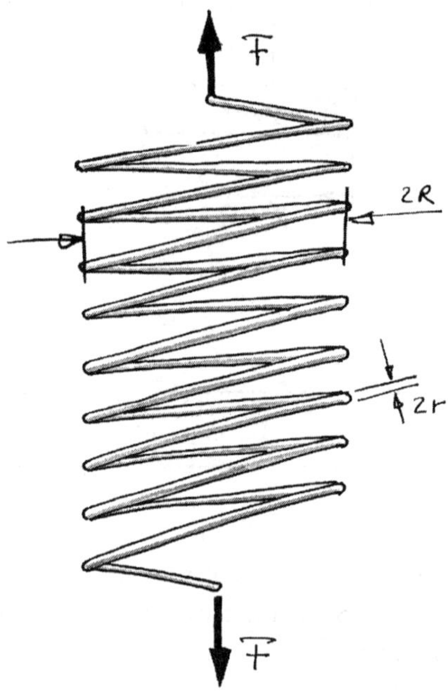


**Lösung**

Das ist nicht so ganz ohne ! Und wenn wir garnienicht wissen, was wir machen sollen, fangen wir immer mit einem Freikörperbild an. Und für die erste Wicklung sieht das so aus:

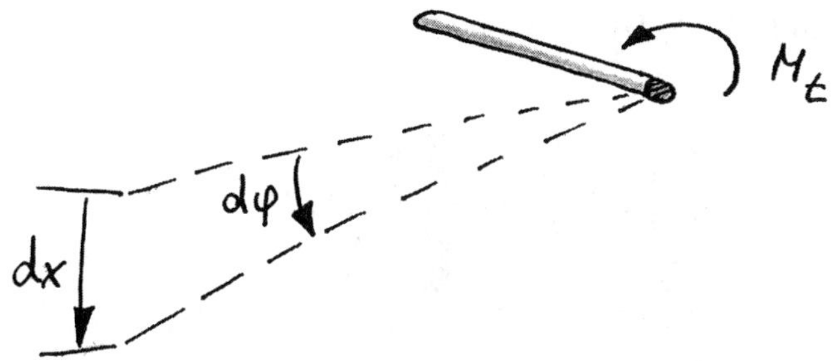


Die Querschnitte werden also durch ein Torsionsmoment $M_t$ = F R belastet. Mit dieser Torsion können wir aber in die schicke Torsionsformel für den Kreisquerschnitt gehen:

$$d\varphi = \frac{2M_t}{G\pi r^4}\, ds\,,$$

wobei s die Koordinate ist, die in Richtung des Drahtes läuft. Im Freikörperbild ist mit gestrichelter Linie die sich ergebende Verformung dφ eingezeichnet. Die Verschiebung des Endpunktes dx ergibt sich über

$$dx = R\, d\varphi \quad .$$

Die Verlängerung ΔL der gesamten Feder ergibt sich dann mittels

$$\Delta L = a\int_0^L \frac{2M_t}{G\pi r^4}\, ds = \frac{2FRR2\pi Rn}{G\pi r^4} \quad .$$

Ein Vergleich mit dem Federgesetz F = c ΔL ergibt eine Federsteifigkeit

$$c = \frac{Gr^4}{4R^3 n} \quad .$$

**Aufgabe: 58 Kapitel: 2.7, Schwierigkeitsgrad:** 💣

Zwei Wellen (Durchmesser $d_1$, $d_2$, Länge L) sind wie skizziert fest eingespannt und auf der rechten Seite durch zwei Zahnräder (Durchmesser $D_1$, $D_2$) spielfrei miteinander verbunden. Wie groß ist die Verdrehung des Zahnrades 1 infolge des Momentes M?

Gegeben: $M, L, d_1, d_2, D_1, D_2, G$.

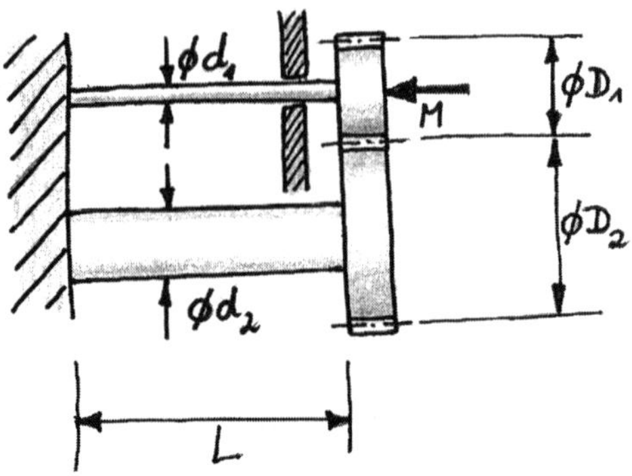


**Lösung**

Knackepunkt der Aufgabe: Das Freischneiden der Zahnräder zeigt, daß natürlich an den Zähnen der beiden Zahnräder jeweils dieselbe Kraft F wirkt. Für Welle 1 ergibt sich dann:

$$M = M_{t1} + F D_1 / 2 \qquad \text{mit } F = 2 M_2 / D_2$$

$$= \frac{GI_{t1}}{L} \varphi_1 + M_2 \frac{D_1}{D_2}$$

$$= \frac{GI_{t1}}{L} \varphi_1 + \frac{GI_{t2}}{L} \varphi_1 \left( \frac{D_1}{D_2} \right)^2$$

$$= \ldots = \varphi_1 \frac{G\pi}{32L} \left( d_1^4 + d_2^4 \left( \frac{D_1}{D_2} \right)^2 \right)$$

**Aufgabe: 59 Kapitel: 2.7, Schwierigkeitsgrad:**

Zum Richten einer verbogenen Dachrinne aus Blech (Länge L>>R, Radienverhältnis R/r=10, konstante Dicke d, Schubmodul G) werden die

Endquerschnitte kurzzeitig um 90° gegeneinander verdreht. Welches Torsionsmoment ist dafür erforderlich und welche maximale Schubspannung tritt dabei auf?

Gegeben: L, r, R=10r, d, G, $\Delta\varphi$=90°.

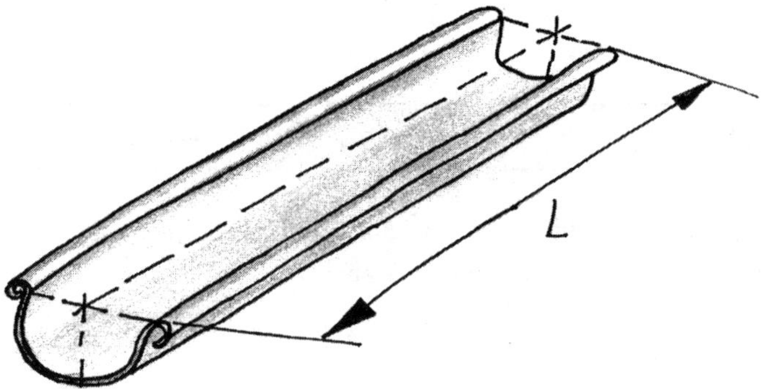


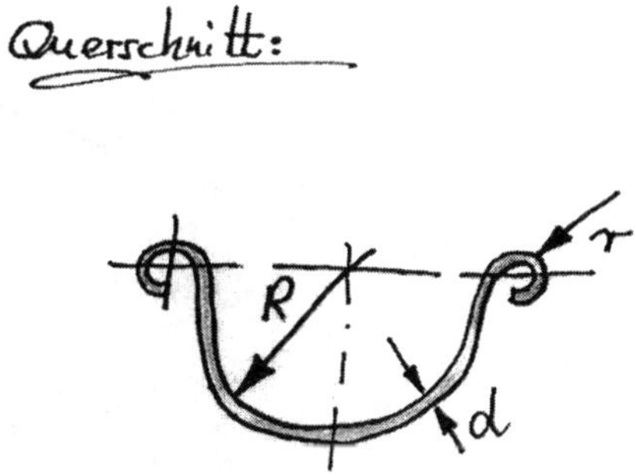


**Lösung**

Torsionsflächenträgheitsmoment:

$$I_t = \frac{1}{3}\int_0^L d^3(s)\,ds \qquad \text{mit } L = 13\pi r$$

$$= 13\pi r d^3/3$$

Torsionsmoment:

$$M_t = \frac{GI_t\Delta\varphi}{L} = \frac{13\pi^2 rd^3}{6L}G$$

Schubspannung:

$$\tau_{max} = M_t / W_t = \frac{G\pi d}{2L}$$

**Aufgabe: 60 Kapitel: 2.7, Schwierigkeitsgrad:**

Der einseitig fest eingespannte Kegel (Gleitmodul G, Kreisquerschnitt) wird an der Stelle x=L mit dem Torsionsmoment $M_t$ belastet.
Um welchen Winkel φ dreht sich das freie Kegelende infolge der Belastung?
Gegeben: d, L<<d, G, $M_t$.

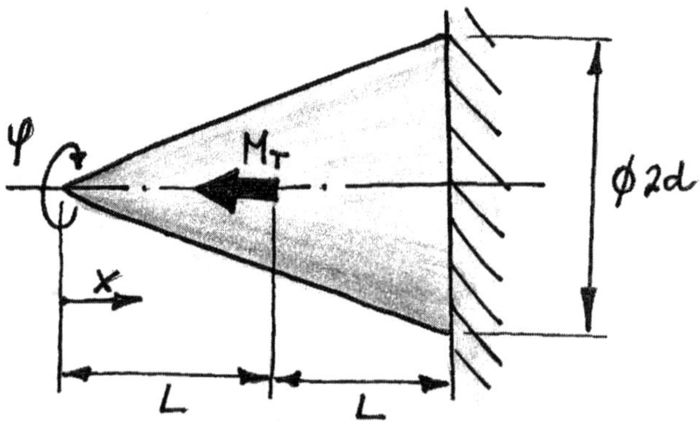


**Lösung**

Verdrehung:

$$\Delta\varphi = \int_L^{2L} \frac{M_t}{GI_t} dx = \frac{32M_t}{\pi G} \int_L^{2L} \frac{dx}{D^4(x)} \text{ mit } D(x) = d\,\frac{x}{L}$$

$$\Delta\varphi = \frac{32M_t L^4}{\pi G d^4} \int_L^{2L} \frac{dx}{x^4} = \ldots = \frac{28}{3\pi}\frac{M_t L}{Gd^4}$$

| Aufgabe: 61 | Kapitel: 2.7, | Schwierigkeitsgrad: 💣 |
|---|---|---|

Der bei B fest eingespannte Träger (Rundstahl Durchmesser d) wird durch eine konstante Streckenlast $q_0$ belastet. Wie groß ist die vertikale Verschiebung des Balkenendpunktes?

Gegeben: $q_0$, d, L, E, G.

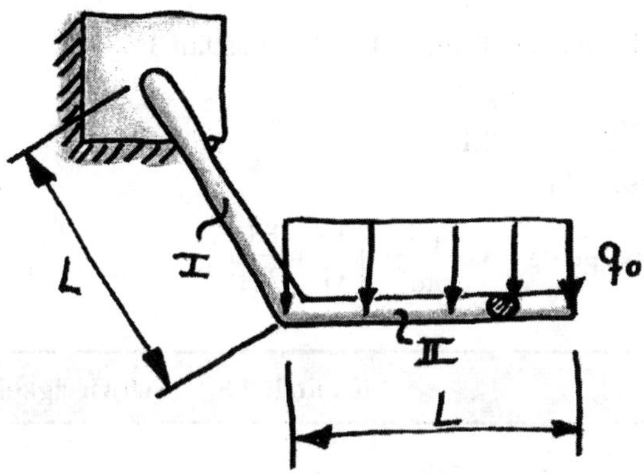


**Lösung**

Flächenträgheitsmoment:

$$I = \frac{\pi d^4}{64}$$

Torsionsflächenträgheitsmoment:

$$I_t = \frac{\pi d^4}{32}$$

Überlagerung von drei Lastfällen:

1) Torsion Träger I:

$$\varphi = \frac{M_t L}{G I_t}$$

$$= \frac{q_0 L^3}{2GI_t}$$

==> Verschiebung des Endpunktes:

$$w_t = \frac{q_0 L^4}{2GI_t}$$

2) Durchbiegung des Trägers I: Lastfall 1:

$$w_I = \frac{q_0 L^4}{3EI}$$

3) Durchbiegung des Trägers II: Lastfall 3:

$$w_{II} = \frac{q_0 L^4}{8EI}$$

Zusammenwurschteln:

$$w_{GES} = \frac{q_0 L^4}{\pi d^4}\left[\frac{16}{G} + \frac{88}{3E}\right]$$

| **Aufgabe: 62** | **Kapitel: 2.8, Schwierigkeitsgrad: ●** |
|---|---|

Eine Stütze (Rundstab, Durchmesser d, Länge $L_0$) wird aus der skizzierten spannungsfreien Stellung (Winkel $\alpha \neq 0$) durch Verschieben des unteren Lagers in senkrechte Lage gebracht ($\alpha = 0°$).

Wie groß darf der Länge $L_0$ höchstens sein, damit die Stütze in der senkrechten Stellung nicht ausknickt?

Gegeben: d, L=30d.

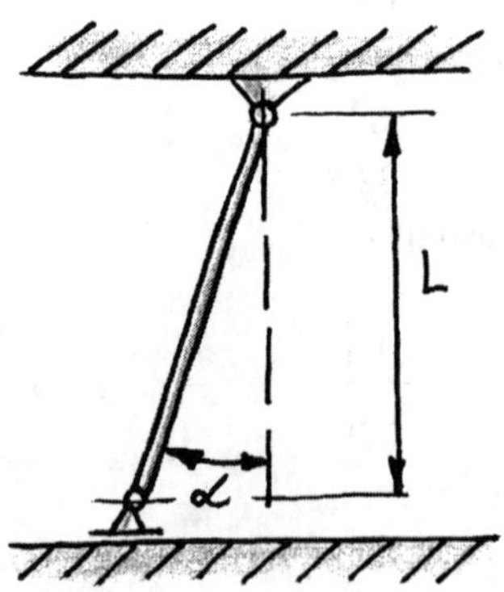

## Lösung

Knickfall 2: $F = -EI\pi^2 / L^2$

Dehnung: $\varepsilon = (L-L_0)/L_0 = \frac{F}{EA} = -\frac{EI\pi^2}{L^2EA}$

$$\Longrightarrow \quad L - L_0 = -L_0\left[\frac{I\pi^2}{L^2A}\right]$$

$$\Longrightarrow \quad L_0 = \frac{L}{1-\frac{I\pi^2}{L^2A}} \quad \text{mit } I = \frac{\pi d^4}{64} \text{ und } A = \frac{\pi d}{4}$$

$$\Longrightarrow \quad L_0 = 30.02\, d$$

**Aufgabe: 63 Kapitel: 2.8, Schwierigkeitsgrad: ☼💣**

Die Stößelstange der Ventilsteuerung eines Dieselmotors wird maximal mit der Kraft F belastet. Das Rohr soll so bemessen werden, daß die maximale Druckspannung $\sigma_{zul}$ nicht überschritten wird und außerdem eine dreifache Sicherheit gegen Ausknicken vorhanden ist.

Wie groß müssen Innendurchmesser r und Außendurchmesser R des Rohres gewählt werden?

Gegeben: F, E, L, $\sigma_{zul}$.

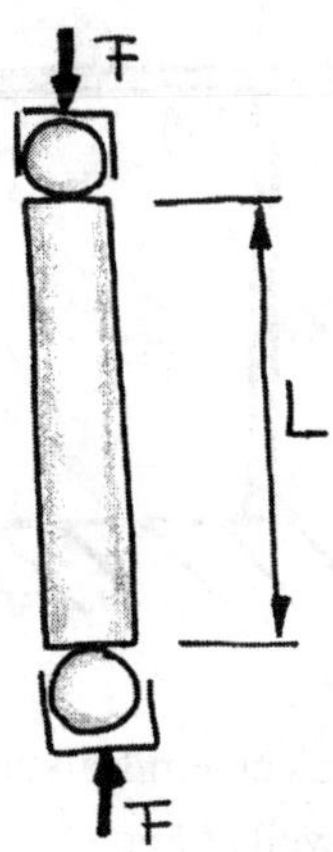

## Lösung

Druckspannung:

$$\sigma_{zul} = \frac{F}{A} = \frac{F}{\pi(R^2 - r^2)}$$

Knickfall 2:

$$F = \frac{E\pi^2}{3L^2}\left[\frac{\pi}{4}(R^4 - r^4)\right]$$

D.h. zwei Gleichungen, zwei Unbekannte, lösbar!

$$r = \sqrt{\frac{1}{2\pi}\left[\frac{12}{\pi}\frac{L^2\sigma_{zul}}{E} - \frac{F}{\sigma_{zul}}\right]}$$

$$\ldots \quad R = \sqrt{\frac{1}{\pi}\frac{F}{\sigma_{zul}} + r^2} \quad .$$

**Aufgabe: 64** **Kapitel: 2.8,** **Schwierigkeitsgrad:** 💣

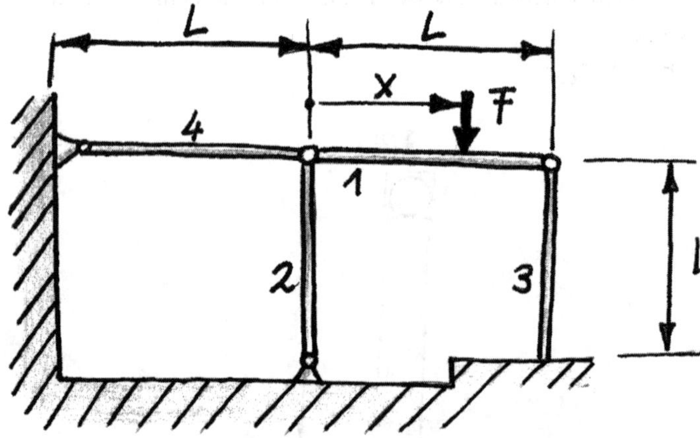


Das skizzierte System besteht aus einem Balken 1 (Länge L) und drei gleichen, schlanken Stäben 2, 3 und 4 (jeweils Länge L, Biegesteifigkeit EI).

An welchem Ort x des Balkens 1 muß die vertikale Kraft F angreifen, wenn die Stäbe 2 und 3 die gleiche Sicherheit gegen Knickung haben sollen?
(Hinweis: es finden ausschließlich Vrformungen in der Zeichenebene statt!)
Gegeben: L,EI.

**Lösung**

Stab 2: Knickfall 2:

$$F_{krit2} = \frac{\pi^2 EI}{L^2}$$

Stab 3: Knickfall 3:

$$F_{krit3} = 2.0457 \frac{\pi^2 EI}{L^2}$$

ΣM um den Kraftangriffspunkt, Stab 1:

$$F_{krit2}\, x = F_{krit3}\, (L-x)$$

$$\Longrightarrow \quad x = \frac{F_{krit3}}{F_{krit2} + F_{krit3}} L \quad = \frac{2.0457}{1 + 2.0457} L \approx \frac{2}{3} L$$

**Aufgabe: 65** **Kapitel: 2.8, Schwierigkeitsgrad:**

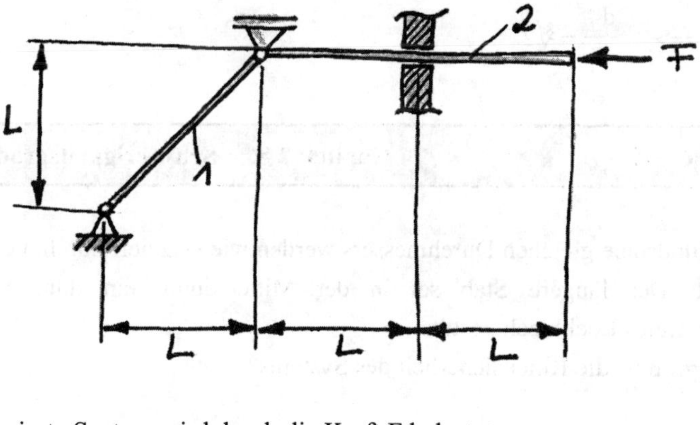


Das skizzierte System wird durch die Kraft F belastet.

Wie müssen die Durchmesser $d_1$ und $d_2$ der Rundstäbe dimensioniert werden, damit beide Stäbe mit gleicher Sicherheit gegen Knicken ausgelegt sind?
Gegeben: L, E, F.

**Lösung**

Stab 1: Normalkraft:

$$F_1 = \sqrt{2}\,F$$

Knickfall 2:

$$F_{krit1} = \frac{EI_1\pi^2}{(\sqrt{2}L)^2}$$

Stab 2: Normalkraft:

$$F_2 = F$$

rechts von der Führung: Knickfall 1,
links von der Führung: Knickfall 2

==> rechts kritische Stelle:

$$F_{krit2} = \frac{EI_2\pi^2}{4L^2}$$

==> $$\frac{F_{k1}}{F_1} = \frac{F_{k2}}{F_2}\,,$$

$$\frac{I_2}{I_1} = \sqrt{2}$$

==> $$\frac{d_2}{d_1} = \sqrt[8]{2}$$

**Aufgabe: 66 Kapitel: 2.8, Schwierigkeitsgrad: ●**

Zwei Rundstäbe gleichen Durchmessers werden wie skizziert durch die Kraft F belastet. Der längere Stab sei in der Mitte durch ein dünnes starres reibungsfreies Lochblech gestützt.

a) Wie groß ist die Knicksicherheit des Systems?

b) Welche Knicksicherheit hat das System, wenn die Lochblende entfernt wird?

Gegeben: EI, a, F.

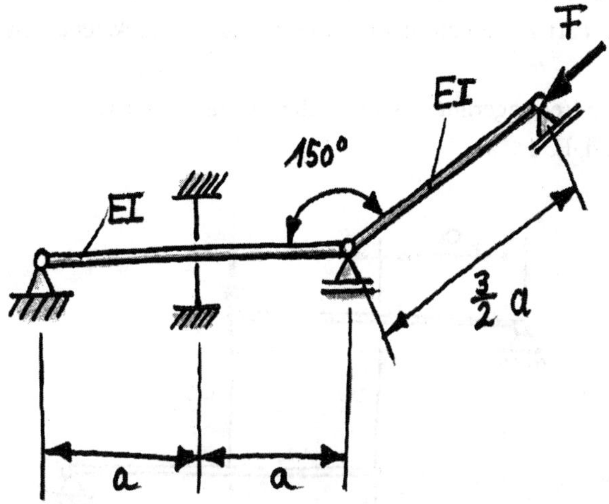


**Lösung**

a) Der Horizontalstab kann als zwei Stäbe der Länge a mit Knickfall 2 angesehen werden. Es liegt somit dreimal der Knickfall 2 vor. Der schräge Stab ist dabei mehr gefährdet, da er mit einer größeren Normalkraft beaufschlagt ist und länger ist (3a/2) als die beiden vertikalen Knickkandidaten

(a) Knicksicherheit:

$$S_k = \frac{F_{krit}}{F} = \frac{4\pi^2 EI}{9a^2 F}$$

b) vertikaler Stab:

$$S_k = \frac{F_k}{\frac{1}{2}\sqrt{3}F} = \frac{\sqrt{3}\pi^2 EI}{6a^2 F}$$

$$\frac{4}{9} > \frac{\sqrt{3}}{6},$$

d.h. der Horizontalstab knickt zuerst!

**Aufgabe: 67 Kapitel: 2.8, Schwierigkeitsgrad:**

Das skizzierte System aus zwei starren Balken und zwei Rundstäben (Durchmesser d, E-Modul E) wird durch die Kraft F belastet.

a) Wie groß darf F werden, damit eine dreifache Knicksicherheit eingehalten wird?

b) Wie ist die Verlängerung des Zugstabes bei dieser Last?

Gegeben: a, d, E, d<<a.

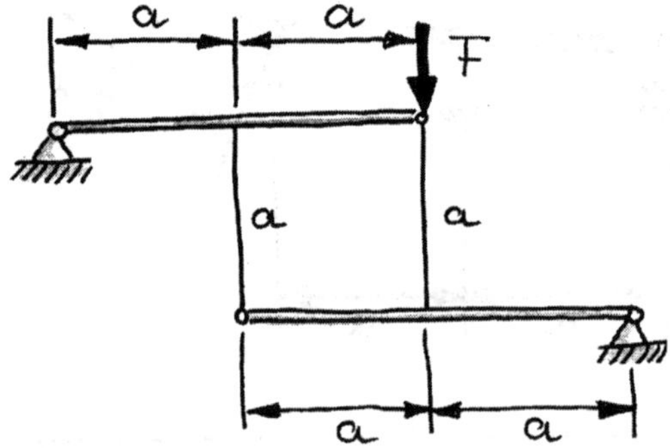


**Lösung**

Statik: Freischneiden der beiden Stäbe: Normalkraft links sei A, rechts sei B.

ΣM oberer Balken:

$$Aa + B2a + F2a = 0,$$

ΣM unterer Balken:

$$A2a + Ba = 0,$$

$$\Longrightarrow \quad A = \frac{2}{3}\,F \text{ (Zugstab)}, \qquad B = -\frac{4}{3}\,F \text{ (Druckstab)}$$

Druckstab: Knickfall 2:

$$-B = \frac{4}{3}F = \frac{1}{3}F_{krit} = \frac{1}{3}\,\frac{E\pi^2}{L^2}\,\frac{\pi d^4}{64}$$

$$\Longrightarrow \quad F_{max} = \frac{E\pi^3 d^4}{256a^2} \quad .$$

Zugstab:

$$\Delta L = \frac{Na}{EA} \qquad \text{mit} \quad N = \frac{2}{3} F_{max}$$

$$\text{und} \quad A = \frac{\pi d^2}{4}$$

$$\Longrightarrow \quad \Delta L = \frac{\pi^2 d^2}{96a}$$

**Aufgabe: 68 Kapitel: 2.8, Schwierigkeitsgrad: 💣**

Die skizzierte Schubstange aus Rundmaterial (Länge L, Biegesteifigkeit EI) wird in ihrer Längsrichtung durch die Kraft F belastet. Bestimmen sie den Abstand a des Lagers A derart, daß eine möglichst hohe Knickfestigkeit erreicht wird.

Wie groß darf F in diesem Fall höchstens werden?

Gegeben: L, EI.

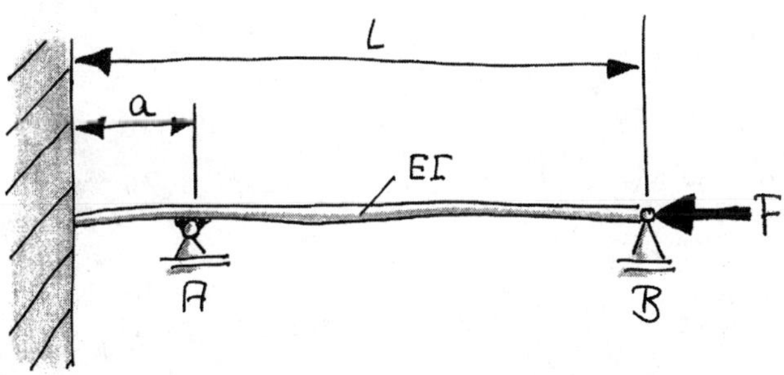


**Lösung**

Kannste knicken! Aber wie? Zunächst die Lastfälle: Im Bereich I links des Lagers A liegt Lastfall 4 vor, im rechten Teilstück II des Trägers liegt Lastfall

3 vor. Jetzt gibt es sicherlich Protest. Wir bleiben aber bei unserer Meinung. Und haben auch eine Argument, welches hoffentlich zieht: Die oft von Studenten und Professoren geäußerte Vermutung, es handle sich hier um die Fälle 3 und 2 würde zutreffen, wenn an der Stelle A der Träger durch ein Gelenk unterbrochen wäre! Für den durchgehenden Träger wird an der Stelle A ein Biegemoment übertragen, welches in der gewählten Lagerform in der Tabelle enthalten sein muß. Überzeugt?

Mit den Formeln aus der Tabelle ergibt sich:

$$F_{krit,\,I} = 2.0457\,\frac{EI\pi^2}{a^2}\,, \qquad F_{krit,\,II} = \frac{EI\pi^2}{(L-a)^2}\,.$$

Das Lager ist am günstigsten positioniert, wenn die Knicklast bei beiden Teilstücken gleich ist:

$$2.0457\,\frac{EI\pi^2}{a^2} = \frac{EI\pi^2}{(L-a)^2}\,.$$

Auflösen der Gleichung, die quadratisch in a ist, ergibt nach viel Kritzelei

$$a = 0.58\,L\,,$$

damit kann die Last bestimmt werden, bei der der Träger ausknickt:

$$F_{krit,\,I} = 5{,}9\,\frac{EI\pi^2}{L^2}\,.$$

## 4.3. Kinetik-Kinematik

**Aufgabe: 69 Kapitel: 3.1, Schwierigkeitsgrad:**

Die Antriebskurbel 1 dreht sich mit konstanter Winkelgeschwindigkeit $\omega$. Der Stab liegt im Punkt P auf der Kante auf und hebt während der gesamten Bewegung nicht von der Kante ab.

a) Bestimmen Sie den Momentanpol für die skizzierte Stellung!

b) Bestimmen Sie die Winkelgeschwindigkeit des Stabes 2 für $\varphi=45°$!

c) Bei welchen Winkeln $\varphi$ führt Stab 2 kurzzeitig translatorische Bewegungen aus?

Gegeben: $\omega$, r.

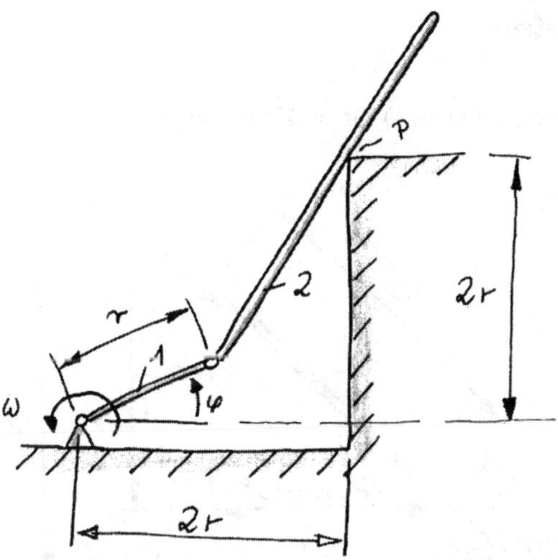


**Lösung**

a) Für die Konstruktion des Momentanpoles kennen wir am Körper 2 zwei Geschwindigkeitsrichtungen: die Geschwindigkeit des Gelenkes $v_1$ ist senkrecht zur antreibenden Kurbel. Da der Stab 2 an der Kante weder abheben kann noch in die Kante eindringen kann, ist $v_2$ im Punkt P nur in Stabrichtung möglich. Nach der Regel gemäß Kap. 3.1 ergibt sich der Momentanpol Q als Schnittpunkt der Senkrechten zu $v_1$ und $v_2$.

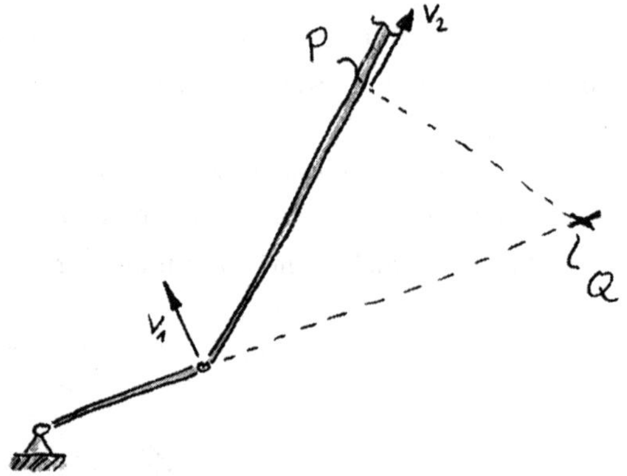


b) Aus der Skizze analog zu a) für φ=45° ergibt sich,

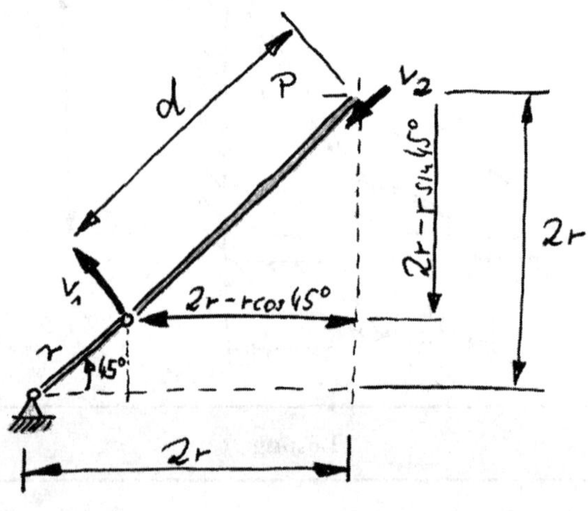


daß der Momentanpol in P liegt. Für das Gelenk, welches ein Körperpunkt von Stab 2 ist, ist die Geschwindigkeit $v_1$ durch die Kurbel über $v_1 = r\,\omega$ gegeben. Dieser Punkt hat aber vom Momentanpol des Stabes 2 den Abstand

$$d = \sqrt{(2r - r\cos 45)^2 + (2r - r\sin 45)^2} = \ldots r\,(4 - \sqrt{2})/\sqrt{2}$$

Es ergibt sich also:

$$\omega_2 = v_1 / d = \omega \sqrt{2}/(4 - \sqrt{2})$$

c) Translatorische Bewegung ist dann gegeben, wenn zwei Geschwindigkeiten parallel gerichtet sind. Im vorliegenden Fall bedeutet dies, daß sich die Kurbel in Richtung des Stabes bewegen muß. Dies ist für die skizzierten Extremstellungen I und II gegeben.

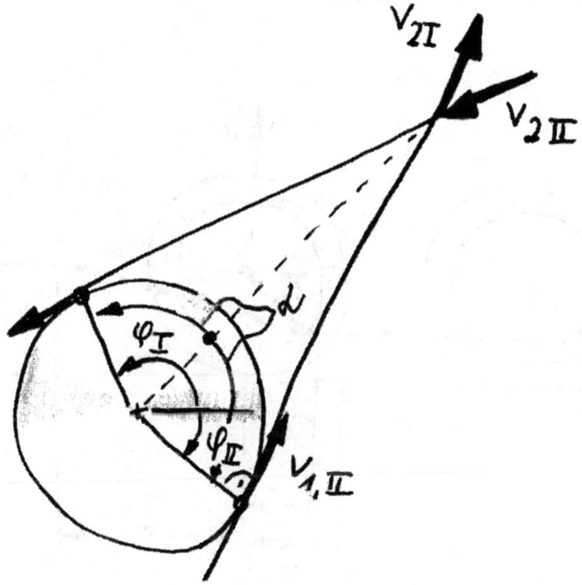


Es handelt sich somit um die Lagen , für die der Stab tangential zum von dem Kurbelendpunkt beschrieben Kreis orientiert ist. Aus den Winkelbeziehungen ergibt sich:

$$\cos\alpha = r / (2\sqrt{2}\,r) = 1/(2\sqrt{2}) \quad ===> \quad \alpha = 69{,}3°$$

$$\varphi_{I,II} = 45° \pm \alpha,$$

$\varphi_I = 114{,}3°$, $\varphi_{II} = -24{,}3°$

**Aufgabe: 70** **Kapitel: 3.1, Schwierigkeitsgrad:**

Die Skizze zeigt die Antriebseinheit einer Dampflok, die sich mit der Geschwindigkeit $v_0$ bewegt. Die Räder rollen ohne zu rutschen.

a) Bestimmen Sie für die skizzierte Stellung die Lage des Momentanpols der Schubstange im gegebenen Koordinatensystem!

b) Bestimmen Sie die Relativgeschwindigkeit des Kolbens gegenüber dem Zylinder!

Gegeben: R, $r = \frac{1}{2}\sqrt{2}\,R$, $v_0$, L, $\alpha = 45°$.

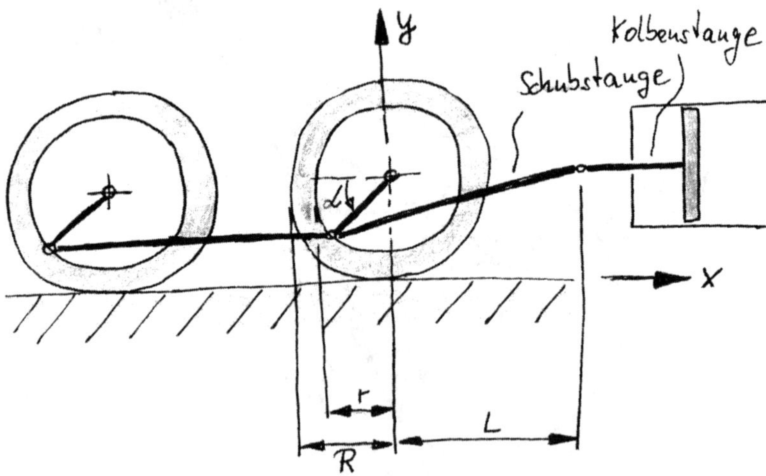


**Lösung**

a) $x_Q = L$, $y_Q = -L/\tan\alpha = -L$

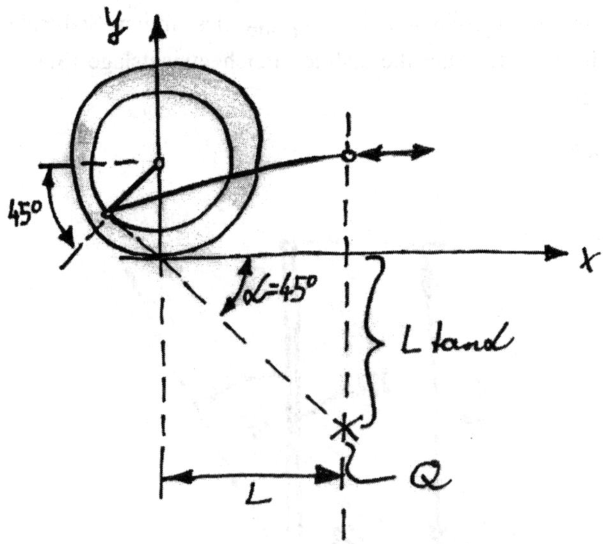


b) $v_{rel} = v_K - v_0$ mit $v_K$: Geschwindigkeit der Kolbenstange

$v_K = \omega_S\,(R+L)$,

$\omega_S = v_S / d$ mit $d = r + \sqrt{2}\,L = \frac{\sqrt{2}}{2}\,(R + 2L)$

$\omega_{Rad} = \frac{v_0}{R} = \frac{v_S}{r} \quad ==> \quad v_S = \frac{r}{R}\,v_0 = \frac{\sqrt{2}}{2}\,v_0$

$$==> \quad \omega_S = \frac{v_0}{R + 2L}$$

$$==> \quad v_K = \frac{R + L}{R + 2L}\,v_0$$

$$==> \quad v_{rel} = \frac{-L}{R + 2L}\,v_0$$

**Aufgabe: 71 Kapitel: 3.2, Schwierigkeitsgrad: ☼**

Ein homogener schlanker Stab (Länge L, Masse m) befindet sich zunächst wie skizziert im labilen Gleichgewicht und fällt dann infolge einer kleinen Störung um.

Wie groß ist die Geschwindigkeit $v_{Ende}$ des freien Stabendes zu dem Zeitpunkt, in dem der Stab die stabile Gleichgewichtslage (Stab hängt nach unten) passiert?

Gegeben: L, g.

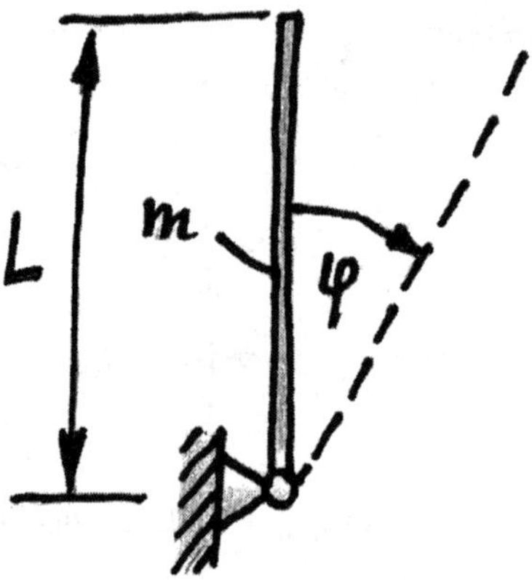


**Lösung**

Energiesatz (Nullniveau: Lager):

$$mgL = 0.5\, J\, \omega^2 \qquad \text{mit} \quad J = \tfrac{1}{3} m L^2$$

$$\text{und} \quad v_{Ende} = \omega L$$

$$\Longrightarrow \quad v_{Ende} = \sqrt{6gL}$$

**Aufgabe: 72 Kapitel: 3.2, Schwierigkeitsgrad: ☼**

Von einem Turm der Höhe H wird im Schwerefeld der Erde ein Ball mit der Anfangsgeschwindigkeit $v_0$ senkrecht nach oben geworfen.

a) Bestimmen Sie die maximale Wurfhöhe $H_{max}$ und die Steigzeit $t_{max}$.

b) Die Zeit $t_E$ bis zum Auftreffen des Balles auf der Erde!

Gegeben: $H = 5$ m, $v_0 = 10$ m/s, $g = 9{,}81$ m/s².

## Lösung

a) $\dot{y}(t_{max}) = 0 = -gt_{max} + v_0$ ==> $t_{max} = v_0 / g = 1{,}02$s

$y(t_{max}) = -\frac{1}{2} g t_{max}^2 + v_0 t_{max} = 5{,}1$ m,

$H_{max} = y(t_{max}) + H = 10{,}1$ m

b) $y(t) = -\frac{1}{2} g t_E^2 + v_0 t_E = -H$

==> $t_E^2 - \frac{2v_0}{g} t_E - \frac{2H}{g} = 0$

==> $t_E = 2{,}45$ s.

**Aufgabe: 73 Kapitel: 3.3, Schwierigkeitsgrad:**

Ein Zylinder (Masse m, Radius R) liegt auf einer horizontalen Ebene. Der Reibkoeffizient zwischen Ebene und Zylinder ist $\mu = \mu_0 = 0.1$. Mittels der skizzierten Kraft $F = 0.1$ mg soll der Zylinder in Bewegung gesetzt werden.

a) Rollt oder ruscht der Zylinder?

b) Wie groß ist die Beschleunigung des Zylinders?

Gegeben: m, R, $F=0.1$mg, $\mu = \mu_0 = 0.1$.

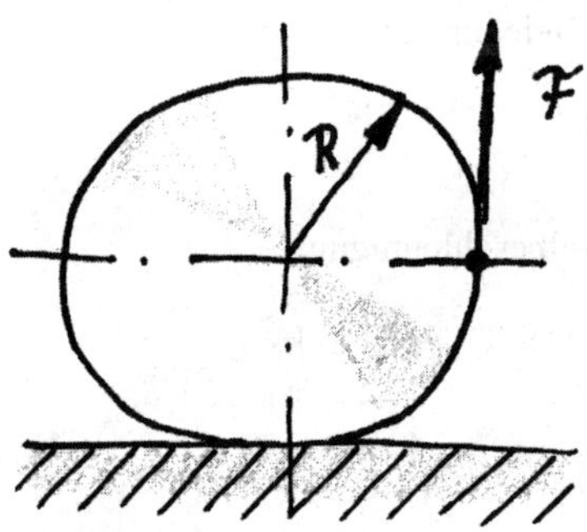

## Lösung

Freikörperbild:

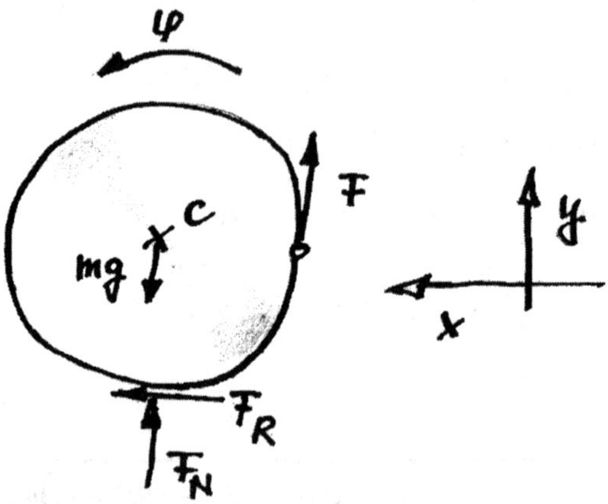


Bestimmung von $F_N$:

$\Sigma F_y = m\,\ddot{y} = 0 = F + F_N - mg,$ ==> $F_N = 0.9\,mg$

$\Sigma f_x = m\,\ddot{x} = F_R$

$\Sigma M^C$: $J^C\,\ddot{\varphi} = F\,R - F_R\,R$ mit $J^C = 0.5\,m\,R^2$

Annahme: Zylinder rollt! (Annahme gültig, wenn $F_R < \mu\,F_N$ )

==> $\ddot{x} = R\,\ddot{\varphi}$

Zusammenbraten der Gleichungen:

... $F_R = \frac{2}{3}F \quad < \mu\,F_N$

==> Annahme gültig !

Bestimmung der Winkelbeschleunigung:

$$\ddot{\varphi} = (F\,R - F_R\,R) / J^C = \frac{2g}{30R}$$

$$\ddot{y} = \ddot{\varphi}R = \frac{1}{15}\,g$$

| Aufgabe: 74 | Kapitel: 3.2, | Schwierigkeitsgrad: ☼ |
|---|---|---|

Nach dem Genuß einiger örtlicher Spezialitäten verläßt Herr Dr. Romberg die Gebirgshütte. Auf dem Rückweg erreicht der gut gelaunte Herr mit seinem Wagen (Masse m) die skizzierte Stellung (Geschwindigkeit $v_0$), widmet seine volle Aufmerksamkeit den Sternen, kuppelt aus und rollt ... nach der Strecke L gegen eine Wand (Federkonstante c).
Wie groß ist die maximal auf die Wand ausgeübte Kraft?
Gegeben: c, m, g, L, α, $v_0$.

## Lösung

Wahl des Nullniveaus[46]: maximale Einfederung der Wand
Energiesatz (x ist die Einfederung der elastischen Wand):

$$m\, g\, (L+x) \sin\alpha + 0.5\, m\, v_0^2 = 0.5\, c\, x^2$$

Ingenieursmäßige Vereinfachung: x << L

---

[46] (Anmerkung: Herr Dr. Rombergs Niveau: NULL ist vom Ort unabhängig)

$$\Longrightarrow \quad x = \sqrt{\frac{2mgL\sin\alpha + mv_0^2}{c}}$$

$$F = c\,x = \sqrt{c(2mgL\sin\alpha + mv_0^2)} \quad .$$

**Aufgabe: 75** **Kapitel: 3.3, Schwierigkeitsgrad:** 💣

Auf einem Klotz (Masse 2m), der reibungsfrei auf einer Ebene liegt, liegt eine Kugel (Masse m, Radius R). Der Klotz wird durch die Kraft F beschleunigt - gleichzeitig beginnt natürlich die Kugel zu rollen. Wie groß ist die Reibkraft zwischen Kugel und Klotzes?
Gegeben: m, R, F.

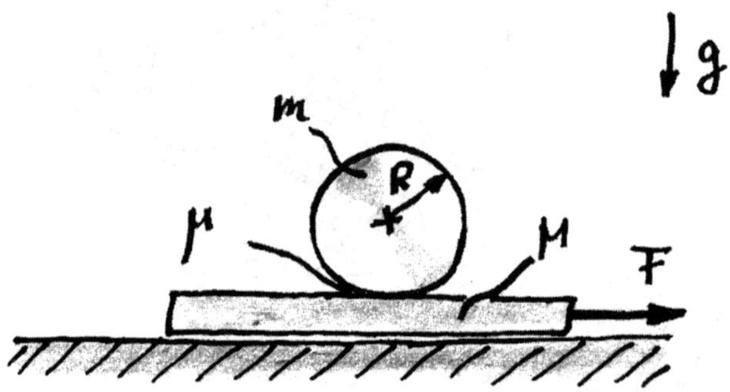


**Lösung**

Zunächst die Freikörperbilder:

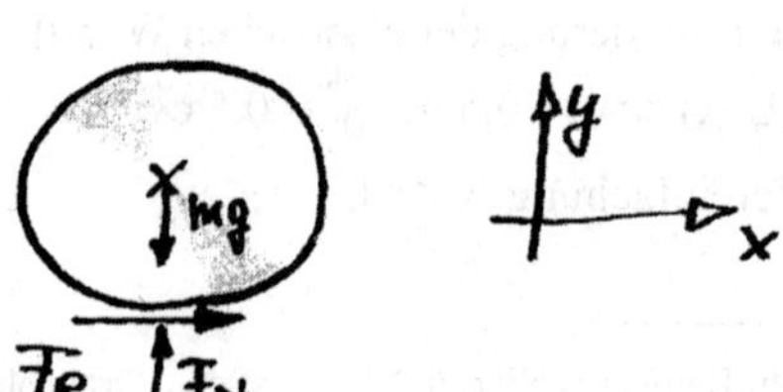

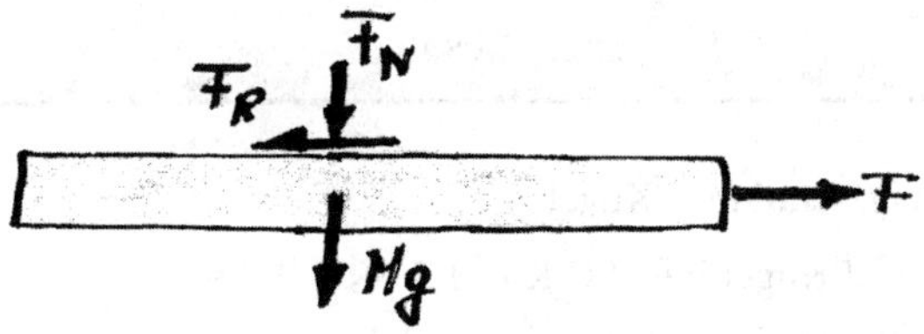


Herr Dr. Romberg fängt erstmal mit dem Eierbecher auf einem Buch an zu üben: „Das ist total witzig - erst dreht er sich nach hinten und dann in die andere Richtung! Komisch, oder?“

Impulssätze für die Teilsysteme:

$$\Sigma F_{x,\,Kugel} = m\,\ddot{x}_{C,Kugel} = F_R$$

$$\Sigma F_{x,\,Klotz} = M\,\ddot{x}_{Klotz} = F - F_R$$

Drallsatz Kugel:

$$\Sigma M_{Kugel}{}^{C} = J_{Kugel}{}^{C}\,\ddot{\varphi} = F_R\,R \qquad \text{mit } J_{Kugel}{}^{C} = \frac{2}{5}mR^2$$

Kinematik:

$$\ddot{x}_{Klotz} = \ddot{x}_{C,Kugel} + \ddot{\varphi}\,R$$

Und nun zusammenbraten (4 Gleichungen, vier Unbekannte):

.... $F_R = F/8$

**Aufgabe: 76 Kapitel: 3.3, Schwierigkeitsgrad:** 💣

Eine Kugel (Masse m, Radius R), die sich mit der Winkelgeschwindigkeit $\omega_0$ dreht, wird auf eine Ebene (Reibkoeffizient $\mu$) gesetzt.

a) Wie lange dauert es, bis reines Rollen eintritt?

b) Welche Horizontalgeschwindigkeit hat die Kugel dann erreicht?

Gegeben: m, R, $\omega_0$, $\mu$.

## Lösung

Impulssatz freigeschnittene Kugel:

$$\Sigma F_{Kugel} = m\, \ddot{x}_{C,Kugel} = F_R = \mu\, mg$$

Drallsatz Kugel:

$$\Sigma M_{Kugel}{}^C = J_{Kugel}{}^C\, \ddot{\varphi} = -F_R\, R \quad \text{mit } J = \frac{2}{5}\, m\, R^2$$

$$\Longrightarrow \quad \ddot{\varphi} = \dot{\omega} = -\frac{F_R R}{J} = \text{konst}$$

$$\Longrightarrow \quad \omega(t) = \omega_0 + \dot{\omega}\, t = \omega_0 - \frac{F_R R}{J}\, t$$

Bedingung für Übergang zum Rollen:

$$\dot{x} = \mu\, gt = \omega(t)\, R \quad \ldots \quad \Longrightarrow \quad t = \frac{2\omega_0 R}{7\mu g}$$

$$\Longrightarrow \quad \dot{x} = \frac{2}{7}\, \omega_0\, R$$

(Herr Dr. Hinrichs kann außerdem noch die Energie ausgerechnet, die durch das Rutschen verloren wird, also nicht in Bewegung umgesetzt wird: angeblich soll das 5/7 der Anfangsenergie sein)

**Aufgabe: 77 Kapitel: 3.3, Schwierigkeitsgrad:**

Ein Pendel (Länge L), welches aus einem masselosen Faden und einer Masse m besteht, wird aus der skizzierten horizontalen Position losgelassen. Der Faden reißt zu dem Zeitpunkt, zu dem die Fadenkraft $F_F = F_{krit} = 1.5$ mg beträgt. Welche Geschwindigkeit hat die Masse zu diesem Zeitpunkt?
Gegeben: m, $F_{krit} = 1.5$ mg, L, g.

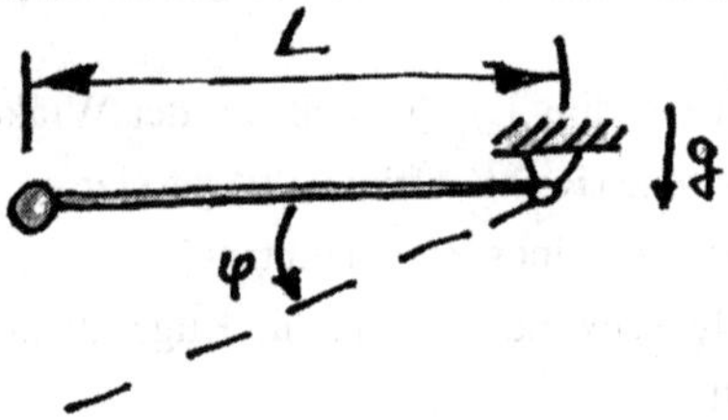

## Lösung

Freikörperbild:

Impulssatz in Fadenrichtung:

$$\Sigma F \quad = \quad F_F - mg \sin\varphi = m\,\omega^2 L$$

Energiesatz:

$$0.5\,(mL^2)\,\omega^2 \; = \; mgL \sin\varphi$$

Miteinander verwurschteln:

$$\varphi = 30°, \qquad v = \sqrt{gL}$$

## Aufgabe: 78 Kapitel: 3.3, Schwierigkeitsgrad: ●

Ein Zylinder (Masse m, Radius r) rollt (fast) ohne Anfangsgeschwindigkeit den skizzierten Hügel hinunter. Beim Winkel $\varphi = \varphi_0$ beginnt der Zylinder zu rutschen.

Wie groß ist der Haftreibwert $\mu$?

Gegeben: m, r, R, $\varphi_0$.

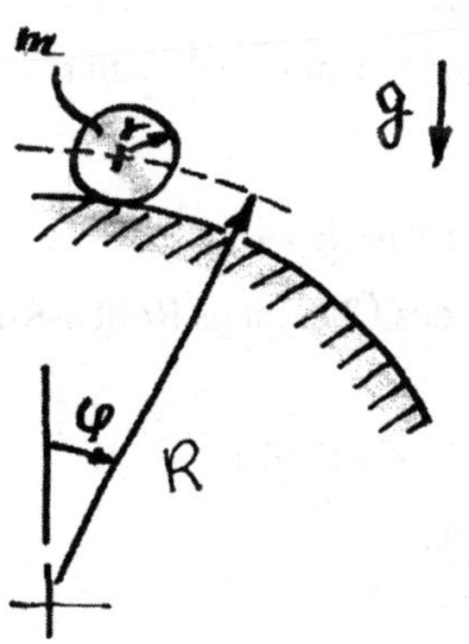

**Lösung**

Freikörperbild:

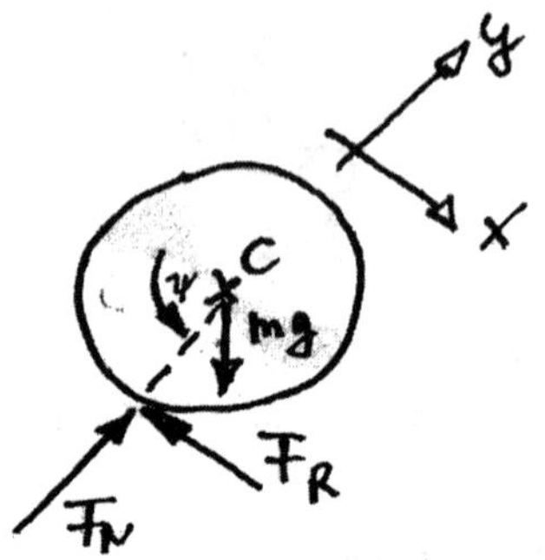


Drallsatz um den Schwerpunkt:

$$0.5\, m\, r^2\, \ddot{\psi} = F_R\, r$$

Impulssatz:

$$F_x = m\, r\, \ddot{\psi} = mg \sin\varphi - F_R$$

Zusammenbraten:

$$R = \frac{1}{3}\, mg \sin\varphi$$

Impulssatz:

$$F_y = F_N - mg \cos\varphi = -\, m\, \frac{v^2}{R}$$

Energiesatz mit Rollbedingung:

$$g\, R\, (1\text{-}\cos\varphi) = \frac{1}{2}\, m\, v^2 + \frac{1}{2}\, \frac{1}{2}\, m\, r^2\, \frac{v^2}{r^2} = \frac{3}{4}\, m\, v^2$$

Verwurschteln:

$$N = \frac{1}{3}\, mg\ \ (7 \cos\varphi - 4)$$

Reibgesetz zum Zeitpunkt des Übergangs Rollen-Rutschen:

$$R = \mu\, F_N$$

$$\Longrightarrow \quad \sin\varphi_0 = \mu\, (7 \cos\varphi_0 - 4)$$

$$\Longrightarrow \quad \mu = \frac{\sin\varphi_0}{7\cos\varphi_0 - 4}$$

**Aufgabe: 79** **Kapitel: 3.3, Schwierigkeitsgrad: 💣**

Herr Dr. Romberg hatte mal wieder einen schönen Abend in seiner Lieblingskneipe. Anschließend wird Herr Dr. Romberg im Anhänger am Auto von Herrn Dr. Hinrichs nach Hause befördert. Man ermittle die Kraft in der Verbindungsstange zwischen Auto und Anhängerkupplung bei abgebremster Talfahrt, wenn alle Räder gerade noch rollen, ohne zu rutschen. (Masse Auto + Dr. Hinrichs: $m_1$, Masse Anhänger, Dr. Romberg + Bierflaschen: $m_2$)
Gegeben: $m_1$, $m_2$, g, $\alpha$, $\mu_1$, $\mu_2$.

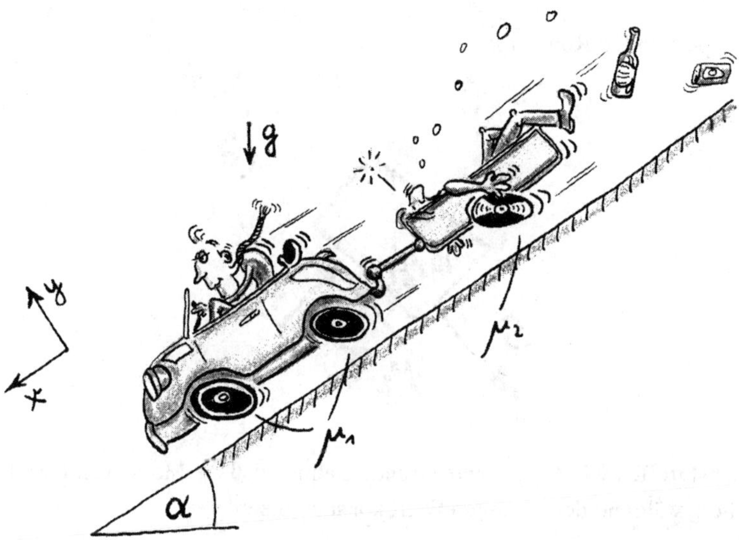


## Lösung

Freikörperbild Dr. Hinrichs:

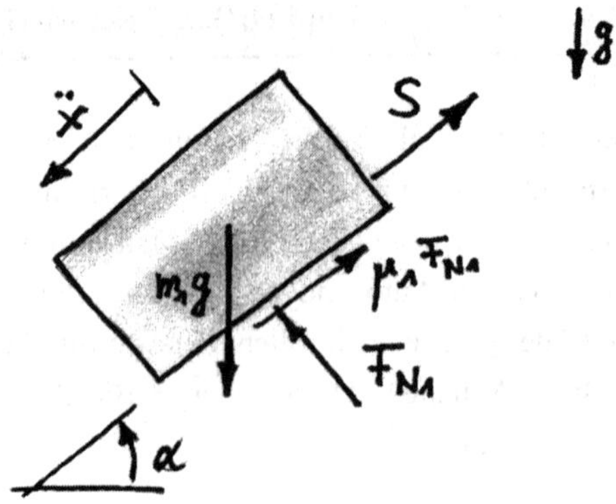


Freikörperbild Dr. Romberg:

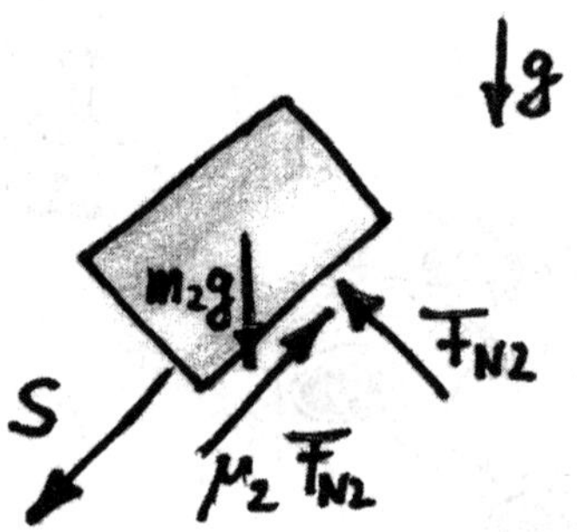


Zunächst treffen wir die gewagte Grundannahme, daß die Masse von Herrn Dr. Romberg während der gesamten Fahrt konstant bleibt.

Impulssatz für das Gesamtsystem:

$$F_x = m_1 + m_2) \, g \sin\alpha - m_1 g \cos\alpha \, \mu_1 - m_2 \, g \cos\alpha \, \mu_2$$

$$= m_1 + m_2) \, \ddot{x}$$

$$\Longrightarrow \quad \ddot{x} = g \sin\alpha - \frac{m_1}{m_1 + m_2} g \cos\alpha \, \mu_1 - \frac{m_2}{m_1 + m_2} g \cos\alpha \, \mu_2$$

Impulssatz, beispielsweise für Masse 1:

$$F_x = - S + m_1 \, g \sin\alpha - m_1 g \cos\alpha \, \mu_1 = m_1 \, \ddot{x}$$

Einsetzen von $\ddot{x}$:

$$\Longrightarrow \quad S = \frac{m_1 m_2}{m_1 + m_2} ( \mu_2 - \mu_1 ) g \cos\alpha$$

| **Aufgabe: 80** | **Kapitel: 3.3,** | **Schwierigkeitsgrad: ☼💣** |
|---|---|---|

Ein Riesenrad (Radius R) dreht sich mit konstanter Winkelgeschwindigkeit ω. In der unteren Gondel sitzt die Dame des Interesses von Herrn Dr. Hinrichs (Masse m), in der oberen Gondel sitzt die Jugendfreundin von Herrn Dr. Romberg (Masse M = 2m). Beide sitzen aus unerfindlichen Gründen auf einer Waage. Wie schnell (gesucht: ω) muß sich das Riesenrad drehen, damit beide Waagen in der skizzierten Stellung dasselbe Gewicht anzeigen?[47]

Gegeben: g, R.

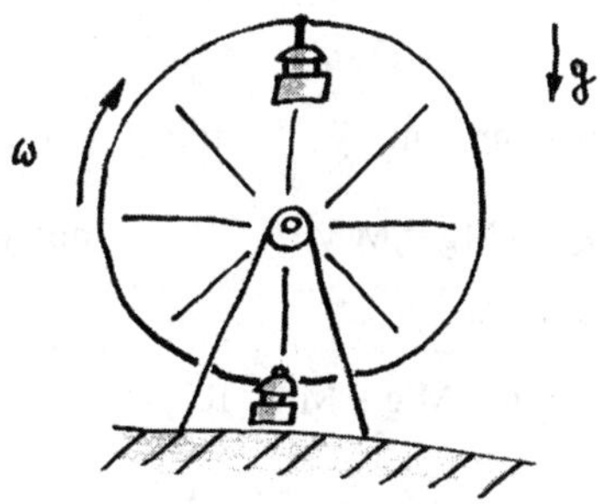


| **Lösung** |
|---|

Kleine Anmerkung, um Euch nebenbei zu verwirren: Die Gondeln bewegen sich REIN translatorisch, obwohl Sie sich im Kreis bewegen ... Darüber könnt Ihr Euch ja etwas den Kopf zerbrechen!!! (Kleiner Tip: Man skizziere doch einmal die Geschwindigkeitsrichtungen für zwei Punkte einer Gondel im Gegensatz zu einer radialen Stange)

Das Freikörperbild sieht folgendermaßen aus:

[47] Diese Aufgabe ist ja wie aus dem Leben gegriffen, oder?

Summe der Kräfte:

$$F_y = F_{N1} - mg = m\ \ddot{y} \qquad \text{mit } \ddot{y} = \omega^2 R$$

zw. $$\Sigma F_y = F_{N2} - Mg = M\ddot{y} \qquad \text{mit } \ddot{y} = -\omega^2 R$$

Bedingung: $F_{N1} = F_{N2}$

=> $m\,\omega^2 R + m\,g = M\,g - M\,\omega^2 R$

Lösung: $$\omega = \sqrt{\frac{g}{3R}}$$

**Aufgabe: 81** **Kapitel: 3.3, Schwierigkeitsgrad:**

Herr Dr. Hinrichs mit Fahrrad (gemeinsamer Schwerpunkt C, Gesamtmasse m, Geschwindigkeit $v_0$) muß eine Gefahrenbremsung (Reibkoeffizient Fahrbahn-Reifen: $\mu$) machen, da der betrunkene Herr Dr. Romberg auf der Fahrbahn Platz genommen hat.
Wie lang ist der Bremsweg, wenn Herr Dr. Hinrichs nur die Hinterradbremse benutzt und das Hinterrad gerade noch nicht blockiert?

Gegeben: m, g, $v_0$, μ.

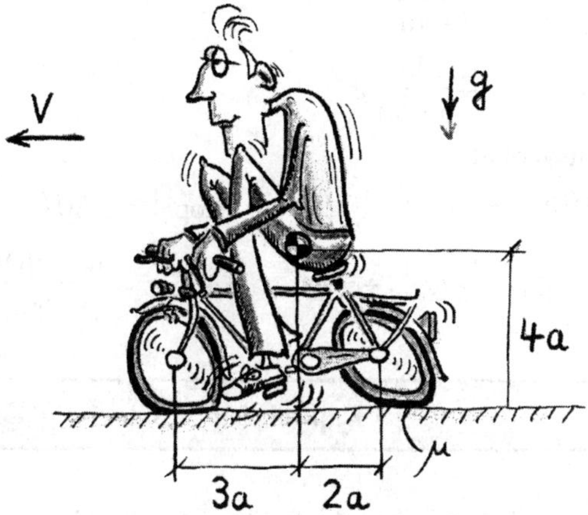


**Lösung**

Freikörperbild:

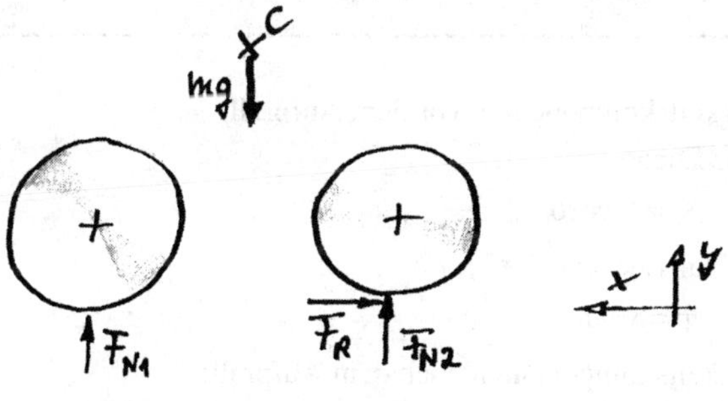


Impulssatz:

$$F_x = m\,\ddot{x} = -\mu\, F_{N2}$$

$$F_y = m\,\ddot{y} = 0 = F_{N1} + F_{N2} - mg$$

Drallsatz um den Schwerpunkt:

$$0 = -3a\,F_{N1} + 2a\,F_{N2} + 4\,a\,\mu\,F_{N2}$$

Zusammenwurschteln:

$$\Longrightarrow \quad F_{N2} = \frac{3mg}{5+4\mu}$$

$$\Longrightarrow \quad \ddot{x} = -\frac{3\mu}{5+4\mu}\,g$$

Geschwindigkeitsverlauf:

$$v(t) = v_0 + \ddot{x}\,t \quad \Longrightarrow \quad t_{stop} = -v_0 / a$$

$$s(t_{stop}) = v\,t_{stop} + \frac{\ddot{x}}{2}\,t_{stop}^2 = -\frac{v_0^2}{2a} = \frac{(5+4\mu)v_0^2}{6\mu g}$$

**Aufgabe: 82** **Kapitel: 3.4, Schwierigkeitsgrad: ☼●**

Eine Kugel fällt vertikal auf eine schiefe Ebene (Stoßzahl e). Wie groß muß der Neigungswinkel der Ebene sein, wenn die Kugel nach dem Aufprall horizontal wegfliegen soll?

Gegeben: e.

**Lösung**

Geschwindigkeitskomponenten vor dem Aufprall:

1) normal zur Ebene:

$$N = v\cos\alpha$$

2) tangential zur Ebene:

$$T = v\sin\alpha$$

Geschwindigkeitskomponenten nach dem Aufprall:

1) normal zur Ebene:

$$N = -e\,v\cos\alpha$$

2) tangential zur Ebene:

$$T = v\sin\alpha$$

Bestimmung der Komponenten in vertikaler Richtung:

$$2V = v_{2N} \cos\alpha + v_{2T} \sin\alpha$$

Bedingung für horizontales Wegfliegen:

$$2V = 0 = -e\, v \cos\alpha \cos\alpha + v \sin\alpha \sin\alpha$$

Umformeln mit

$$\cos^2\alpha = 1 - \sin^2\alpha$$

$$an^2\alpha = \frac{\sin^2\alpha}{1 - \sin^2\alpha}$$

$$\Rightarrow \quad \tan\alpha = \sqrt{e}$$

| Aufgabe: 83 | Kapitel: 3.4, Schwierigkeitsgrad: |
|---|---|

Die letzte Faust der Shaolin, Masse m = 0.05 kg, durchschlägt ein Brett der Masse M = 5 kg. Die Auftreffgeschwindigkeit $v_0$ beträgt 600 m/s, die Faust verläßt das Brett mit der Geschwindigkeit v = 150 m/s. Das Brett ist reibungsfrei auf der Unterlage verschieblich.

a) Wie groß ist die Geschwindigkeit V des Brettes nach dem Stoß?

b) Wieviel Energie geht bei der Beschädigung des Brettes verloren?

Gegeben: m = 0.05 kg, M = 5 kg, $v_0$ = 600 m/s, v = 150 m/s.

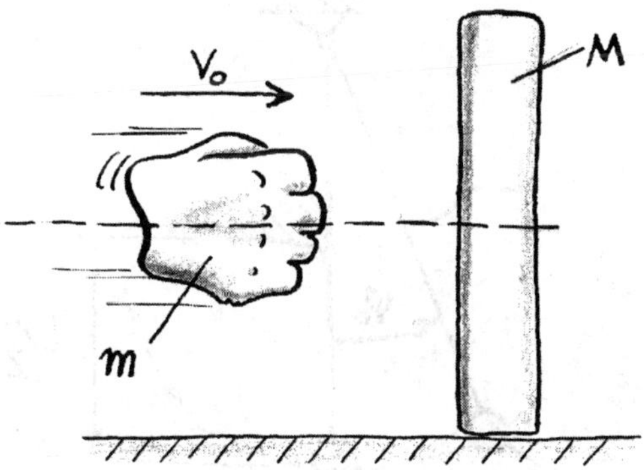

## Lösung

Impulserhaltung muß gelten:

$$v_0 = m\,v + M\,V$$

$$\Rightarrow \quad V = m\,(v_0 - v)\ /\ M\ = 4.5\ \text{m/s}$$

Energiebilanz:

$$.5\ m\,v_0^2 = 0.5\ m\,v^2 + 0.5\ M\,V^2 + E_{kaputt}$$

$$\text{===>}\quad E_{kaputt} = 0.5\ m\,v_0^2 - (\,0.5\ m\,v^2 + 0.5\ M\,V^2\,) = 8386{,}9\ \text{kgm}^2/\text{s}^2$$

**Aufgabe: 84 Kapitel: 3.4, Schwierigkeitsgrad: ☼💣**

Ein Pendel besteht aus einem masselosen Faden und einer im Abstand L = 2 m an diesem befestigten Masse M = 1 kg. Das Pendel wird aus der Anfangsauslenkung $\varphi_0$ = 30 ° losgelassen und stößt für $\varphi$ = 0 auf einen anderen Pendelkörper (Masse m = 0.5 kg, e = 1), dessen Pendellänge nur L/2 beträgt.

Wie weit schwingt das kürzere Pendel nach dem Stoß aus ?

Gegeben: M = 1 kg, m = 0.5 kg, L = 2 m, $\varphi_0$ = 30°, e = 1, g = 10 m/s².

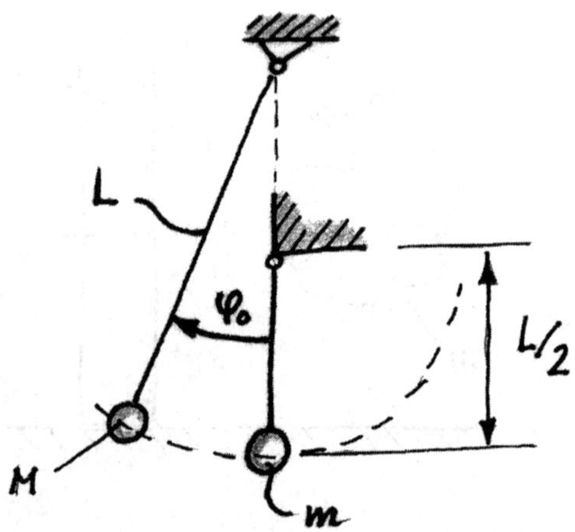

## Lösung

Geschwindigkeit vor dem Stoß:

$$g\,L\,(1-\cos\varphi_0) = 0.5\,J\,\omega^2 \qquad \text{mit } J = M\,L^2$$

$$\Rightarrow \quad \omega = \sqrt{\frac{2g(1-\cos\varphi_0)}{L}}, \qquad v = \omega\,L = \ldots = 2.3149\ \text{m/s}$$

Geschwindigkeit des zweiten Pendels nach dem Stoß:

$$V = \frac{1}{m+M}\,[(1+e)\,M\,v\,] = \ldots = 3.0866\ \text{m/s},$$

$$\Longrightarrow \quad \omega_2 = 2V/L$$

Energiesatz nach dem Stoß:

$$0.5\,J_2\,\omega_2^{\,2} = m\,g\,L\,(1-\cos\varphi_{max})\,/\,2 \qquad \text{mit } J_2 = m\,L^2\,/\,4$$

Auflösen nach $\varphi_{max}$:

$$\varphi_{max} = \arccos\left(1 - \frac{J_2\omega_2^3}{mgL}\right) \quad .$$

Zusammenbraten der Gleichungen, einsetzen:

$$\varphi_{max} = 58{,}4\,°$$

## Aufgabe: 85 Kapitel: 3.4, Schwierigkeitsgrad: 💣

Ein Flummi stößt an den Stellen $P_1$, $P_2$, $P_3$, $P_4$ .... gegen eine (ideal glatte) Ebene. Der Abstand der Auftreffpunkte $P_1$ und $P_2$ ist dabei gleich dem Abstand der Punkte $P_2$ und $P_4$. Wie groß ist die Stoßzahl e)?

Gegeben: $|P_1 P_2| = |P_2 P_4|$.

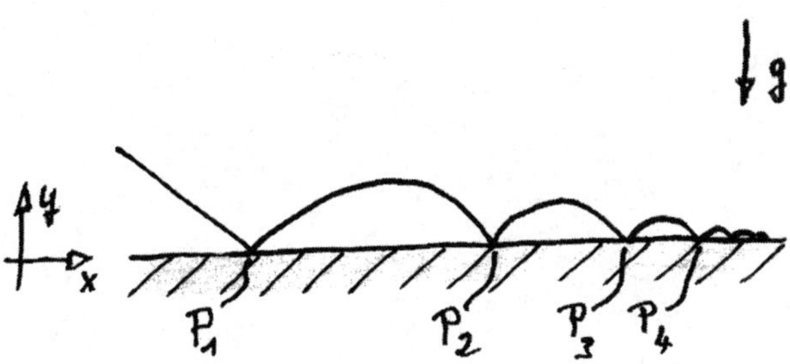

## Lösung

Die x-Komponente der Geschwindigkeit bleibt während der Stöße konstant ($v_{x0}$ = konst), in y-Richtung können die Gleichungen des freien Falls verwendet werden:

$$y(t) = v_{y0}\, t - 0.5\, g\, t^2$$

Zeit zwischen zwei Stößen:

$$y(T) = 0 \qquad ==> \quad T = \frac{2 v_{y0}}{g}$$

Abstand d von zwei Stoßpunkten:

$$d = 2\,\frac{v_{x0} v_{y0}}{g}$$

benachbarte Abstände:

$$d_{n+1} = e\, d_n$$

$$d_{n+2} = e^2\, d_n$$

$$|P_1 P_2| = |P_2 P_4|$$

$$d_n = d_{n+1} + d_{n+2}$$

$$1 = e + e^2$$

$$==> \quad e = 0.618$$

# Literatur


[1] B. Assmann, Technische Mechanik, Band 1: Statik, München, Wien: R. Oldenbourg Verlag, 1984.

[2] B. Assmann, Technische Mechanik, Band 2: Festigkeitslehre, München, Wien: R. Oldenbourg Verlag, 1979.

[3] B. Assmann, Technische Mechanik, Band 3: Kinematik und Kinetik, München, Wien: R. Oldenbourg Verlag, 1985.

[4] D. Besdo, B. Dirr, B. Heimann, K. Popp, I. Teipel, Formelsammlung zu Technische Mechanik I-IV, Institut für Mechanik, Universität Hannover.

[5] D. Besdo, B. Dirr, B. Heimann, K. Popp, I. Teipel, Klausursammlung des Instituts für Mechanik, Universität Hannover, 1985 - 1997.

[6] D. Besdo, B. Dirr, B. Heimann, K. Popp, I. Teipel, Aufgabensammlung zur Technischen Mechanik I-IV, Institut für Mechanik, Universität Hannover.

[7] Beitz, W.; Küttner, K.-H. (Herausgeber): Dubbel, Taschenbuch des Maschinenbaus, 15. Auflage, Berlin, Heidelberg, New York, Tokyo: Springer Verlag, 1986.

[8] Euler, L., Theorie der Bewegung fester oder starrer Körper (Theoria motus corporum solidorum seu rigidorum), Greifswald: C. A. Koch's Verlagsgesellschaft, 1853.

[9] H. Göldner, F. Holzweißig, Leitfaden der Technischen Mechanik: Statik, Festigkeitslehre, Kinematik, Dynamik, Darmstadt: Steinkopff Verlag, 1984.

[10] H. Göldner, D. Witt, Lehr- und Übungsbuch Technische Mechanik, Band 1: Statik und Festigkeitslehre, Fachbuchverlag Leibzig Köln, 1993

[11] D. Gross, W. Hauger, W. Schnell, Technische Mechanik, Band 1: Statik, Berlin, Heidelberg: Springer Verlag, 1988.

[12] W. Hauger, W. Schnell, D. Gross, Technische Mechanik, Band 3: Kinetik, Berlin, Heidelberg: Springer Verlag, 1986.

[13] G. Holzmann, H. Meyer, G. Schumpich, Technische Mechanik, Teil 1: Statik, Stuttgart: Teubner Verlag, 1990.

[14] G. Holzmann, H. Meyer, G. Schumpich, Technische Mechanik, Teil 2: Kinematik und Kinetik, Stuttgart: Teubner Verlag, 1986.

[15] G. Holzmann, H. Meyer, G. Schumpich, Technische Mechanik, Teil 3: Festigkeitslehre, Stuttgart: Teubner Verlag, 1983.

[16] Istituto Geographico de Agostini S. p. A., da Vinvi, L., Das Lebensbild eines Genies, Wiesbaden, Berlin: Emil Vollmer Verlag.

[17] K.-D. Klee, Elastostatik, Skript Fachhochschule Hannover, 1. Auflage, 1994.

[18] K. Magnus, H. H. Müller, Grundlagen der Mechanik, Stuttgart: Teubner-Verlag, 1990.

[19] E. Mönch, Einführungsvorlesung Technische Mechanik, München, Wien: R. Oldenbourg Verlag, 1981

[20] Newton, I., Mathematische Prinzipien der Naturlehre, mit Bemerkungen und Erläuterungen von Prof. Dr. J. Ph. Wolfers, Berlin, Verlag von Robert Oppenheim, 1872.

[21] Pestel, E., Technische Mechanik, Band 1: Statik, Mannheim, Wien, Zürich: BIVerlag, 1982.

[22] E. Pestel, J. Wittenburg, Technische Mechanik, Band 2: Festigkeitslehre, Mannheim, Wien, Zürich: BI Verlag, 1983.

[23] E. Pestel, Technische Mechanik, Band 3: Kinematik und Kinetik, Mannheim, Wien, Zürich: BI Verlag, 1988.

[24] Ritter, A., Theorie und Berchnung eiserner Dach- und Brücken-Construktionen, Hannover: Carl Rümpler, 1863.

[25] Ritter, A., Vorlesung über Mechanik, 1860.

[26] W. Schnell, D. Gross, W. Hauger, Technische Mechanik, Band 2: Elastostatik, Berlin, Heidelberg: Springer Verlag, 1989.

[27] I. Szabó, Repetitorium und Übungsbuch der Technischen Mechanik, Berlin, Göttingen, Heidelberg: Springer Verlag, 1963.

[28] I. Szabó, Einführung in die Technische Mechanik, Berlin, Heidelberg, New York: Springer Verlag, 1975.

[29] I. Szabó, Geschichte der mechanischen Prinzipien, Basel, Boston, Stuttgart: Birkhäuser Verlag, 1987.

[30] Telefonbuch Düsseldorf (inklusive Branchenverzeichnis), Ausgabe 2000

# Sachregister